高等学校地图学与地理信息系统系列教材

地理信息系统应用教程
——SuperMap iDesktop 7C

主　编　刘亚静

副主编　姚纪明　陈　光

WUHAN UNIVERSITY PRESS
武汉大学出版社

图书在版编目(CIP)数据

地理信息系统应用教程:SuperMap iDesktop 7C/刘亚静主编. —武汉:武汉大学出版社,2014.8
高等学校地图学与地理信息系统系列教材
ISBN 978-7-307-13843-8

Ⅰ.地… Ⅱ.刘… Ⅲ.地理信息系统—系统开发—应用软件—高等学校—教材 Ⅳ.P208

中国版本图书馆 CIP 数据核字(2014)第 173815 号

责任编辑:李汉保　　　责任校对:鄢春梅　　　版式设计:马　佳

出版发行:**武汉大学出版社**　　(430072　武昌　珞珈山)
(电子邮件:cbs22@whu.edu.cn 网址:www.wdp.com.cn)
印刷:崇阳县天人印刷有限责任公司
开本:787×1092　1/16　印张:15.25　字数:368 千字
版次:2014 年 8 月第 1 版　　2014 年 8 月第 1 次印刷
ISBN 978-7-307-13843-8　　定价:30.00 元

前　言

GIS 及相关技术经过半个多世纪的发展，已经在农、林、渔、矿等资源调查、森林火灾、洪水灾情、环境污染、区域规划、地籍管理、金融业、保险业、公共事业、社会治安、交通运输、导航、考古、医疗救护等领域得到了广泛的应用。为相关研究及决策提供可靠的信息收集和评价分析，得到了社会各个应用领域的认可。高等学校的 GIS 专业以及相关专业都开设了 GIS 相关的课程，专业背景不同，因此开设 GIS 课程的内容、要求和过程不同，学生的基础知识背景也不同，为了便于自学、提高学生的实践操作能力，本书以 SuperMap iDesktop 7C 为平台，对 GIS 原理中相关的功能进行了技术上的实现，有利于学生对 GIS 原理知识加深理解。

SuperMap GIS 是北京超图软件股份有限公司开发的，具有完全自主知识产权的大型地理信息系统软件平台。该系统提供全方位的专业 GIS 开发平台、多行业的 GIS 系统解决方案以及 GIS 云服务，其中开发平台包括组件式 GIS 开发平台、服务式 GIS 开发平台、嵌入式 GIS 开发平台、桌面 GIS 平台、导航应用开发平台以及相关的空间数据生产、加工和管理工具。本书主要介绍桌面 GIS 的安装、人机界面、数据的组织以及各种功能的操作。

本书共分为 13 章，第 1 章主要介绍了 SuperMap GIS 7C 的功能定位、基本架构以及产品构成。第 2 章重点阐述了 SuperMap iDesktop 7C 快速入门，包括安装指南、应用环境以及界面操作。第 3 章主要介绍了 SuperMap iDesktop 7C 的数据组织，包括工作空间、数据源、数据集等各种数据组织的基本操作。第 4 章重点介绍了空间数据采集，包括空间数据采集的方式、矢量化的步骤。第 5 章主要介绍了几何对象的操作，包括创建对象和编辑对象。第 6 章主要介绍了空间数据的拓扑处理，包括拓扑概念、规则、拓扑检查以及拓扑数据处理等功能。第 7 章主要介绍了地图投影，包括坐标系和地图投影、投影设置以及投影转换等。第 8 章主要介绍了地图符号化表达、地图专题表达和布局等功能。第 9 章主要介绍了矢量数据的空间分析缓冲区分析和叠加分析。第 10 章主要介绍了栅格数据的空间分析，包括栅格数据的基础知识、栅格插值、表面分析、栅格统计等内容。第 11 章主要介绍了网络分析，包括网络分析模型简介、最佳路径分析、最近设施查找等功能。第 12 章主要介绍了水文分析，包括水文分析基本概念，水文分析中相关计算功能。第 13 章主要介绍了 SuperMap iDesktop 7C 中的海图模块，包括海图基本操作、导入和导出功能。

本书由河北联合大学矿业工程学院刘亚静任主编，姚纪明、陈光任副主编，贵州省第一测绘院刘蓉国参与编写。全书完成后由刘亚静负责统稿。

本书编写人员分工如下：

刘亚静：统稿并编写，第 1 章~第 3 章、第 5 章、第 10 章、第 11 章；

姚纪明：第 6 章、第 8 章、第 9 章；

陈光：第 12 章、第 13 章；

刘蓉国：第 4 章、第 7 章。

参与资料收集和编撰整理工作的人员还有：时静、贾雪珊、赵兰。

在本书编撰过程中，得到了河北联合大学领导、老师和同事们的大力支持，得到了研究生们的大力帮助，对他们的帮助、支持和劳动深表感谢！同时引用了其他书籍以及超图软件公司各种资料，在此表示感谢！作者特别感谢北京超图科技发展有限公司艾兴蓉女士在教材编写过程中给予的莫大帮助！

由于作者的水平、经验有限，书中难免会有一些缺点和错误，希望得到广大同行专家、读者的批评和指正。

作 者

2014 年 6 月于唐山

目　录

第1章 导 论

1.1 地理信息系统

随着信息社会的到来，人类社会进入了信息大爆炸的时代。面对海量信息，人们对于信息的要求发生了巨大变化，对信息的广泛性、精确性、快速性及综合性要求越来越高。随着计算机技术的出现及其飞速进步，对空间位置信息和其他属性类信息进行统一管理的地理信息系统也随之快速发展起来。本节从地理信息系统的基本概念、系统构成、功能和应用方面进行介绍，使读者迅速认识和了解地理信息系统。

1.1.1 基本概念

地理信息系统（Geographic Information System，GIS），是以计算机技术为依托，以具有空间内涵的地理数据为处理对象，运用系统工程和信息科学的理论，采集、存储、显示、处理、分析、输出地理信息的计算机系统。地理信息系统处理和管理的对象是多种地理空间实体数据及其关系，包括空间定位数据、图形数据、遥感图像数据、属性数据等，主要用于分析和处理一定地理区域内分布的各种现象和过程，解决复杂的规划、决策和管理问题。

1.1.2 GIS 构成

GIS 作为处理地理数据的一种方法和技术，一般包括四个部分：硬件、软件、数据和人员。

1. 硬件

GIS 的硬件部分包括执行程序的中央处理器，保存数据和程序的存储设备，用于数据输入、显示和输出的外围设备等。其中大多数硬件是计算机技术的通用设备，而有些设备则在地理信息系统中得到了广泛应用，如用来进行数据采集的测绘仪器和遥感设备，用于数据输入的数字化仪、扫描仪等。地理信息系统的硬件系统正朝着低价位且快速的方向发展。

2. 软件

GIS 软件提供了一系列功能模块用来存储、分析和显示空间数据。GIS 软件有以下要求：①提供显示、操作地理数据（如位置、边界）的常用工具；②提供空间数据库管理系统；③提供图形与属性数据同步查询统计分析功能；④简单易用的图形用户界面。经过40 年的发展，GIS 应用不断深入，GIS 软件种类日益增多，从低层次、显示商业网点分布的商业制图软件到高层次、管理分析大型自然保护区的 GIS 软件，从简单的地理数据库到

1

栅格、矢量和不规则三角网（TIN）数据一体化管理的大型 GIS 软件。总体上，GIS 软件可以分为两大类：工具型软件和应用型软件。

工具型软件包括 GIS 二次开发平台软件（例如：SuperMap，ArcInfo，MapInfo，GeoMedia，MapGIS 等），AM/FM 专用开发平台软件（如 GROW），其他工具型软件（如扫描数字化软件等）。应用型软件包括制图软件、资源调查、信息管理、空间分析与预测、空间建模和辅助决策软件等。

3. 数据

数据是 GIS 的操作对象，其现势性和精确性直接关系到 GIS 分析处理结果的准确性。GIS 的数据来源可以是普通地图、影像，也可以是其他图形软件的结果数据或相关的数据资料。GIS 数据分为属性数据和空间数据两大类。属性数据是表征空间实体属性信息的数据，一般用关系型数据库进行管理。空间数据是表征空间实体位置的数据，一般采用三种数据结构进行管理和存储：一是栅格数据结构，它使用网格单元的行和列作为位置标识符来描述地理实体的位置信息，常用于地质、气候、土地利用和地形等面状要素；二是矢量数据结构，它使用一系列 X，Y 坐标作为位置标识符来描述地理实体的位置信息，常用于描述线状分布的地理要素，如河流、道路、等值线等；三是不规则三角网（TIN），它在近几年获得了广泛的应用。

4. 人员

人员是 GIS 的重要构成要素，地理信息系统专业人员是地理信息系统应用成功的关键，而强有力的组织是系统运行的保障。一个周密规划的地理信息系统项目应包括负责系统设计和执行的项目经理、信息管理的技术人员、系统用户化的应用工程师以及最终运行系统的用户。缺乏合格地理信息系统专业人员是当今地理信息系统技术应用中最为突出的问题之一。

1.1.3 GIS 功能

地理信息系统要解决的核心问题包括位置、条件、变化趋势、模式和模型，据此，可以把 GIS 功能分为以下几个方面。

1. 数据采集与输入

数据采集与输入，是将系统外部原始数据传输到 GIS 系统内部的过程，并将这些数据从外部格式转换到系统便于处理的内部格式。多种形式和来源的信息要经过综合和一致化的处理过程。数据采集与输入要保证地理信息系统数据库中的数据在内容与空间上的完整性、数值逻辑的一致性与正确性等。一般而论，地理信息系统数据库建设的投资占整个系统建设投资的 70% 或更多，并且这种比例在近期内不会有明显的改变。因此，信息共享与自动化数据输入成为地理信息系统研究的重要内容，自动化扫描输入与遥感数据集成最为人们所关注。扫描技术的改进、扫描数据的自动化编辑与处理仍是地理信息系统数据获取研究的关键技术。

2. 数据编辑与更新

数据编辑主要包括图形编辑和属性编辑。图形编辑主要包括拓扑关系建立、图形编辑、图形整饰、图幅拼接、投影变换以及误差校正等；属性编辑主要与数据库管理结合在一起完成。数据更新则要求以新记录数据来替代数据库中相对应的原有数据项或记录。由于空间实体都处于发展进程中，获取的数据只反映某一瞬时或一定时间范围内的特征。随着时间推移，数据会随之改变，数据更新可以满足动态分析之需。

3. 数据存储与组织

数据存储与组织是一个数据集成的过程，也是建立地理信息系统数据库的关键步骤，涉及空间数据和属性数据的组织。栅格模型、矢量模型或栅格/矢量混合模型是常用的空间数据组织方法。空间数据结构的选择在一定程度上决定了系统所能执行的数据与分析的功能。混合型数据结构利用了矢量与栅格数据结构的优点，为许多成功的地理信息系统软件所采用。目前，属性数据的组织方式有层次结构、网络结构与关系型数据库管理系统等，其中关系型数据库系统是目前最为广泛应用的数据库系统。

在地理数据组织与管理中，最为关键的是如何将空间数据与属性数据融合为一体。大多现行系统都是将二者分开存储，通过公共项（一般定义为地物标志码）来连接。这种组织方式的缺点是无法有效地记录地物在时间域上的变化属性，数据的定义与数据操作相分离。目前，时域地理信息系统（Temporary GIS）、面向对象数据库（Object-oriented Database）的设计都在努力解决这些根本性的问题。

4. 空间数据分析与处理

空间查询是地理信息系统以及许多其他自动化地理数据处理系统应具备的最基本的分析功能。空间分析是地理信息系统的核心功能，也是地理信息系统与其他计算机系统的根本区别。模型分析是在地理信息系统支持下，分析和解决现实世界中与空间相关的问题，模型分析是地理信息系统应用深化的重要标志。

5. 数据与图形的交互显示

地理信息系统为用户提供了许多表达地理数据的工具。其形式既可以是计算机屏幕显示，也可以是诸如报告、表格、地图等硬拷贝图件，可以通过人机交互方式来选择显示对象的形式，尤其要强调的是地理信息系统的地图输出功能。GIS 不仅可以输出全要素地图，也可以根据用户需要，输出各种专题图、统计图等。一个好的地理信息系统应能提供一种良好的、交互式的制图环境，以供地理信息系统的使用者能够设计和制作出具有高品质的地图。

1.1.4 GIS 的主要应用

地理信息系统的大容量、高效率及其结合的相关学科的推动使其具有运筹帷幄的优势，成为国家宏观决策和区域多目标开发的重要技术支撑，也成为与空间信息有关各行各业的基本分析工具。其强大的空间分析功能及发展潜力使得 GIS 在测绘与地图制图、资源管理、城乡规划、灾害预测、土地调查与环境管理、国防、宏观决策等方面得到广泛、深入的应用。

1. GIS 在资源管理领域中的应用

GIS 最初就是起源于资源清查，资源清查是 GIS 的最基本的职能，是目前趋于成熟的主要应用领域。资源清查包括土地资源，森林资源和矿产资源的清查、管理、土地利用规划，野生动物的保护等。GIS 的主要任务是将各种来源的数据和信息有机地汇集在一起，并通过统计，叠置分析等功能，按多种边界和属性条件，提供区域多种条件组合形式的资源统计和资源现状分析，从而为资源的合理开发、利用提供依据。

2. GIS 在区域和城乡规划领域中的应用

在进行区域和城镇规划的过程中，要处理许多不同性质和不同特点的问题，涉及多方面要素，如资源、环境、人口、交通、经济、教育、文化和金融等，GIS 将这些数据信息归算到城市的统一系统之中，最后进行城市和区域多目标的开发和规划，包括城镇总体规划，城市建设用地适宜性评价，城市环境质量评价，道路交通规划，公共设施配置及城市环境动态监测等，这些功能的实现是以 GIS 的一些数据处理和分析算法加以保证的，如 GIS 的空间搜索方法，多信息叠加处理和一系列的分析软件，回归分析，投入产出计算，模糊加权评价等。

3. GIS 在灾害监测领域中的应用

GIS 方法和多时相的遥感数据，可以有效地用于森林火灾的预测预报、洪水灾情监测和淹没损失估算、确定泄洪区内人员撤退、财产转移和救灾物资供应的最佳路线，为救灾抢险和防洪决策提供及时准确的信息。例如我国大兴安岭地区的研究，通过普查分析火灾实况，统计计算十几万个气象数据，从中筛选出气象要素、春秋两季植被生长情况和积雪覆盖程度等 14 个指标因子，用模糊数学方法建立数学模型，预报火险等级的准确率可达73% 以上。

4. GIS 在宏观决策中的应用

GIS 利用地理数据库，通过一系列决策模型的构建和比较分析，可以为国家宏观决策提供科学依据。例如我国在三峡地区的研究中通过利用 GIS 和机助制图的方法，建立环境监测系统，为三峡工程的宏观决策提供了建库前后环境变化的数量，速度和演变趋势等可靠数据。

1.2 SuperMap GIS 7C 基本介绍

SuperMap GIS 是北京超图软件股份有限公司开发的，具有完全自主知识产权的大型地理信息系统软件平台。该系统提供全方位的专业 GIS 开发平台、多行业的 GIS 系统解决方案以及 GIS 云服务，其中开发平台包括组件式 GIS 开发平台、服务式 GIS 开发平台、嵌入式 GIS 开发平台、桌面 GIS 平台、导航应用开发平台以及相关的空间数据生产、加工和管理工具。本节主要介绍 SuperMap GIS 的基础架构、系统构成等方面的内容，以使初学者对 SuperMap GIS 7C 有一个总体了解，便于后续章节的学习。

1.2.1 SuperMap GIS 7C 的功能定位

SuperMap GIS 是国内目前最流行的地理信息系统平台软件，主要用于创建和使用地图，编辑和管理地理数据，分析、共享和显示地理信息，并在一系列应用中使用地图和地理信息。通过 SuperMap GIS，不同用户可以使用 SuperMap GIS 桌面、浏览器、移动设备和 Web 应用程序接口与 GIS 系统进行交互，从而访问和使用在线 GIS 和地图服务。

SuperMap GIS 作为一套完整的 GIS 产品，为用户提供了丰富的资源，包括地图、应用程序、社区和服务等。

1. 地图

地图是表示地理信息的传统手段，SuperMap GIS 地图不仅包含构建地图时用到的地理数据，还包含用来获取所需结果的分析工具。

2. 应用程序

SuperMap GIS 根据不同的应用需求，按照可伸缩性原则为使用者提供了从桌面端、服务器端、移动端直至云端的 GIS 产品，每个 GIS 产品都有不同的分工。桌面端扮演着重要的角色，由其创建的 GIS 地图和信息可以通过 SuperMap iClient 以 Web 服务的形式发布。这些 Web 服务在 Web 地图中进行组合和共享，从而使大众能够轻松地使用和体验 GIS。

3. 社区

SuperMap GIS 提供了一个框架，使得所有类型和级别的用户都能参与创建和共享地图及应用程序的用户社区中。SuperMap GIS 这一集成的基础架构，用于将地理信息以文件、多用户数据库和网站的形式进行共享。社区门户网站的网址是 www.supermap.com.cn，该网站可以供用户使用和共享 GIS 地图、Web 应用程序和移动应用程序等。

4. 服务

服务是用于管理、组织和共享地理信息的技术基础，GIS 产品的服务功能使所有尚未安装 GIS 软件的用户得以通过浏览器和移动设备来使用地图。

1.2.2 SuperMap GIS 7C 基础架构

SuperMap GIS 7C 是一个架构完整、易学易用、功能强大、扩展方便、部署灵活的地理信息平台，广泛支持多种类型的客户端，包括浏览器、移动终端及传统的桌面应用。所有客户端都可以很容易地使用、创建、协同、发现、管理和分析地理信息，如图 1-1 所示是 SuperMap GIS 7C 产品的基础架构图。

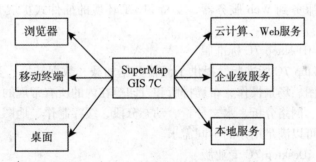

图 1-1 SuperMap GIS 7C 产品的基础架构框图

使用 SuperMap GIS 7C 搭建的应用，不仅可以支持传统的局域网和 WebGIS 应用，还支持 Web 环境下的地图服务和功能服务的定制、管理、发布和聚合，所有服务都可以根据应用需要部署为本地服务或企业级服务，也支持在云计算环境中的部署。

1.2.3 SuperMap GIS 7C 产品构成

SuperMap GIS 7C 作为一个可伸缩的 GIS 平台，其产品线家族涉及桌面、组件、浏览器端 SDK、移动和云 GIS 等多个方面，具体的产品构成如图 1-2 所示。

1. 桌面 GIS 平台

桌面 GIS 是专业的 GIS 数据分析、处理、制图平台，并支持 .NET 环境下的扩展开

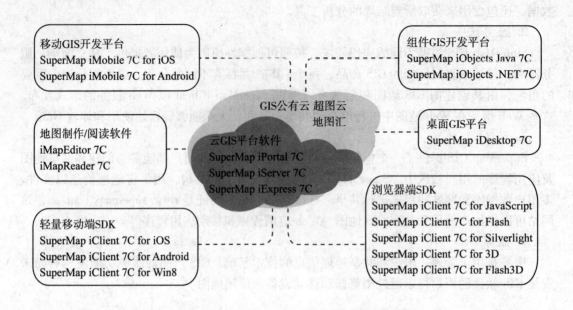

图 1-2　SuperMap GIS 7C 产品家族框图

发，快速定制行业应用。

SuperMap iDesktop 7C 是插件式桌面 GIS 平台，提供标准版、专业版和高级版三个版本，具备二维、三维一体化的数据处理、制图和分析等功能，支持访问在线地图数据服务，支持发布数据服务到 Web 服务器，支持 .NET 环境的插件式扩展开发，可以快速定制行业应用系统。

（1）SuperMap iDesktop 7C 标准版

SuperMap iDesktop 7C 标准版，提供了涵盖数据加载、数据转换、类型转换、数据浏览和编辑、地图制图、场景操作、布局排版和打印等在内的所有常规的 GIS 功能，以及插件管理、空间分析、网络分析、水文分析、动态分段、缓存制作、地图发布、海图模块等丰富的 GIS 功能，可以满足用户的不同需求。

（2）SuperMap iDesktop 7C 专业版

SuperMap iDesktop 7C 专业版，在 SuperMap iDesktop 7C 标准版的基础上增加了工作环境设计、皮肤定制、iServer 服务发布、地图分级配图、自动化制图等现有的比较专业的工具功能，以及即将实现的分布式切图、流程化建模等规划中功能。

（3）SuperMap iDesktop 7C 高级版

SuperMap iDesktop 7C 高级版，是 SuperMap iDesktop 7C 桌面产品中的旗舰式 GIS 产品，它不仅涵盖了 SuperMap iDesktop 7C 专业版的所有功能，并且支持扩展开发，是一款可编程、可扩展、可定制的，二维、三维一体化的桌面 GIS 产品，能够满足用户的多样化需求。

SuperMap iDesktop 7C 桌面产品按照许可划分，各版本提供的具体功能如图 1-3 所示。

2. 组件 GIS 开发平台

（1）SuperMap iObjects .NET 7C

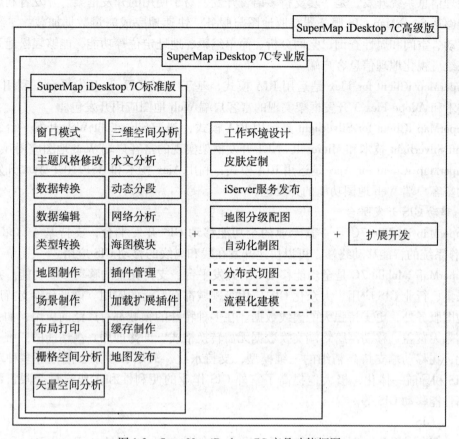

图 1-3　SuperMap iDesktop 7C 产品功能框图

SuperMap iObjects . NET 7C 基于 Microsoft 的 . NET 组件技术标准，以 . NET 组件的方式提供强大的 GIS 功能，适用于用户快速开发专业 GIS 应用系统，或者通过添加图形可视化、空间数据处理、数据分析等功能，为传统管理信息系统（MIS）增加 GIS 功能，把 MIS 提升到一个新的高度。

（2）SuperMap iObjects Java 7C

SuperMap iObjects Java 7C 是基于 Java 技术的组件式 GIS 开发平台，具有与 SuperMap iObjects . NET 7C 相同的架构和 GIS 功能，适用于 Java 平台上的专业 GIS 应用系统或应用服务器的快速开发，具有跨平台的特性。

3. 浏览器端 SDK

SuperMap iClient 7C 包括 SuperMap iClient for Realspace、SuperMap iClient for Flex、SuperMap iClient for Silverlight、SuperMap iClient for Ajax，是几个针对不同开发语言的跨浏览器、跨平台的客户端开发平台产品，不仅可以在客户端实现简单的 Web 地图显示，还可以迅速地使用 SuperMap GIS 服务器或第三方服务器的地图与服务的富客户端应用，从而构建出表现丰富、交互深入、体验卓越的地图应用。

SuperMap iClient for Realspace 是基于 SuperMap UGC 底层类库和 OpenGL 三维图形处理库的三维功能开发包，不仅是可视化客户端，而且支持 Windows 平台下的高性能 Web

7

三维地理信息系统开发，是一套支持多语言开发、易于使用的开发框架。开发者利用该开发包能够从 SuperMap GIS 服务器获取地图与服务，快速地完成海量数据加载、二维三维地图联动、空间和属性查询、空间分析、简单编辑、地址定位等功能，能够轻松地开发所需的三维可视化地理信息客户端。

SuperMap iClient for Flex 是运用 RIA 模式，基于 Adobe Flash 开发平台，利用 Adobe Flex 技术和 Adobe Flex 3 开发框架实现的富客户端 Web 地图应用开发包。

SuperMap iClient for Silverlight 是运用 RIA 模式，基于 Silverlight Web 开发平台，利用 Microsoft Silverlight 技术和 Microsoft . NET 开发框架实现的富客户端 Web 地图应用开发包。

SuperMap iClient for Ajax 是运用 RIA 模式，利用 Ajax 技术和 ASP. NET Ajax 开发框架实现的富客户端 Web 地图功能的开发包。

4. 移动 GIS 开发平台

SuperMap iMobile 7C 是一款专业的全功能移动 GIS 开发平台，支持基于 Android 和 iOS 操作系统的智能移动终端，可以快速开发在线和离线的移动 GIS 应用。

SuperMap iMobile 7C 是全功能移动 GIS 开发平台，支持完整的移动 GIS 功能。在专业数据采集、行业 GIS 应用、大众化 GIS 应用等领域都有广泛的应用。该平台除支持广泛的在线地图服务外，更支持强大的离线数据。在多种特殊的领域都有广泛的应用，如：移动网络信号无覆盖、移动网跨终端交换数据无需转换格式，即拷即用。高性能的二维、三维一体化，在移动端支持高精细的三维模型，支持水纹、火焰、喷泉、樱花等多种动画效果。GIS 和导航一体化，极大地提高了室外 GIS 作业的便利性和工作流量受限、数据保密、高性能移动 GIS 等。

5. 云 GIS

SuperMap GIS 7C 产品体系中的云 GIS 平台软件包括 SuperMap iPortal 7C、SuperMap iServer 7C 和 SuperMap iExpress 7C 三个产品，可以协同工作构建功能强大、跨平台的云 GIS 服务应用系统，也可以独立构建 GIS 服务器满足轻量级应用需要。

（1）SuperMap iPortal 7C

基于云计算的可定制地理信息门户平台，提供快速的 GIS 资源发现能力、丰富的 GIS 资源整合能力，以及灵活的多终端协同工作能力，支持虚拟化平台下的分发、部署、迁移和管理，可以协助快速构建行业云门户或打造属于组织、单位的特色私有云门户。

（2）SuperMap iServer 7C

云 GIS 应用服务器，是基于跨平台 GIS 内核和云计算技术的企业级大型 GIS 服务开发平台，采用面向服务的地理信息共享方式，用于构建 SOA 应用系统和 GIS 专有云系统。

SuperMap iServer 7C 是面向服务式架构的企业级 GIS 产品，该产品通过服务的方式，面向网络客户端提供与专业 GIS 桌面产品相同功能的 GIS 服务；能够管理、发布和无缝聚合多源服务，包括 REST 服务、SOAP 服务、OGC W * S 服务（WMS、WFS、WCS）、KML 服务和 GeoRSS 服务等；支持多种类型客户端访问；支持分布式环境下的数据管理、编辑和分析等 GIS 功能；提供从客户端到服务器端的多层次扩展的面向服务 GIS 的开发框架。

SuperMap iServer 7C 根据开发平台的不同，分为两个产品：SuperMap iServer . NET 7C 和 SuperMap iServer Java 7C。SuperMap iServer . NET 7C 是基于微软 . NET 平台和 SuperMap iObjects . NET 7C 构建的面向服务式架构的企业级 GIS 产品，支持 Windows 平台；

SuperMap iServer Java 7C 是基于 Java EE 平台和 SuperMap iObjects Java 7C 构建的面向服务式架构的企业级 GIS 产品，支持在 Windows、Linux 和 Unix 操作系统上部署。

（3）SuperMap iExpress 7C

云 GIS 分发服务器，可以作为 GIS 云和端的中介，通过代理远程服务与发布本地缓存数据，向网络客户端提供完整一致的 GIS 服务。并且提供从客户端到服务器端的多层次扩展的开发框架。基于该服务器可以快速构建轻量级的面向服务的 B/S 应用系统。

练 习 1

1. 了解并熟悉地理信息系统的相关概念、构成、功能和应用。
2. 了解 SuperMap GIS 7C 的基本功能、基础架构以及系列产品。

第 2 章 SuperMap iDesktop 7C 快速入门

2.1 SuperMap iDesktop 7C 安装指南

在安装 SuperMap iDesktop 7C 之前，务必确保计算机满足最低配置需求。具体可以参考下面的硬件和软件要求。

2.1.1 系统要求

1. 硬件要求

最低硬件要求：

处理器：单核 2.00GHz 主频；

内存：256MB；

硬盘：10GB；

显卡：128M 或以上显存（安装显示适配器驱动），OpenGL 版本：1.5。

推荐硬件要求：

处理器：单核 3.00GHz/双核 2.00GHz 主频；

内存：2GB 或以上；

硬盘：40GB 或以上；

显卡：256M 或以上显存（安装显示适配器驱动），OpenGL 版本：2.0 或以上。

2. 软件要求

操作系统要求：

Microsoft ® Windows ® XP（SP2 或更高版本）；

Microsoft ® Windows ® Server 2003（SP1 或更高版本）；

Microsoft ® Windows ® Vista 系列；

Microsoft ® Windows ® 7 系列；

Microsoft ® Windows ® Server 2008 系列。

其他软件要求：

Microsoft . NET Framework 4.0（安装包附带）。

对数据库的支持：

SQL Server 2000/2005/2008；

Oracle 9i/10g/11g；

PostgreSQL 8.3 及以上；

DB2 9.7 及以上。

2.1.2 安装 SuperMap iDesktop 7C

首先获取 SuperMap iDesktop 7C 产品安装包，有两种方式能够获取到 SuperMap iDesktop 7C 产品安装包：

（1）购买 SuperMap iDesktop 7C 产品即可获取相应的产品安装光盘。

（2）进入超图软件官网下载专区：

（http：//support. supermap. com. cn/ProductCenter/DownloadCenter/ProductPlatform. aspx）进行下载，具体路径为官网首页>技术资源中心>软件下载>平台软件，即可找到 SuperMap iDesktop 7C 产品安装包。

安装前应先检查安装机器是否满足 SuperMap iDesktop 7C 产品安装的最低软件、硬件配置要求。如果满足，便可以按照以下步骤完成 SuperMap iDesktop 7C 的安装：

（1）启动安装程序。根据获取产品安装包方式不同，有两种启动形式。

①如果是购买的产品安装光盘，可以将 SuperMap iDesktop 7C 产品光盘放入 CD 驱动器，如果系统允许自动运行，将会出现 SuperMap iDesktop 7C 安装启动界面，否则可以到 CD 驱动器中 SuperMap iDesktop 7C 安装目录下，双击产品安装启动文件 Setup. exe。

②如果是从网站下载软件，应先解压产品包，在 SuperMap_iDesktop_7C_CHS 文件夹下，双击产品安装启动文件 Setup. exe。如图 2-1 所示。

图 2-1

将会出现安装启动界面，如图 2-2 所示。

（2）准备阶段结束后，弹出欢迎使用对话框，如图 2-3 所示。单击"下一步"按钮，继续安装。

（3）弹出"许可证协议"对话框，如图 2-4 所示。用户应认真阅读最终用户许可协议。如果接受此协议，可以选择"我接受许可证协议中的条款"选项按钮。单击"下一步"按钮，继续安装（如果不接受许可协议的条款，可以单击"取消"按钮退出安装）。

（4）如图 2-5 所示，弹出"安装类型"对话框，选择安装类型。单击"下一步"按钮，继续安装。

全部：将所有的程序功能全部安装，如果选择为"全部"则可以跳过第 6 步。

11

(a)

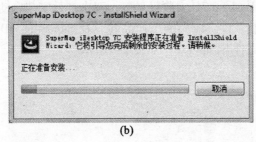

(b)

图 2-2

定制：由用户选择安装选项，推荐高级用户使用。

（5）如图 2-6 所示，弹出"选择目的地位置"对话框，选择产品安装路径。单击"下一步"按钮，继续安装。如果按照系统缺省进行安装，直接单击"下一步"按钮。如果需要改变安装路径，可以单击"浏览"按钮，指定安装路径，或直接在文本框内输入路径。

（6）如果用户选择"定制"模式安装，返一步同样弹出的是"选择目的地位置"对话框，继续安装，单击"下一步"按钮，弹出"选择功能"对话框，如图 2-7 所示。用户可以根据需要选择安装的内容，"定制"安装只安装列表中选中的内容。

（7）如图 2-8 所示，弹出准备"安装程序"对话框。如果要更改或者查看任何设置，单击"上一步"按钮，如果对当前的设置确认无误，单击"安装"按钮进入安装状态。

（8）如图 2-9 所示，弹出"安装状态"对话框，显示安装进行。可以单击"取消"按钮取消此次安装。

（9）以上过程执行完毕之后，若用户的系统中安装了 Visual Studio 2008 或更新的版本（包括 Visual Studio 2010 或 Visual Studio 2011），安装程序会执行 SuperMap iDesktop 7C 的注册/反注册程序，向相应的 Visual Studio 程序中添加"SuperMap Desktop Plugin"模板。注册完成后自动跳到下一步。如图 2-10 所示。

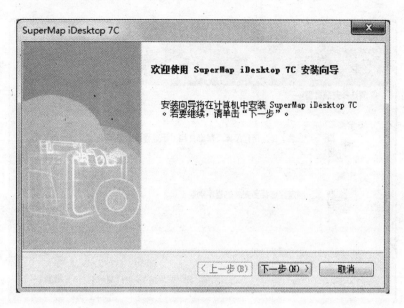

图 2-3

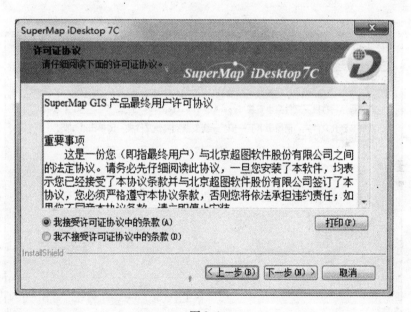

图 2-4

（10）上述安装步骤执行完成后，点击"完成"按钮即可完成安装。

注意：

若用户的系统中未安装 Visual Studio 2008 或更新的版本，则安装程序不会进行
"SuperMap Desktop Plugin"的模板注册。

若用户的程序中安装了多个 Visual Studio 版本（目前支持对 Visual Studio 2008、Visual
Studio 2010 和 Visual Studio 11 进行注册），则安装程序会对各个版本分别进行"SuperMap

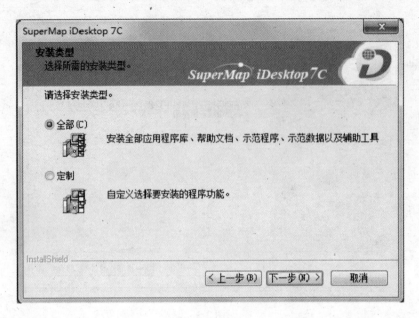

图 2-5

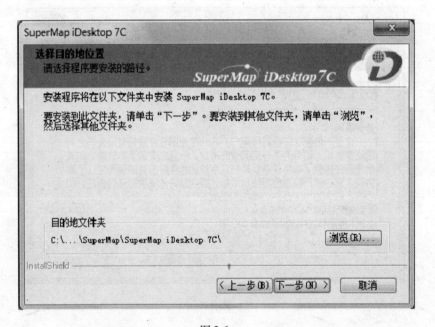

图 2-6

Desktop Plugin"的模板注册。

　　SuperMap iDesktop 7C 安装成功后，会在安装路径下生成一个 Tools 文件夹，里面放置了"SuperMap Desktop Plugin"的模板注册程序"SuperMap. Tools. RegisterTemplate. exe"，用户可以在安装完成后再运行此程序进行模板注册或者反注册。

14

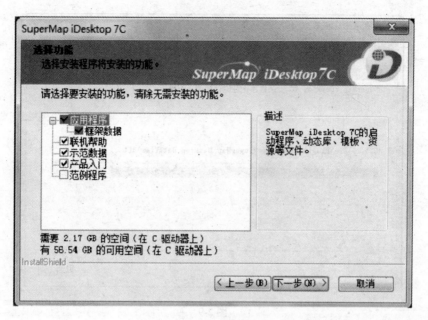

图 2-7

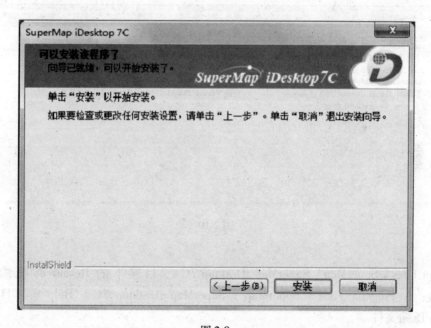

图 2-8

　　在卡巴斯基杀毒软件开启（运行）时，SuperMap GIS 7C 桌面产品可能不能正确安装。需要先将安装程序添加到信任区域，然后再运行安装程序，就可以正确安装了。

　　在卡巴斯基杀毒软件开启时，默认安装 SuperMap GIS 7C 桌面产品后，用户可能会遇到不能显示图标以及帮助文档不能使用的情况。用户需要手动解压"安装盘：

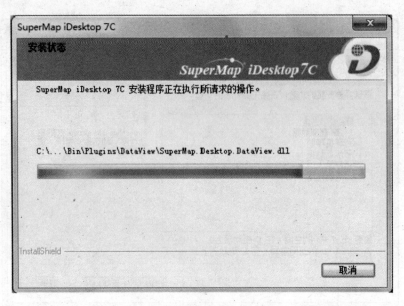

图 2-9

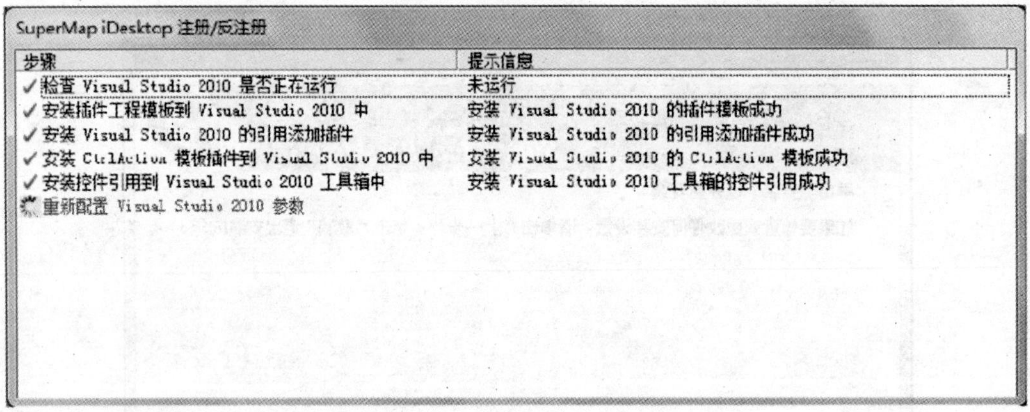

图 2-10

"\ Program Files \ SuperMap \ SuperMap iDesktop 7C \"目录下的 Resources 压缩文件和
"安装盘：\ Program Files \ SuperMap \ SuperMap iDesktop 7C \ Help \."目录下的
WebHelp 压缩文件。

2.1.3 软件许可配置

1. 许可类型说明及获取
SuperMap GIS 7C 系列产品提供了两种许可类型：试用许可和正式许可，其中正式许
可又分为软许可和硬件许可两种。
（1）试用许可

试用许可不需要用户单独获取，SuperMap GIS 7C 系列产品默认提供了 90 天的试用许可，用户只要安装了 SuperMap iDesktop 7C，则在首次使用 SuperMap iDesktop 7C 时，开始 90 天试用期计时。用户每次使用 SuperMap iDesktop 时，都会提示使用许可的可用时间。

（2）正式许可

正式许可的提供形式有两种：软许可和硬件许可。硬件许可又分为单机加密锁和网络加密锁。用户通过配置许可，即可使正式许可生效。

1）软许可

软许可，是以离线或在线方式获得合法的软件运行许可，激活到本机，即可生效。

软许可分为单机软许可和网络软许可。如果激活单机软许可，则只能为本机提供许可服务；如果激活网络软许可，则可以为当前网络中的计算机提供许可服务。注意，在许可服务器上激活网络软许可后，无法转移该网络软许可。

用户需要将其本机信息（或许可服务器的信息）提供给超图软件，才可以获得软许可，并通过配置许可使许可生效。

2）硬件许可

硬件许可是以硬件加密锁（简称"硬件锁"）的形式获得合法的软件运行许可。目前，SuperMap 仅提供圣天诺（SafeNet）硬件加密锁，硬件锁分为以下两种：

①单机锁：单机锁只提供一个授权许可，需与 SuperMap GIS 产品安装在同一台计算机上。单机锁外观为绿色磨砂。

②网络锁：网络锁可以安装在网络中任意一台计算机上，可以提供多个授权许可。安装有网络锁的计算机称为许可服务器，网络中许可范围内的客户端无论是否安装许可驱动都能使用该网络锁。网络锁的外观为红色磨砂。

2. 配置许可信息

（1）配置软许可

SuperMap 许可中心提供以软件激活方式配置软许可。用户通过 SuperMap 许可中心获取本机信息，并将信息提交给超图软件来获取正式许可，再将正式许可更新到本机，从而完成许可的配置。软件激活方式的具体步骤如下：

1）生成本机信息

进入 SuperMap 许可中心首页，点击"生成本机信息"按钮，在指定的路径下生成本机信息文件（＊.c2v）。如图 2-11 所示。

2）将本机信息提交给超图软件

将上述步骤生成的本机信息文件（＊.c2v）提交给超图软件，超图软件将根据用户的申请生成＊.v2c 正式许可文件并返回给用户，用户可以通过该文件配置正式许可。

3）许可生效

在 SuperMap 许可中心，打开"许可更新"页，如图 2-12 所示，将用户获得的＊.v2c 正式许可文件指定到"文件位置"处理，然后单击"更新"按钮，即可使许可生效。

（2）配置硬件许可

在 Windows 操作系统下，单机锁和网络锁的客户端，都不需要安装驱动程序即可运行 SuperMap GIS 7C 系列产品；网络锁的许可服务器端需要安装许可驱动。

如果当前网络环境中同一网段内已经配置了可用的许可服务器，则会自动获取和配置

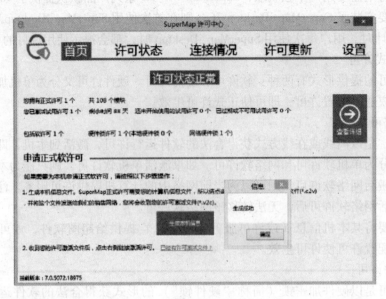

图 2-11

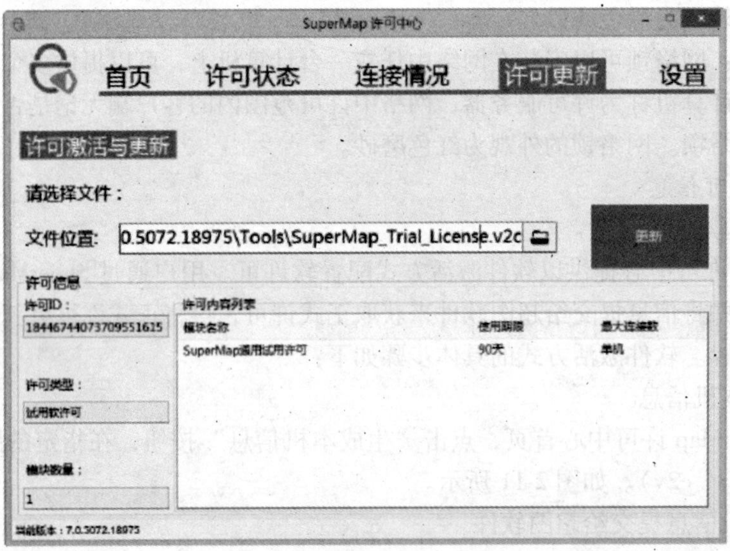

图 2-12

许可，用户不需要手工配置；如果网络环境其他网段存在可用的许可服务器，用户可以按照以下步骤进行许可配置：

①进入 SuperMap 许可中心的"设置"页面；

②在"远程连接许可"处输入许可服务器 IP 或服务器名称，点击"应用"按钮使之生效；

③许可默认连接端口为 1947，如果该端口已被占用，可以在"许可连接端口"处设

置其他未被占用的端口，点击"应用"按钮使之生效。

注意：

（1）硬件锁插入计算机后，锁上的信号指示灯点亮说明硬件锁有效。

（2）在 Windows 操作系统下，硬件锁插入后会被识别为 USB 设备，可以直接运行。

（3）对于两种硬件锁，在同一台计算机，会优先使用单机锁。

（4）如果在虚拟机上使用硬件锁，需要通过虚拟机软件的相关设置将硬件锁设备连接到虚拟机上。

2.1.4 修改与修复

通过控制面板>添加/删除程序中的更改功能，可以修改 SuperMap iDesktop 7C 的安装，包括修改、修复或者删除当前安装功能。或者通过再次运行 SuperMap iDesktop 7C 的安装包程序，对安装的内容进行修改、修复或者删除。弹出欢迎对话框，在该对话框中选择要进行的操作，则安装程序会按照用户的选择进行重新安装（或卸载）。

2.1.5 卸载

通过控制面板卸载或通过安装程序卸载。双击产品安装包中的产品安装启动文件 Setup.exe；弹出安装维护对话框，选择"删除"选项按钮，单击"下一步"按钮；弹出提示框，询问"是否要完全删除所选应用程序及其所有功能？"。确认删除，单击"是"按钮，安装系统进行卸载操作，即可完成产品软件卸载。

2.2 SuperMap iDesktop 7C 的应用环境

SuperMap iDesktop 7C 启动后，将显示如图 2-13 所示的主窗口界面。在使用 SuperMap iDesktop 7C 之前，首先熟悉一下应用环境，应用环境的每个区域都有其特定的用途。

2.2.1 "文件"按钮

"文件"按钮位于应用程序主窗口的最左端，点击"文件"按钮将弹出文件菜单，文件菜单中组织了一些常用的功能，主要是针对工作环境（工作空间）和主程序的管理，文件菜单中还包括了最近打开的数据源和工作空间列表，方便数据的打开和使用。

2.2.2 功能区

功能区的界面如图 2-14 所示。

图 2-14 中（在计算机上显示的，下同）红色矩形框所示的区域为功能区，即功能控件放置的区域。功能区所放置的各个控件统称为 Ribbon 控件，功能区上只能放置 Ribbon 控件。

功能区最顶部所显示的名称，如"开始"、"数据"、"视图"等，为相应的选项卡的名称，通过点击选项卡的名称，即可进入相应的选项卡页，如图 2-14 所示的"开始"选项卡为当前被选中的选项卡，此时，功能区上所呈现的控件为组织在"开始"选项卡中的功能控件。

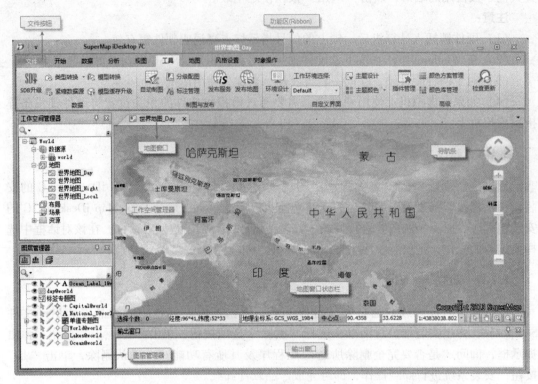

图 2-13　应用程序主窗口界面

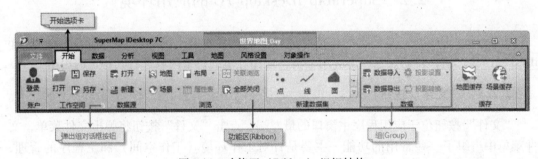

图 2-14　功能区（Ribbon）组织结构

　　图 2-14 中类似于橘黄色矩形框所示的组织为组（group 组），组的最底部所显示的名称为该组的名称，组的名称同时体现了包含在该组中的控件所绑定的功能，例如"数据源"组所包含的功能为与数据源有关操作相关的功能。

　　有些组（group 组）会绑定对话框，当某个组绑定了对话框时，该组的最右下角会出现一个特殊的小按钮，称为弹出组对话框按钮，如图 2-14 中的"工作空间"组的最右下角按钮，点击该按钮会弹出对话框，用以辅助相关功能的设置。

2.2.3　工作空间管理器

　　工作空间管理器位于应用环境的左上侧，具有管理数据源、数据集、地图、三维场

20

景、布局以及资源等的功能。在系统中，工作空间管理器是用户管理工作空间的辅助工具。可以对工作空间进行打开、关闭、保存和另存等快捷操作，还可以查看工作空间的属性。工作空间管理器包括五个组成部分：数据源、地图、三维场景、布局和资源。

数据源集合：用来管理显示工作空间的数据源、数据集。通过快捷菜单可以对数据源、数据集进行新建、打开、关闭和重新排序等操作，针对具体的数据源（数据集）还可以查看其属性信息。

地图集合：用来保存、显示图层叠加后生成的地图。

布局集合：用于地图打印之前版面的调整。布局窗口可以新建、打开、关闭、保存、打印制作地图。

场景：用来保存、显示三维模型数据。

资源：用于编辑显示当前工作空间中的符号库、线型库及填充库。

2.2.4 图层管理器

图层管理器位于应用环境的左下侧，是对当前地图窗口不同图层关系及其不同风格的辅助管理工具。图层管理器是一个活动窗体，可以拖动到应用环境的任意位置。在这里，可以对不同图层进行风格设置、浏览属性、设置关联属性表、创建专题图、图层控制等可视化操作，提供快捷方便的操作途径。图层管理器中管理的内容与当前激活的地图窗口的内容是一一相对应的，当前地图窗口内容一旦改变，图层管理器将立即反映出来。

2.2.5 地图窗口及导航条

地图窗口用来显示图层叠加后生成的地图，导航条中的加、减号可以放大或缩小地图，上、下、左、右四个方向的箭头可以分别向四个方向移动地图。

2.2.6 地图窗口状态栏

地图窗口状态栏用于显示地理坐标系，鼠标所在处的坐标位置，当前地图中心点的位置，其右侧的按钮可以让用户更方便地浏览地图。

2.2.7 输出窗口

输出窗口位于应用环境的右下侧，可以自由拖动到屏幕的任意地方，主要显示不同功能的操作提示和结果的提示及输出。启动系统后，输出窗口默认打开，可以通过点击"视图→输出窗口"，隐藏（或显示）输出窗口。

2.3 SuperMap iDesktop 7C 界面操作

2.3.1 打开数据源

（1）启动 SuperMap iDesktop 7C 应用程序。

（2）单击"开始"选项卡中"数据源"组的"打开"下拉按钮，在弹出的下拉菜单中单击"文件型"，弹出"打开数据源"对话框。如图 2-15 所示。

图 2-15

（3）在"打开数据源"对话框中，选择要打开的数据源文件（World.udb），然后，输入数据源别名"World"，单击"打开"按钮。如图 2-16 所示。

图 2-16 "打开数据源"对话框

成功打开数据源后，工作空间管理器中的数据源集合节点下将增加一个数据源节点，该节点对应刚刚打开的数据源，同时，数据源节点下也增加一系列子节点，每一个子节点对应数据源中的一个数据集，如图 2-17 所示。

2.3.2 打开数据集并显示

（1）在工作空间管理器中，鼠标双击"Countries"数据集。如图 2-18 所示。

（2）鼠标双击后，数据集会以默认风格在地图窗口中显示，如图 2-19 所示，地图窗

22

图 2-17

图 2-18

口中所显示的地图的默认名称为"Countries@ World"。

2.3.3 查看属性

1. 查看数据源属性信息

在工作空间管理器中，鼠标右键单击"World"数据源节点，在弹出的右键菜单中，选择"属性"命令，即可弹出"属性"对话框，如图 2-20 所示。

数据源的"属性"对话框中，包含了数据源的连接路径、引擎类型、打开方式、描述信息、投影信息等内容。

23

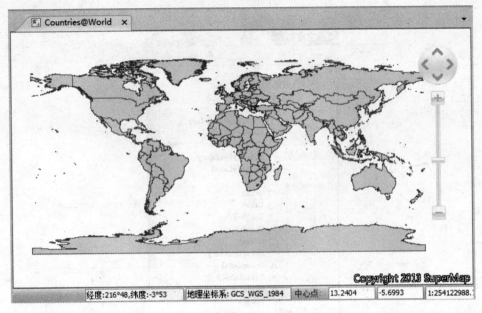

图 2-19

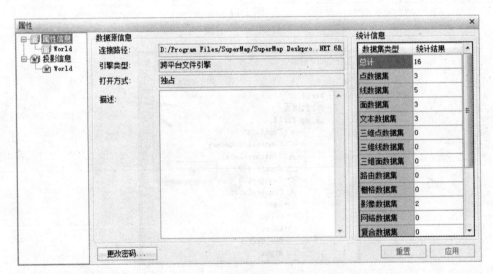

图 2-20

2. 查看数据集属性信息

在工作空间管理器中，鼠标右键单击"Countries"数据集节点，在弹出的右键菜单中，选择"属性"命令，即可弹出"属性"对话框，如图 2-21 所示。

数据集的"属性"对话框中，包含了数据集名称、数据集类型、数据集范围、对象个数、投影信息、属性表结构等内容。

3. 查看几何对象属性信息

鼠标单击选中地图窗口中需要查看属性的几何对象。在选中对象的基础上，单击鼠标右键，弹出右键菜单，如图 2-22 所示。

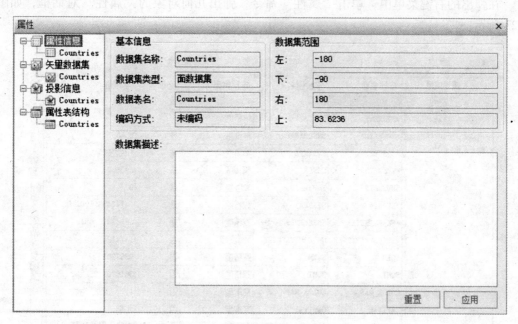

图 2-21

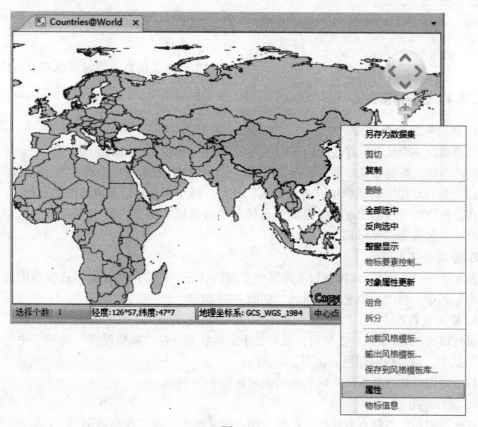

图 2-22

25

在弹出的右键菜单中，单击"属性"命令，弹出几何对象的"属性"对话框，如图 2-23 所示。

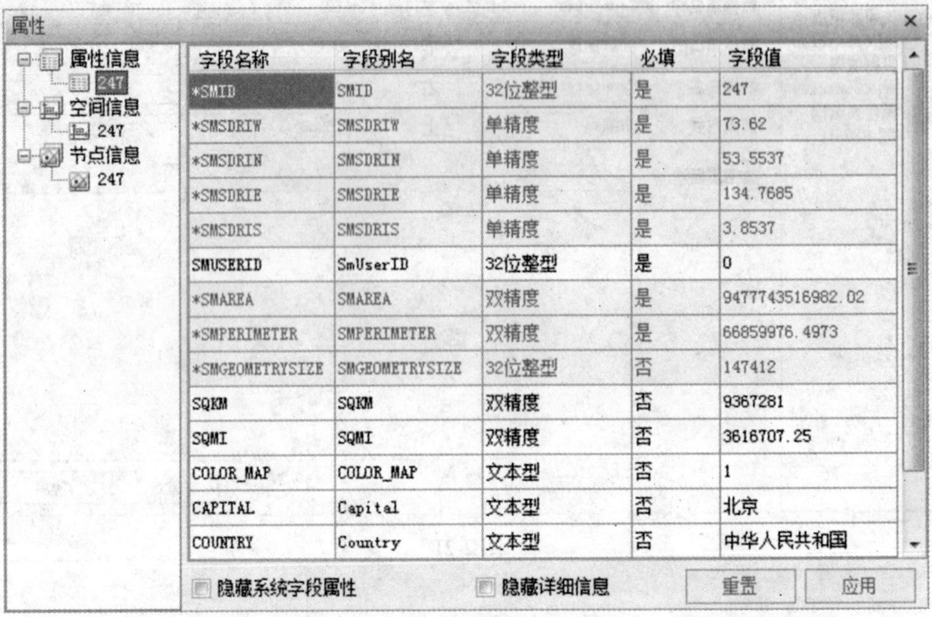

字段名称	字段别名	字段类型	必填	字段值
*SMID	SMID	32位整型	是	247
*SMSDRIW	SMSDRIW	单精度	是	73.62
*SMSDRIN	SMSDRIN	单精度	是	53.5537
*SMSDRIE	SMSDRIE	单精度	是	134.7685
*SMSDRIS	SMSDRIS	单精度	是	3.8537
SMUSERID	SmUserID	32位整型	是	0
*SMAREA	SMAREA	双精度	是	9477743516982.02
*SMPERIMETER	SMPERIMETER	双精度	是	66859976.4973
*SMGEOMETRYSIZE	SMGEOMETRYSIZE	32位整型	否	147412
SQKM	SQKM	双精度	否	9367281
SQMI	SQMI	双精度	否	3616707.25
COLOR_MAP	COLOR_MAP	文本型	否	1
CAPITAL	Capital	文本型	否	北京
COUNTRY	Country	文本型	否	中华人民共和国

图 2-23

几何对象的"属性"对话框中，包含了几何对象的属性信息、空间信息和节点信息。

2.3.4 设置地图风格

1. 修改地图名称

当要修改一个从未保存过的地图的名称时，必须先保存该地图到工作空间中，才能修改地图的名称，在地图窗口中右键点击鼠标，在弹出的右键菜单中选择"保存地图"，在弹出的"保存地图"对话框中点击"确定"按钮，接下来就可以修改地图的名称。

在工作空间管理器的地图数据集节点处，单击鼠标右键，选择"重命名"选项，即可修改地图名称为"World"。

2. 修改面填充颜色

鼠标单击"World"地图窗口，使其处于激活状态。在"风格设置"选项卡中的"填充风格"组中，修改面填充的前景色。如图 2-24 所示。

3. 修改线颜色

鼠标单击"World"地图窗口，使其处于激活状态。在"风格设置"选项卡中的"线风格"组中，修改线的颜色。如图 2-25 所示。

修改地图名称及显示风格后的地图展示如图 2-26 所示。

4. 保存地图

在地图窗口中右键点击鼠标，在弹出的右键菜单中选择"保存地图"。

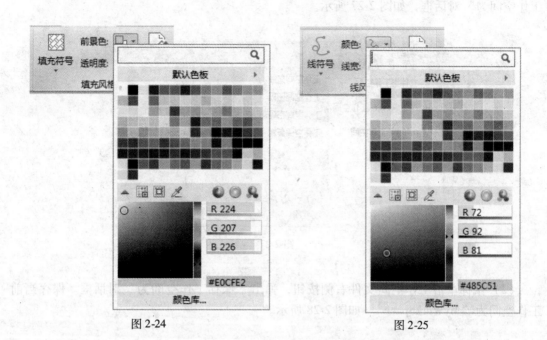

图 2-24   图 2-25

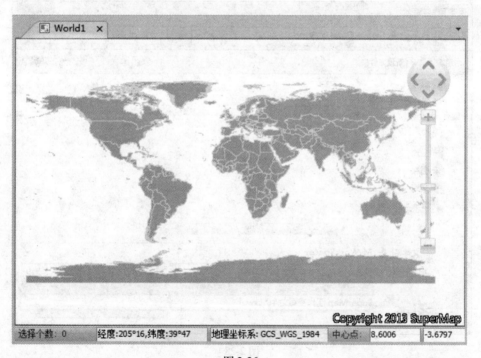

图 2-26

2.3.5 保存工作空间

（1）鼠标左键单击"开始"选项卡的"工作空间"组的"保存"按钮，弹出"保存

27

工作空间为"对话框，如图 2-27 所示。

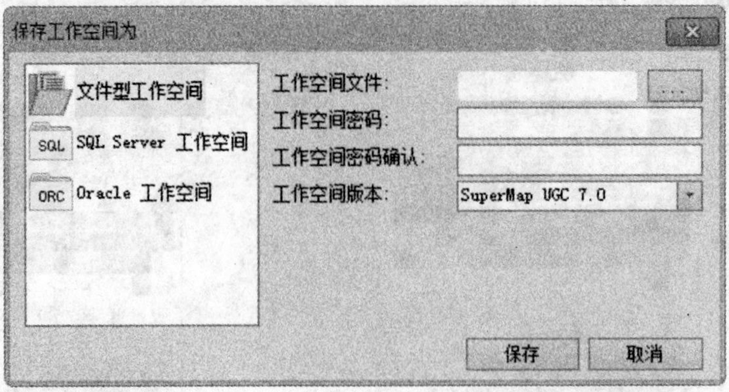

图 2-27

（2）鼠标单击工作空间文件右侧按钮，弹出"保存工作空间为"对话框。保存当前工作空间为"MyWorkSpace"。如图 2-28 所示。

图 2-28

练 习 2

1. 根据安装步骤逐步安装 SuperMap iDesktop 7C 软件，并配置软件许可。

2. 熟悉 SuperMap iDesktop 7C 的应用环境，了解各组成部分的作用。

3. 练习 SuperMap iDesktop 7C 的界面操作，如数据源、数据集的打开，属性的查看，地图风格的设置等，进一步熟悉并掌握 SuperMap iDesktop 7C 界面操作。

第 3 章　SuperMap iDesktop 7C 数据组织

　　每一个软件系统都有自己的概念和模型体系，SuperMap iDesktop 7C 用工作空间、数据源、数据集等基本概念来抽象表达、组织和存储客观现实世界。工作空间管理用户的工作环境，数据源存储空间数据，而一个数据源通常由若干个不同类型的数据集组成。学习桌面产品就必须先将其数据组织理解透彻，故本章将对 SuperMap iDesktop 7C 的数据组织形式及工作空间、数据源和数据集进行介绍。

3.1　SuperMap iDesktop 7C 的数据组织形式

　　SuperMap iDesktop 7C 的数据组织形式为类似于树状层次结构，如图 3-1 所示，左图为工作空间管理器，工作空间管理器当前打开了一个工作空间，右图为对应抽象出来的 SuperMap iDesktop 7C 数据组织结构的示意图。

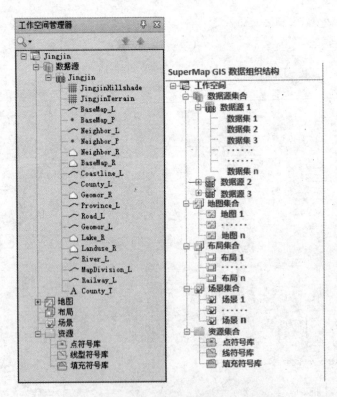

图 3-1　工作空间管理器及数据组织结构图

在 SuperMap iDesktop 7C 系列产品中用户的一个工作环境对应一个工作空间，每一个工作空间都具有如图3-1（右图）所示的树状层次结构，该结构中工作空间对应根节点。一个工作空间包含唯一的数据源集合、唯一的地图集合、唯一的布局集合、唯一的场景集合和唯一的资源集合（符号库集合），对应着工作空间的子节点。

3.2 工 作 空 间

3.2.1 工作空间概述

工作空间用于保存用户的工作环境，包括：当前打开的数据源（位置、别名和打开方式）、地图、专题地图、布局、符号库、线型库等。如图3-2 所示。工作空间文件的扩展名为 .smwu。

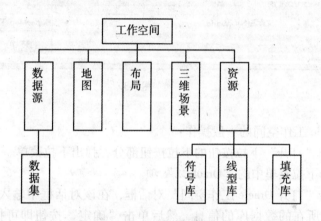

图 3-2   工作空间管理资源框图

在 SuperMap iDesktop 7C 中，任何时候只能存在一个工作空间，因此不能同时打开多个工作空间。一般来说，一个工作空间保存着一个日常工作的任务。

3.2.2 工作空间基本操作

1. 打开工作空间

工作空间有两种类型，包括文件型工作空间和数据库型工作空间。

打开文件型工作空间的一般操作：

（1）单击"打开"下拉按钮的下拉按钮部分，弹出下拉菜单。

（2）选择下拉菜单中的"文件型…"项。

（3）在弹出的"打开工作空间"对话框，找到用户想要打开的工作空间文件（ *.sxw／ *.smw 或者 *.sxwu／ *.smwu）。

（4）单击"打开"按钮即可打开选择的工作空间。如图3-3 所示。

31

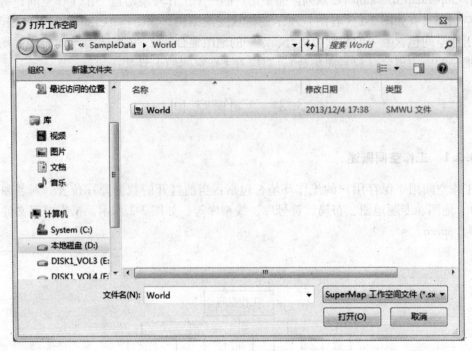

图 3-3

打开 Oracle 工作空间的一般操作：

（1）单击"打开"下拉按钮的下拉按钮部分，弹出下拉菜单。

（2）选择下拉菜单中的"Oracle…"项。

（3）弹出"打开 Oracle 工作空间"对话框，在该对话框中输入用户要打开的工作空间及工作空间所在的数据库的信息，然后单击"确定"按钮即可打开相应的工作空间。如图 3-4 所示。

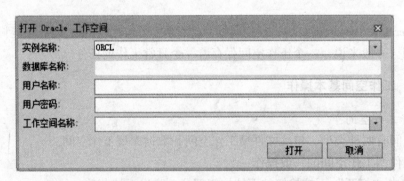

图 3-4

参数说明：

实例名称：输入 Oracle 客户端配置连接名。"实例名称"右侧的组合框的下拉列表中将会列出曾经访问过的连接名称，用户可以选择其中的连接名。

数据库名称：输入工作空间所在的 Oracle 数据库的名称。

用户名称：输入进入工作空间所在的 Oracle 数据库的用户名。

用户密码：输入进入工作空间所在的 Oracle 数据库的密码。

工作空间名称：输入要打开的工作空间名称。如果正确输入了实例名称、数据库名称、用户名称、用户密码，"工作空间名称"右侧的组合框的下拉列表中将会列出当前数据库中所包含的所有工作空间的名称，用户可以选择要打开的工作空间。

打开 SQL Server 工作空间的一般操作：

（1）单击"打开"下拉按钮的下拉按钮部分，弹出下拉菜单。

（2）选择下拉菜单中的"SQL Server..."项。

（3）弹出"打开 SQL Server 工作空间"对话框，在该对话框中输入用户要打开的工作空间及工作空间所在的数据库的信息，然后单击"确定"按钮即可打开相应的工作空间。如图 3-5 所示。

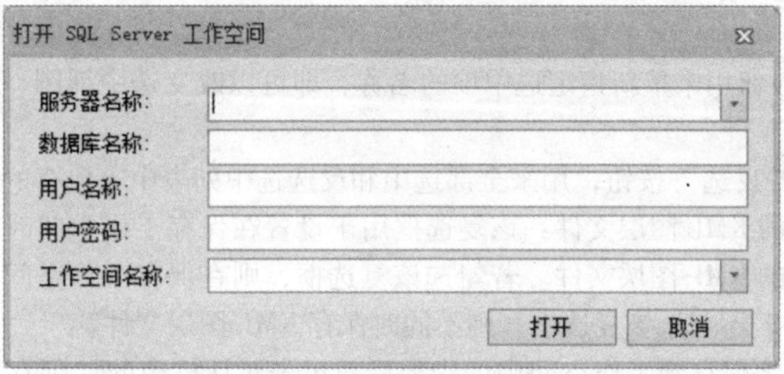

图 3-5

参数说明：

服务器名称：输入 SQL Server 数据库服务器名称。"服务器名称"右侧的组合框的下拉列表中将会列出曾经访问过的服务器名称，用户可以选择其中的服务器名。

数据库名称：输入工作空间所在的 SQL Server 数据库的名称。

用户名称：输入进入工作空间所在的 SQL Server 数据库的用户名。

用户密码：输入进入工作空间所在的 SQL Server 数据库的密码。

工作空间名称：输入要打开的工作空间名称。如果正确输入了服务器名称、数据库名称、用户名称、用户密码，"工作空间名称"右侧的组合框的下拉列表中将会列出当前数据库中所包含的所有工作空间的名称，用户可以选择要打开的工作空间。

2. 保存工作空间

（1）单击"保存"按钮，只有工作空间中有未保存的内容，该按钮才可用。

（2）弹出"保存"对话框，提示用户当前工作空间中有哪些未保存的内容，包括：未保存的地图、三维场景、布局，如图 3-6 所示。

对话框中的列表为未保存的项目，每个项目前有一个复选框，默认为选中状态，当复选框被选中时，表示将该项内容保存到工作空间中；否则，不进行保存。

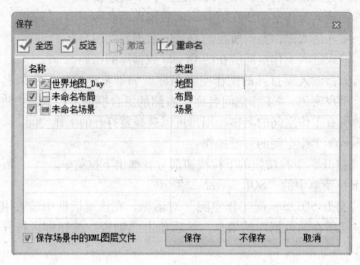

图 3-6

"重命名"按钮用来重新指定选中项的名称，即可以改变选中地图、布局或三维场景的名称。

"全选"和"反选"按钮，用来全部选中和反选选中列表中未保存的项目。

保存场景中的 KML 图层文件：该复选框用于设置在保存工作空间时，是否保存同时保存场景中存在的 KML 图层文件。若勾选该复选框，则在保存工作空间的同时，也保存KML 图层文件；若不勾选该复选框，则不同时保存 KML 图层文件。

（3）指定好要保存到工作空间中的内容后，单击对话框中的"保存"按钮，保存指定的内容到工作空间中并关闭对话框。

（4）如果当前打开的工作空间是已经存在的工作空间，则在上一步中单击"保存"按钮后，即可实现工作空间的保存；如果当前打开的工作空间是一个新的工作空间（非已有的工作空间），则在上一步单击"保存"按钮后，将弹出以下所示的"工作空间另存"对话框，通过"工作空间另存"对话框可以将工作空间保存为用户所需要的类型的工作空间。

3. 另存工作空间

单击"另存"下拉菜单中相应的工作空间，用来将当前打开的工作空间另存为一个新的相应工作空间。

4. 关闭工作空间

（1）在工作空间节点上右击鼠标，在弹出的右键菜单中选择"关闭工作空间"项。

（2）应用程序在执行当前打开的关闭工作空间操作时，如果应用程序中当前打开的工作空间没有未被保存的内容，则直接关闭当前的工作空间；如果当前打开的工作空间存在未被保存的内容，则会弹出对话框，提示用户在关闭当前打开的工作空间时是否保存这些内容。如图 3-7 所示。

（3）如果点击"否"按钮，则不进行保存直接关闭当前打开的工作空间；如果点击"是"按钮，则对当前打开的工作空间进行保存后才会关闭该工作空间。

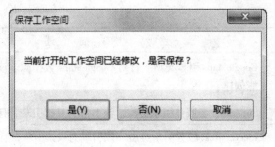

图 3-7

3.3 数 据 源

3.3.1 数据源概述

数据源是存储空间数据的场所，是由各种类型的数据集（如点、线、面类型数据，TIN、Grid、Network）组成的数据集集合。所有的空间数据都存储于数据源而不是工作空间，任何对空间数据的操作都需要先打开并获得数据源。一个数据源可以包含一个或多个不同类型的数据集；也可以同时存储矢量数据集和栅格数据集。一个工作空间中可以打开多个数据源，各数据源通过不同的别名进行标识。

数据源可以分为文件型数据源和数据库型数据源。文件型数据源是把空间数据和属性数据直接存储到文件中；数据库型数据源是把空间数据和属性数据一体化的存储到关系型数据库中。对不同类型的空间数据源，需要不同的空间数据库引擎来存储和管理，如对 Oracle 数据源，需要 SDX+for Oracle，其为 Oracle 引擎类型。如表 3-1 所示为数据源引擎类型说明。

表 3-1   数据源引擎类型说明

类 型	描 述
UDB	跨平台文件引擎类型，针对 UDB 数据源
SDX+for Oracle	Oracle 引擎类型。针对 Oracle 数据源
SDX+for Oracle Spatial	Oracle Spatial 引擎类型。针对 Oracle Spatial 数据源
SDX+for SQL	SQL Server 引擎类型。针对 SQL Server 数据源
SDX+for PGSQL	PostgreSQL 引擎类型。针对 PostgreSQL 数据源
DB2	DB2 引擎类型。针对 IBM DB2 数据库的 SDX+数据源
OGC	OGC 引擎类型，针对 Web 数据源。目前支持的类型有 WMS，WFS，WCS，WMTS。该引擎为只读引擎，且不能创建
ImagePlugins	影像只读引擎类型，针对通用影像格式如 BMP，JPG，TIFF，以及超图自定义的影像格式 SIT 等

类　型	描　述
GoogleMaps	GoogleMaps 引擎类型。针对 GoogleMaps 数据源。该引擎为只读引擎，且不能创建
SuperMapCloud	SuperMap 云服务引擎类型。该引擎为只读引擎，且不能创建
iServerRest	iServer Rest 服务引擎类型。该引擎为只读引擎，且不能创建
MapWorld	天地图服务引擎类型，用来打开天地图服务。该引擎为只读引擎，且不能创建
BaiduMaps	百度地图服务引擎类型，用来打开百度地图服务。该引擎为只读引擎，且不能创建
OpenStreetMaps	又称 OSM 引擎类型。该引擎为只读引擎，且不能创建

3.3.2　数据源基本操作

1. 新建数据源

（1）新建文件型数据源

"新建"下拉菜单中"文件型…"用来新建一个文件型数据源，并且该文件型数据源将保存到＊.udb 文件中。

①单击"新建"下拉按钮的下拉按钮部分，弹出下拉菜单。

②选择下拉菜单中的"文件型…"项。

③弹出"新建数据源"对话框，如图 3-8 所示，设置新建数据源的必要信息，然后单击"保存"按钮即可创建相应类型的文件型数据源。

（2）新建数据库型数据源：

"新建"下拉菜单中"数据库型…"用来新建一个数据库型数据源，目前桌面产品提供 SQLPlus、OraclePlus、PostgreSQL、DB2 四种类型的新建数据源功能。

①单击"新建"下拉按钮的下拉按钮部分，弹出下拉菜单。

②选择下拉菜单中的"数据库型…"项。

③弹出"新建数据库型数据源"对话框，如图 3-9 所示，可以在左侧数据源类型列表中选择需要创建的数据库类型，在右侧设置新建该项数据源的必要信息，然后单击"创建"按钮即可创建相应类型的数据库型数据源。打开"新建数据库型数据源"对话框以后，系统默认显示打开 SQLPlus 数据源界面，若想打开其他数据库型数据源，则可以在左侧类型列表内选择相应类型。

2. 打开数据源

单击"打开"下拉按钮的下拉按钮部分，弹出下拉菜单，分别选择下拉菜单中的"文件型…"项、"数据型…"项和"Web 型…"项，则会弹出相应的对话框，如图 3-10 ~ 图 3-12 所示，设置好数据源的必要信息，单击"打开"按钮，完成数据源的打开操作。

36

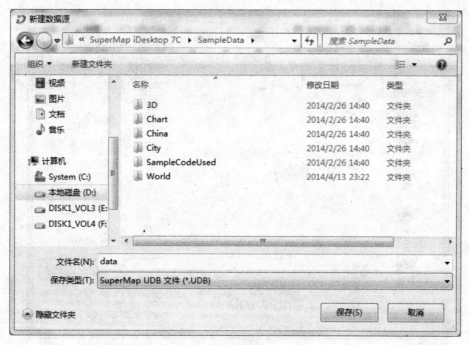

图 3-8

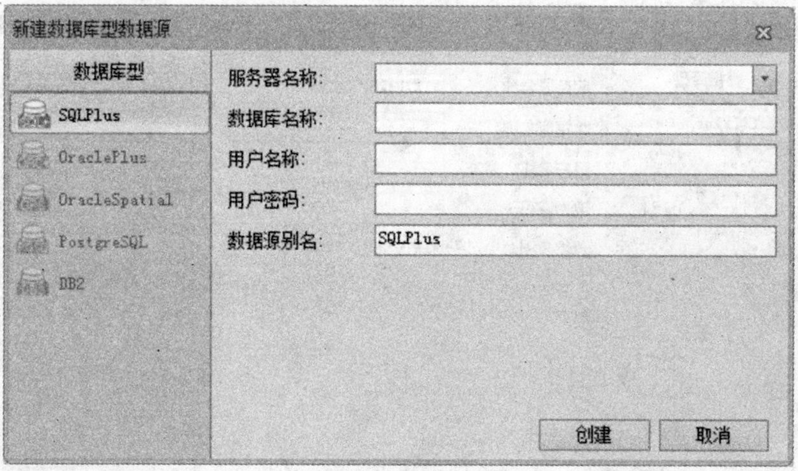

图 3-9

3. 复制数据源

（1）右键点击选中工作空间管理器中需要进行数据源复制的一个数据源节点，在弹出右键菜单中选择"复制数据源"命令，弹出"复制数据源"对话框，如图 3-13 所示。

（2）在"复制数据源"对话框中，可以设置需要进行数据源复制的源数据源、目标数据源，以及其他参数。

参数说明：

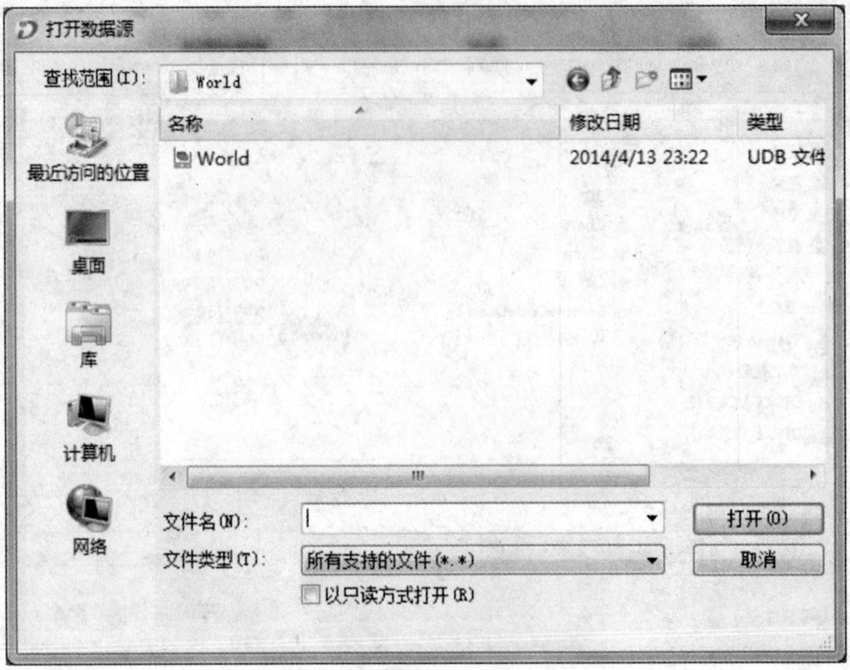

图 3-10　打开文件型数据源对话框

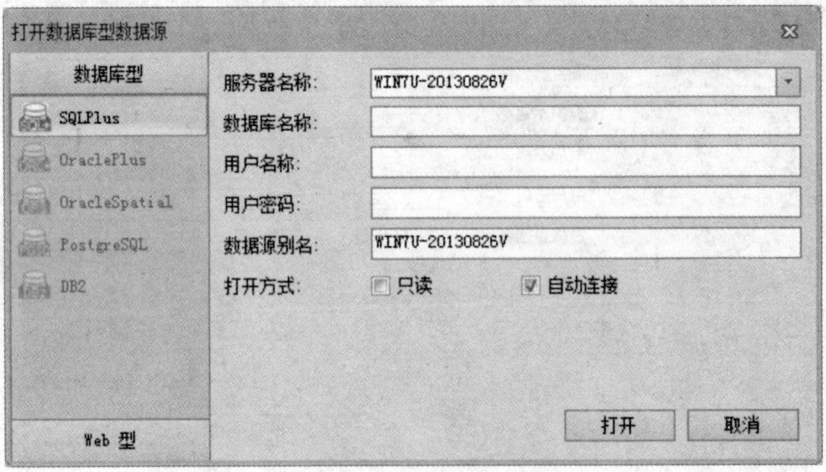

图 3-11　打开数据库型数据源对话框

源数据源：在该标签的下拉菜单中列出了当前工作空间中所有的数据源，可以选择需要进行复制的数据源。

目标数据源：在该标签的下拉菜单中列出了当前工作空间中所有的数据源，可以选择要将源数据源中的数据集复制到的目标数据源。

保持目标数据源投影不改变：该复选框用于设置在复制数据源过程中，是否保持目标数据源的投影不改变，即复制后仍保持其本来的投影信息。默认为勾选该复选框，即复制

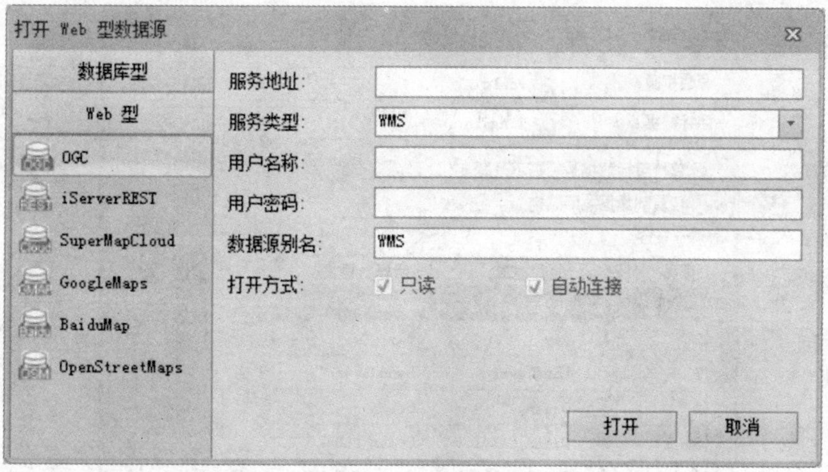

图 3-12　打开 Web 型数据源对话框

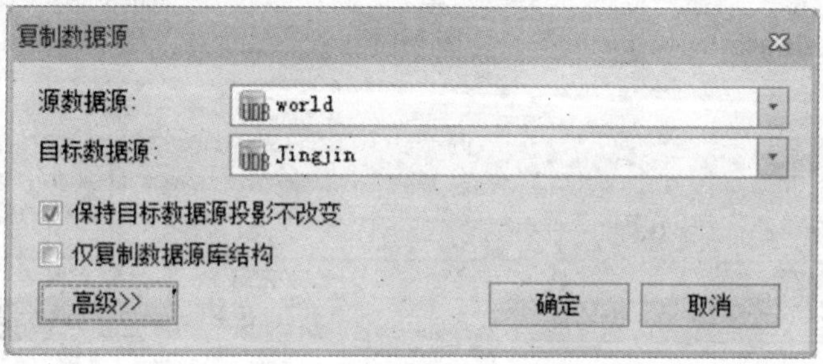

图 3-13

数据源时，保持目标数据源不变，否则目标数据源的投影变为源数据源的投影。

仅复制数据源库结构：该复选框用于设置复制数据源时是否仅复制数据源库结构，即控制是否仅复制数据集的属性表结构，而不复制任何几何对象的图形和属性数据。默认为不勾选该复选框，即复制数据源时可以将源数据集的所有数据都复制到目标数据源的对应数据集中，否则仅复制数据源库结构。

高级参数设置：点击"复制数据源"对话框下方的"高级"按钮，可以展开"高级参数设置"区域，如图 3-14 所示。

（3）单击"确定"按钮，即可将源数据源中的指定数据集复制到目标数据源中。

4. 紧缩数据源

（1）在"工具"选项卡的"数据"组中，单击"紧缩数据源"按钮，弹出"紧缩数据源"对话框，如图 3-15 所示。或者在工作空间中选中要紧缩的数据源，右击鼠标，在弹出的右键菜单中选择"紧缩数据源"项。

（2）"紧缩数据源"对话框中的列表为要进行紧缩处理的数据源，默认会加载当前工作空间所打开的所有文件型数据源。

（3）单击工具条中的"添加"按钮（或双击对话框中的列表框区域），即可弹出

39

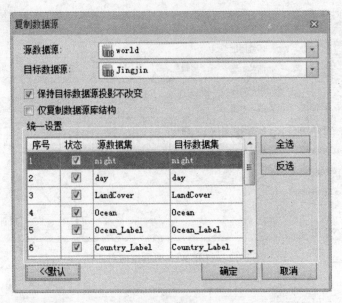

图 3-14

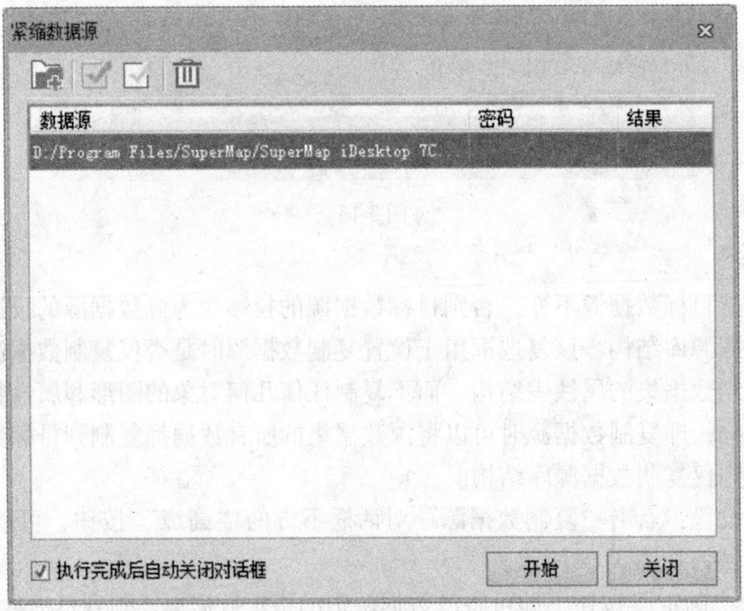

图 3-15

"打开数据源"窗口。在该窗口中，用户可以添加当前工作空间中没有打开的、其他需要紧缩的文件型数据源，即选择要操作的目标数据源。

（4）单击"全选"或反选工具选择要操作的数据源。

（5）单击"移除"按钮，将不需要进行数据紧缩的数据源从列表中移除，即选中数据源对应的记录，然后单击"移除"按钮来移除数据源。

（6）确定了要进行数据紧缩的数据源后，单击"开始"按钮，对列表中的所有数据源执行紧缩操作，同时，在输出窗口会显示该操作的提示信息。

（7）数据源紧缩操作成功后，在"紧缩数据源"对话框的列表的"结果"字段中，将会标记该数据源紧缩的结果为"成功"。

3.4 数 据 集

3.4.1 数据集概述

数据集是由同种类型数据组成的数据集合，也就是一组数据对象的集合，是 SuperMap GIS 空间数据的基本组织单位之一。在 SuperMap GIS 桌面产品中有十六种类型的数据集，如：点数据集，线数据集，面数据集，文本数据集，CAD 数据集，TIN 数据集等，详细情况可以参阅表 3-2。

表 3-2 数据集类型

	类 型	说 明	可否新建	可否显示	可否编辑
矢量	纯属性数据集	纯属性数据集，无任何空间对象	✓	✓	✓
	点数据集	存放点类型的数据，如离散点的分布	✓	✓	✓
	线数据集	存放线类型的数据，如可以表示河流、道路的分布	✓	✓	✓
	面数据集	存放面类型的数据，如可以表示房屋的分布	✓	✓	✓
	文本数据集	存放文本类型的数据，如可以表示注记	✓	✓	✓
	网络数据集	存放网络类型的数据，包括节点数据，用于网络分析等		✓	✓
	路由数据集	多用于存放网络分析结果数据。可用于动态分段分析	✓	✓	
	三维点数据集	存放三维点类型的数据，如高程点的分布		✓	
	三维线数据集	存放三维线类型的数据，如管线的分布		✓	
	CAD 数据集	存储不同类型的矢量数据	✓	✓	✓
	TIN 数据集	不规则三角网数据，是一种三维模型数据		✓	✓
栅格	影像数据集	栅格影像数据，不具备属性信息		✓	
	DEM 数据集	数字高程模型数据，是一种三维模型数据		✓	
	GRID 数据集	格网数据		✓	
	MrSID 数据集	MrSID 数据集	✓	✓	
	ECW 数据集	ECW 数据集	✓	✓	

1. 矢量数据集与栅格数据集

按照数据结构的不同，可以将 SuperMap GIS 桌面产品数据集分为矢量数据集和栅格数据集两大类。常用的点、线、面、文本等类型的数据集属于矢量数据集，如图 3-16 所示。栅格数据集用于存储网格或影像类的数据，影像数据集、格网数据集、MrSID 数据集和 ECW 数据集等类型的数据集属于栅格数据集，如图 3-17 所示。在 SuperMap GIS 中，这两种数据集可以共存于同一个数据源中，也可以在同一个地图窗口中叠加显示。

图 3-16　矢量数据集

图 3-17　栅格数据集

2. 简单数据集与复合数据集

简单数据集是指只允许存储某一种几何对象的数据集，如点、线、面、文本数据集都是简单数据集。

CAD 数据集是指可以存储多种类型几何对象的数据集。这是 SuperMap GIS 桌面产品用来专门存储和管理类似 CAD 组织结构的数据，或者用于组织 CAD 用途的空间数据，如图 3-18 所示。

CAD 数据集可以存储点、线、面、文本等不同类型的几何对象；而点数据集、线数据集、面数据集、文本数据集等简单数据集都只能存储数据集类型相同的几何对象，例如

42

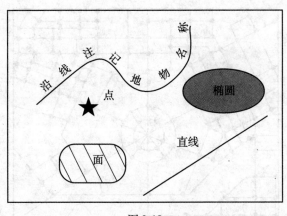

图 3-18

点数据集中只能存储点对象，而不能存储线对象。

此外，CAD 数据集中的所有对象都可以存储风格（同文本数据集一样）；而点、线、面数据集等简单数据集中的对象都不存储风格，显示时，CAD 数据集使用数据本身的风格，而简单数据集的显示风格则通过图层风格或者专题图的方式来定义。

3. 网络数据集

网络数据集是用于存储具有网络拓扑关系的数据集。网络数据集和简单的点数据集、线数据集不同，网络数据集既包含了网络线对象，也包含了网络节点对象，还包含了两种对象之间的空间拓扑关系，如图 3-19、图 3-20 所示。因此网络数据集有两个子数据集，即节点子数据集和弧段子数据集。

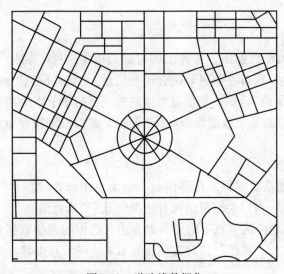

图 3-19　道路线数据集

基于网络数据集，可以进行路径分析、服务区分析、最近设施查找、资源分配、选址

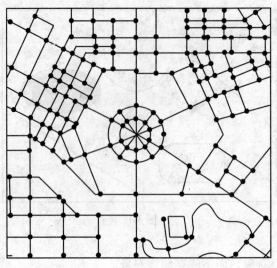

图 3-20　道路网络数据集

分析以及邻接点、通达点分析等多种网络分析。

4. 空间数据集与非空间数据集

简单地说,有图形数据的数据集称为空间数据集;没有图形数据的纯属性表称为非空间数据集。表 3-2 中列出的数据集中,纯属性数据集属于非空间数据集,其他的都是空间数据集。非空间数据集不能作为图层被添加到地图窗口中显示。图 3-21 为一个属性表数据集图示。

3.4.2　数据集属性

1. 矢量数据集属性

右键单击选中的矢量数据集,在弹出的右键菜单中选择"属性"选项,弹出矢量数据集属性窗口,"属性"窗口左侧目录树有四类信息:"属性信息"、"矢量数据集"、"投影信息"和"属性表结构",每一类信息对应的节点下的子节点为当前选中的矢量数据集的名称,单击目录树中的某个数据集节点,"属性"窗口右侧将显示对应的信息内容。如图 3-22~图 3-25 所示。

2. 栅格数据集属性

右键单击选中的栅格数据集,在弹出的右键菜单中选择"属性"选项,弹出栅格数据集属性窗口,"属性"窗口左侧目录树有三类信息:"属性信息"、"栅格数据集"、"投影信息",每一类信息对应的节点下的子节点为当前选中的栅格数据集的名称,单击目录树中的某个数据集节点,"属性"窗口右侧将显示对应的信息内容。如图 3-26~图 3-28 所示。

3. 影像数据集属性

右键单击选中的影像数据集,在弹出的右键菜单中选择"属性"选项,弹出影像数据集属性窗口,"属性"窗口左侧目录树有三类信息:"属性信息"、"图像属性"、"投影

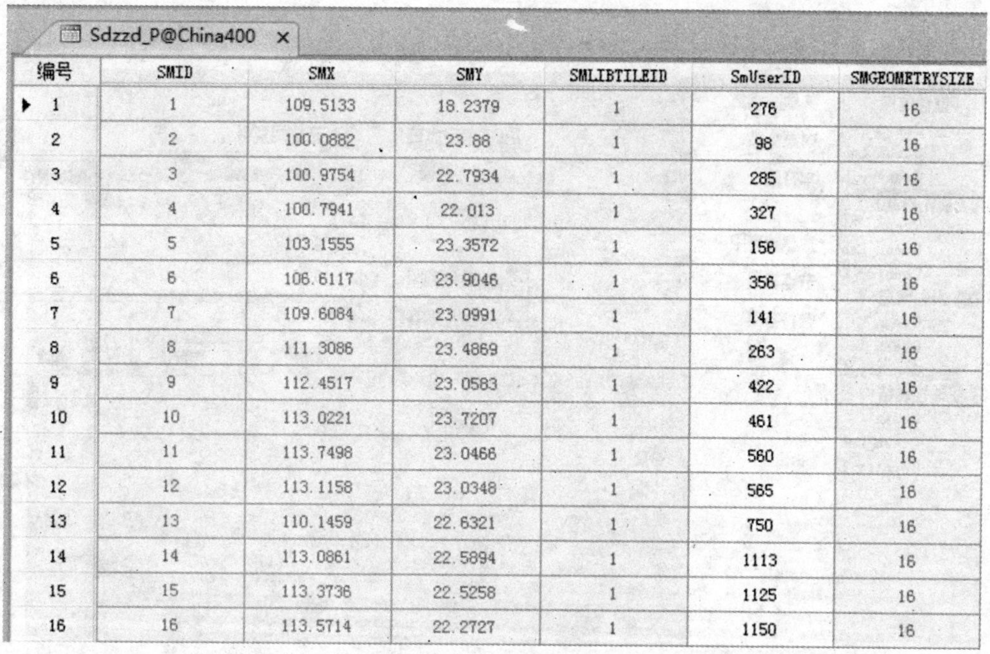

Sdzzd_P@China400

编号	SMID	SMX	SMY	SMLIBTILEID	SmUserID	SMGEOMETRYSIZE
1	1	109.5133	18.2379	1	276	16
2	2	100.0882	23.88	1	98	16
3	3	100.9754	22.7934	1	285	16
4	4	100.7941	22.013	1	327	16
5	5	103.1555	23.3572	1	156	16
6	6	106.6117	23.9046	1	356	16
7	7	109.6084	23.0991	1	141	16
8	8	111.3086	23.4869	1	263	16
9	9	112.4517	23.0583	1	422	16
10	10	113.0221	23.7207	1	461	16
11	11	113.7498	23.0466	1	560	16
12	12	113.1158	23.0348	1	565	16
13	13	110.1459	22.6321	1	750	16
14	14	113.0861	22.5894	1	1113	16
15	15	113.3736	22.5258	1	1125	16
16	16	113.5714	22.2727	1	1150	16

图 3-21　属性表数据集

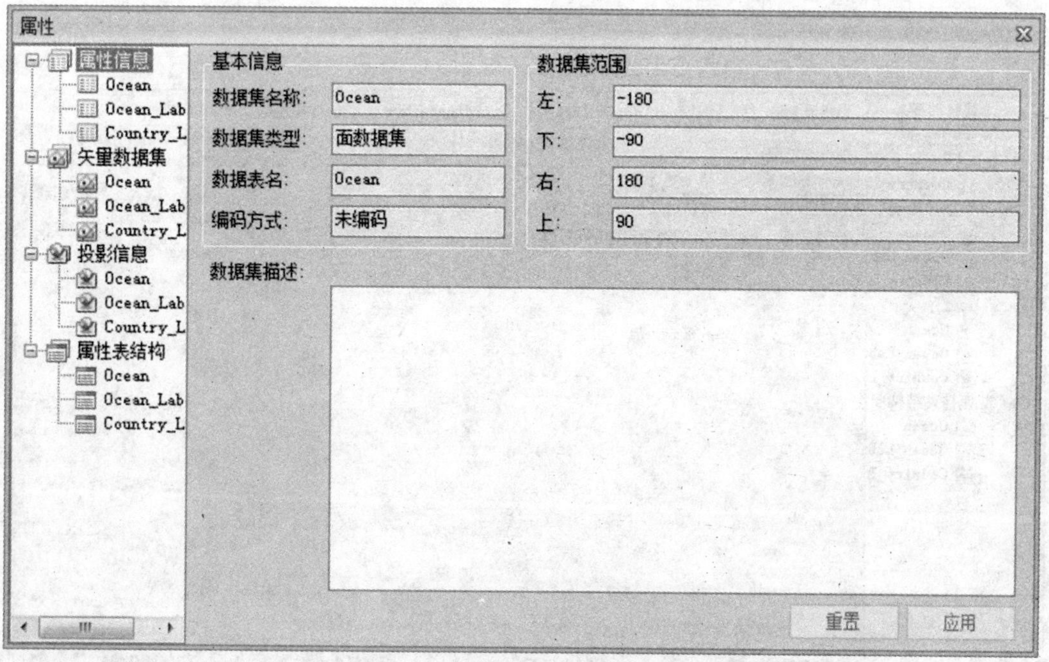

图 3-22

信息”，每一类信息对应的节点下的子节点为当前选中的影像数据集的名称，单击目录树中的某个数据集节点，“属性”窗口右侧将显示对应的信息内容。如图 3-29 ~ 图 3-31。

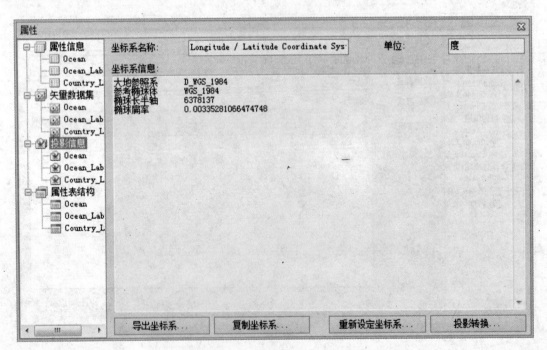

图 3-23

图 3-24

序号	字段名称	别名	字段类型	长度	缺省值	必填
1	*SMID	SMID	32位整型	4		是
2	*SMSDRIW	SMSDRIW	单精度	4	0	是
3	*SMSDRIN	SMSDRIN	单精度	4	0	是
4	*SMSDRIE	SMSDRIE	单精度	4	0	是
5	*SMSDRIS	SMSDRIS	单精度	4	0	是
6	SMUSERID	SMUSERID	32位整型	4	0	是
7	*SMAREA	SMAREA	双精度	8	0	是
8	*SMPERIMETER	SMPERIMETER	双精度	8	0	是
9	*SMGEOMETRYSIZE	SMGEOMETRYSIZE	32位整型	4	0	否
10	WRLD30_ID	WRLD30_ID	32位整型	4		否

属性信息
Ocean
Ocean_Lab
Country_L
矢量数据集
Ocean
Ocean_Lab
Country_L
投影信息
Ocean
Ocean_Lab
Country_L
属性表结构
Ocean
Ocean_Lab
Country_L

添加　删除　修改　　☑ 显示删除警告　重置　应用

图 3-25

属性

属性信息
LandCover
栅格数据集
LandCover
投影信息
LandCover

基本信息

数据集名称：　LandCover
数据集类型：　栅格数据集
数据表名：　LandCover
编码方式：　SGL

数据集范围

左：　-180
下：　-90
右：　180
上：　90

数据集描述：

重置　应用

图 3-26

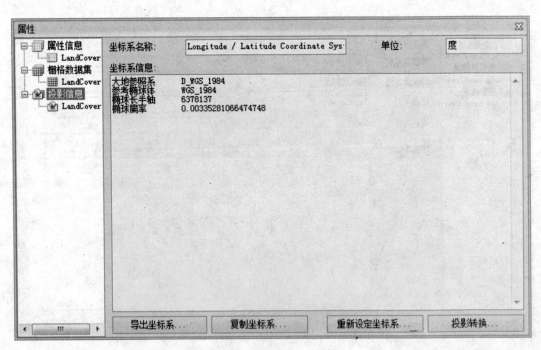

图 3-27

图 3-28

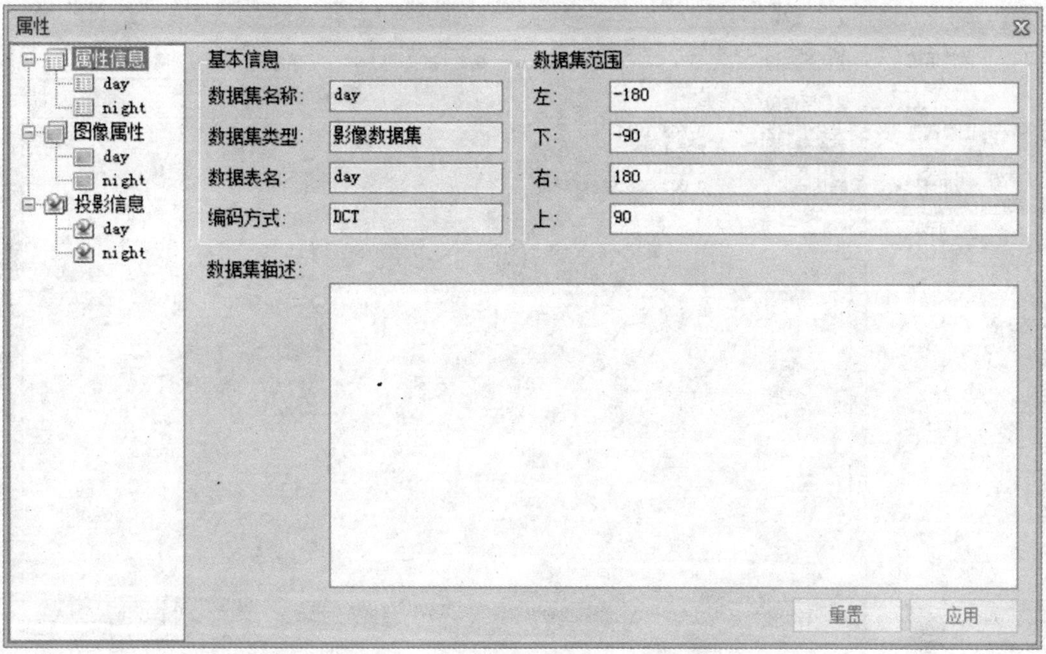

图 3-29

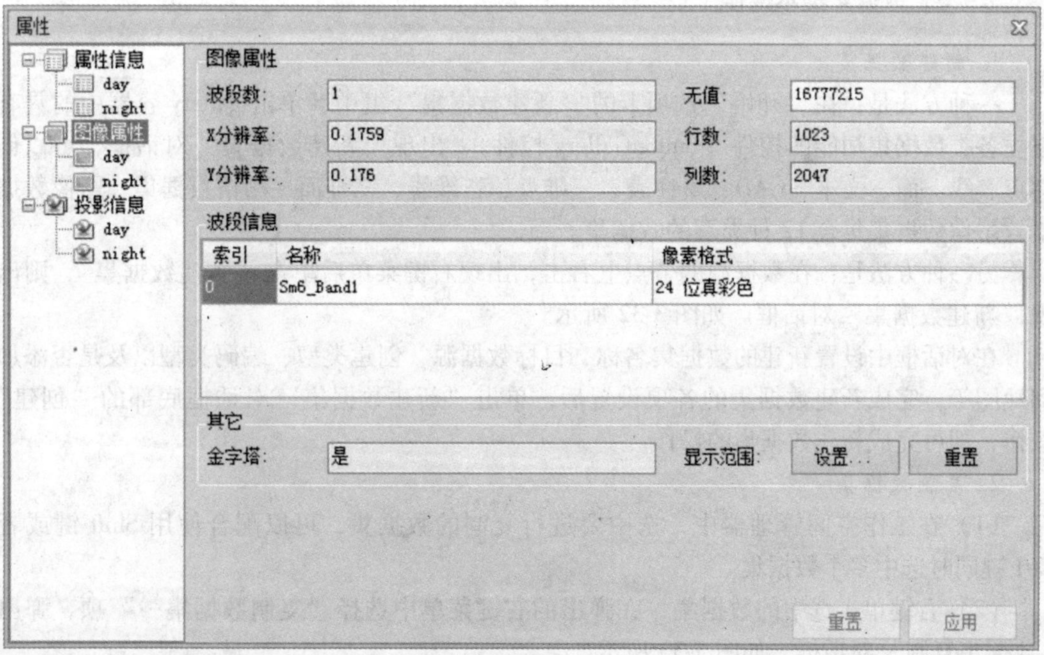

图 3-30

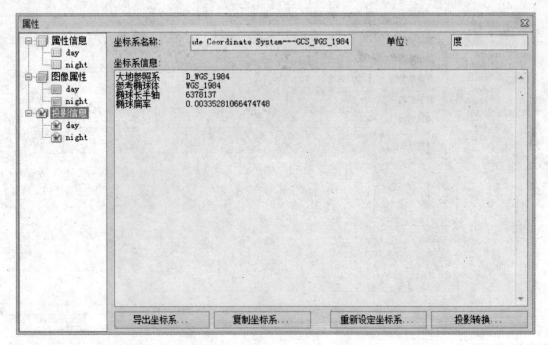

图 3-31

3.4.3 数据集基本操作

1. 新建数据集

一种方法是：在"开始"选项卡的"新建数据集"组中，单击 gallery 容器中的具有建立各类数据集功能的控件（buttonGallery 控件），出现"新建数据集"对话框，可以创建点、线、面、文本、CAD、属性表、三维点、三维线、三维面、栅格数据集、影像数据集、影像数据集集合 12 种类型的数据集。

另一种方法是：在数据源的节点上右击，出现右键菜单后单击"新建数据集"，则出现"新建数据集"对话框。如图 3-32 所示。

在对话框中设置新建的数据集名称、目标数据源、创建类型、编码类型以及是否添加到地图等。完成新建数据集的各项设置后，单击"新建数据集"对话框底部的"创建"按钮，即可完成新建数据集的操作。

2. 复制数据集

（1）在工作空间管理器中，选中要进行复制的数据集，可以配合使用 Shift 键或者 Ctrl 键同时选中多个数据集。

（2）右键单击选中的数据集，在弹出的右键菜单中选择"复制数据集…"项，弹出"数据集复制"对话框，如图 3-33 所示。

（3）若需复制其他数据集，在"数据集复制"对话框中单击"添加"按钮，在弹出的"选择"对话框中，选择其他要复制的数据集，单击"确定"按钮后返回"数据集复制"对话框。如图 3-34 所示。

50

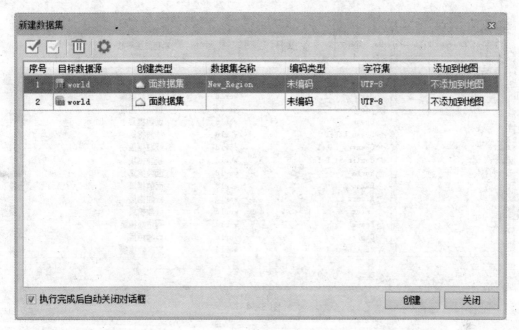

图 3-32

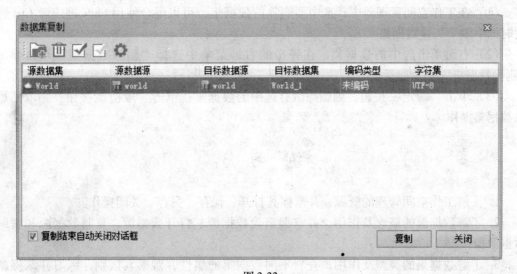

图 3-33

（4）在对话框中设置复制数据集所必要的信息，对话框中的每条记录对应一个要复制的数据集的复制信息，包括将数据集复制得到的目标数据源、复制得到的新数据集的名称、复制得到的新数据集采用的编码类型。

（5）当设置完表格中所有要复制的数据集的复制信息后，就可以单击表格下方的"复制"按钮，根据所指定的信息完成数据集的复制。

图 3-34

3. 删除数据集

（1）在工作空间管理器中，选中要删除的数据集，可以配合使用 Shift 键或者 Ctrl 键同时选中多个矢量数据集。

（2）右键单击选中的数据集，在弹出的右键菜单中选择"删除数据集"项，弹出"删除数据集"提示对话框。

（3）单击"确定"按钮，则删除所有选中的数据集；单击"取消"按钮，则取消删除数据集操作。

练 习 3

1. 了解工作空间管理的资源，并掌握其打开、保存、另存、关闭操作。

2. 了解数据源的概念及作用，并掌握新建数据源、打开数据源、复制数据源和紧缩数据源操作。

3. 了解数据集的类型及作用，查看不同数据集的属性并观察其区别，练习并掌握新建数据集、复制数据集和删除数据集操作。

第4章 空间数据采集

空间数据采集是指将遥感影像、纸质地图、外业观测数据等不同来源的数据进行处理，使之成为 GIS 软件能够识别和分析的形式，这往往是构建一个具体的 GIS 系统的第一步。随着测绘技术的进步，尽管遥感和全数字化测量的数据成果已经是数字形式，但这些数据还需要进一步处理才能被 GIS 系统使用。本章主要介绍数据采集的基础知识、采集的方式、矢量化的步骤和有关地图配准的内容。

4.1 空间数据采集基础知识

建立一个 GIS 系统经常要用到不同类型的数据，主要包括：

（1）地图数据。各种类型的地图内容丰富，图上实体间的空间关系直观，实体的类型、属性可以用各种不同的符号加以识别和表示。过去一段时间里，建立 GIS 系统最直接的数据来源就是对纸质地图进行矢量化。

（2）遥感影像数据。随着遥感技术的不断进步，遥感影像数据已成为 GIS 重要的信息源。通过遥感影像可以快速、准确地获得各种大面积的综合专题信息。

（3）统计数据。统计数据是 GIS 属性数据的主要来源，如人口数量、经济构成、国民生产总值等。统计数据是区域规划、空间决策的主要依据之一，也是空间分析重要的输入指标。

（4）实测数据。实测数据是指通过各种野外实验实地测量所得到的数据。如 GPS 点位数据、地籍测量数据等。

（5）文本资料数据。在灾害监测、土地资源管理等专题信息系统中，文字说明资料对确定地物的属性特征起着重要作用。

GIS 可用的数据源多种多样，进行选择时应注意从以下几个方面考虑：

（1）是否满足系统功能的要求。

（2）所选数据源是否已有使用经验，如果传统的数据源可用，就应避免使用其他陌生的数据源。

（3）系统成本。数据成本占 GIS 工程成本的 70%，甚至更多。因此，数据源的选择对于工程整体的成本控制至关重要。

4.2 数据采集方式

空间数据采集的任务是将地理实体的图形数据和属性数据输入到地图数据库中。图形数据的采集往往采用矢量化的方法，主要包括手扶跟踪矢量化和扫描跟踪矢量化两种方法；属性数据的采集主要使用键盘输入、属性数据表的连接等方式。下面主要介绍图形数据的采集方式。

4.2.1 手扶跟踪矢量化

手扶跟踪矢量化是最早采用的纸质地图矢量化的方式，该方法是在数字化软件的支持下应用手扶跟踪数字化仪来完成，主要利用电磁原理记录数字化仪面板上点的平面坐标来获取矢量数据。其基本过程是：将需要矢量化的图件（地图、航片等）固定在数字化仪面板上，然后设定数字化范围，填入相关参数，设置特征码清单，选择数字化方式，按地图要素的类别实施图形矢量化。手扶跟踪矢量化对复杂地图的处理能力较弱、效率不高、精度较低、操作人员劳动强度大，目前已基本被淘汰。

手扶跟踪矢量化的基本方式有两种：点方式和流方式。采用点方式矢量化，操作人员可以选择最有利于表现曲线特征、使面积误差最小的点位进行矢量化，缺点是每记录一个坐标点位，操作人员都必须按键来通知计算机以记录该点的坐标；流方式矢量化是将十字光标置于曲线的起点并向计算机输入一个按流方式矢量化的命令，让计算机以等时间间隔或等距间隔开始记录坐标。

4.2.2 扫描跟踪矢量化

扫描跟踪矢量化方法是目前最常用的地图数据采集方法，其作业速度快、精度高，操作人员工作强度较低。扫描跟踪矢量化的基本过程是：首先使用具有适当分辨率和扫描幅面的扫描仪及相关扫描图像处理软件对纸质地图扫描生产栅格图像，然后经过几何纠正、噪声消除、线细化、配准等一系列处理之后，即可进行矢量化。

对栅格数据的矢量化有以下两种方式：

（1）软件自动矢量化。通过特定的算法将图件上的线条自动转化为矢量要素，该方法工作速度快、效率高，但是由于软件智能化的局限性，后期需要大量的处理与编辑工作，实际应用中一般不采用这种方法。

（2）屏幕鼠标跟踪矢量化。屏幕鼠标跟踪矢量化又分为全手工矢量化和半自动矢量化。全手工矢量化是操作者逐点跟踪目标线，完成一条线的矢量化。半自动矢量化是人工先指定一条线的起点，软件自动跟踪至它不能判断去向的位置，通常是多条线段的交叉点、线段不连续处、文字标注等隔断处，然后人工指定新的位置，软件自动进行新的跟踪，直到人工结束一条线的跟踪为止。这种方法较好地兼顾了人工对地物的判断和软件的自动化，矢量化速度较快，且后续编辑工作量小，是目前普遍采用的方法。

4.3 矢量化的步骤

地图矢量化是把栅格数据转换成矢量数据的处理过程。矢量化通常要经过扫描、图像预处理、配准、数据分层、矢量化等若干个步骤。

4.3.1 扫描

扫描是纸质地图矢量化的第一步，这项工作将纸质地图转化为计算机可识别的数字形式，扫描时需要设定以下相关参数：

（1）扫描模式。地形图扫描一般采用二值扫描或灰度扫描，黑白航片或卫星图片采用灰度扫描，彩色航片或卫星图片采用彩色扫描。一般情况是将图像进行彩色扫描，然后进行二值化处理。

（2）扫描分辨率。根据扫描要求，地形图扫描一般采用300dpi或更高的分辨率。

（3）亮度、对比度、色调、GAMMA 曲线等，根据需要调整。

4.3.2 图像预处理

图像经过扫描后还需要进行预处理，如去噪声、几何纠正、投影变换等。图像预处理是在图像分析中，对输入的图像进行特征抽取、分割、匹配和识别前所进行的处理，主要目的是消除图像中无关的信息，恢复有用的真实信息，增强有关信息的可检测性和最大限度地简化数据，从而提高特征抽取、图像分割、匹配和识别的可靠性。

1. 几何校正

由于受地图介质及存放条件等因素的影响，地图的纸张容易发生变形，或者遥感影像本身就存在着几何变形，通过几何校正可以在一定程度上改善数据质量。几何校正最常用的方法是仿射变换法（属于一阶多项式变换），可以在 X 轴和 Y 轴方向进行不同比例的缩放，同时进行旋转和平移。仿射变换的特性是：直线变换后仍为直线，平行线变换后仍为平行线，不同方向上的长度比发生变化。其坐标变换公式为

$$X = A_0 + A_1 x + A_2 y$$
$$Y = B_0 + B_1 x + B_2 y$$

式中，x、y 为数字化仪坐标，X、Y 为实际坐标。A_0、A_1、A_2、B_0、B_1、B_2 为 6 个未知系数。当控制点个数多于基本求解个数时可以用最小二乘法原理来计算这 6 个未知数，即

$$Q_X = U_i - (A_0 + A_1 x_i + A_2 y_i)$$
$$Q_Y = V_i - (B_0 + B_1 x_i + B_2 y_i)$$

式中，x_i、y_i 为第 i 个控制点的数字化仪坐标，U_i、V_i 为对应的实测坐标，由 $\sum (Q_X)^2$ 最小和 $\sum (Q_Y)^2$ 最小，可以解出 A_0、A_1、A_2、B_0、B_1、B_2，实现图幅的变形校正。

2. 投影变换

当数据源采用不同的地图投影时，需要将源数据转换为所需的地图投影，这一过程称为投影变换，投影变换的方法有正解变换、反解变换和数值变换。

（1）正解变换。通过建立严密的或近似的解析关系式，直接将数据由一种投影的坐标（x、y）变换到另一种投影的坐标（X、Y）。

（2）反解变换。即由一种投影的坐标反解出其地理坐标，然后再将地理坐标代入另一种投影的坐标公式中，从而实现由一种投影的坐标到另一种投影的坐标的变换。

（3）数值变换。采用插值法、有限差分法、最小二乘法、待定系数法等，实现由一种投影到另一种投影的变换。数值变换是较常用的投影变换方法，常用的有三参数法和七参数法。

4.3.3 地理配准

扫描得到的地图数据通常不包含空间参考信息，航片和卫星图片的位置精度也往往比

较低，这就需要通过具有较高位置精度的控制点将这些数据匹配到用户指定的坐标系中，这个过程称为地理配准。即通过建立数学函数将栅格数据集（扫描后的图像）中各点的位置与标准空间参考中的已知地理坐标点的位置相连接，从而确定图像中任一点的地理坐标。地理配准的具体操作步骤将在4.4节中介绍。

地理配准中控制点的选择要遵循以下原则：

（1）变换公式是 n 次多项式，则控制点的个数最少为 $\dfrac{(n+1)(n+2)}{2}$。

（2）应选取图像上易分辨且较精细的特征点。

（3）特征变化大的地区应多选点。

（4）图像边缘处要尽量选点。

（5）尽可能满幅、均匀地选点。

4.3.4 数据分层

数据分层是当前 GIS 软件处理空间数据最基本的策略，数据分层过程中一般应遵循以下原则：

（1）不同类的要素分布在不同的图层，如河流、桥梁、公路、居民地等。

（2）不同几何形状的要素分布在不同的图层，如面状地物的行政区域与点状地物的水井、杆塔等在不同图层。

（3）同种性质、不同类别的地物分布在不同图层，如同为交通线的铁路和公路在不同图层；但同种类型，不同等级的地物宜放在同一图层，如不同等级的公路宜置于同一图层中，应用中可以通过子类加以区分。

（4）不同时间段的数据分布在不同的图层上。

此外，不同比例尺的地图中地物的几何类型可能不同，如在小比例尺的行政区划图中学校是一个点，而在大比例尺的地图中，学校有可能是一个面。在分层时，要充分考虑地图比例尺对地物表现形式的影响来选择点、线、面类别，避免将点状地物误当做面状地物数字化以致矢量化过程变得烦琐。

在矢量化开始前，就应该制定详细的分层方案。一般地，矢量化过程中可以划分较多的图层，以便于对某一类地物的属性统一赋值，需要时可以对图层进行合并。

4.3.5 图形数据追踪

图形数据追踪是以栅格数据为基础，用矢量化软件依次对各个图层的地物进行跟踪矢量化。一般地，GIS 软件在矢量化时需先使目标图层处于可编辑状态，并进行相应的捕捉设置，以便在后续图像追踪过程中能够准确定位，提高数字化精度。点、线、面图层矢量化的方法为：

（1）点的矢量化较简单，只需将地图上的点放大到合适的大小，然后在其中心处定位即可。

（2）线的矢量化要求将线条放大到合适的宽度，按栅格图像中线条的整体走势进行矢量化，而且尽量使线条平滑，矢量化过程中通常会用到捕捉工具来捕捉节点。

（3）面的矢量化较为复杂，因为面的矢量化过程中要正确处理拓扑关系。面与面之间的拓扑关系有相邻、相交、相离、包含等，面的矢量化过程首先要考虑空间数据采取的是简单数据结构还是拓扑数据结构，然后再考虑不同面实体之间的拓扑关系。对于居民地等相离的面状实体，无论是简单数据结构还是拓扑数据结构，都是沿着多边形边界进行跟踪至闭合。对于全国行政区的省界等相邻的面状实体，简单数据模型需要将公共边界矢量化两次，而拓扑结构矢量化的方法是将每一条线仅矢量化一次，然后通过拓扑处理构造多边形实体。

4.3.6 属性录入

属性数据的录入可以随矢量化几何数据同步进行，也可以在处理好几何数据以后边检查图形数据质量边录入。

4.4 地图配准

4.4.1 配准的基本概念和原理

由于遥感影像数据在成像过程中存在多种几何畸变，需要通过配准操作对影像/栅格数据集的坐标进行纠正；纸质地图保存过程中存在纸张变形，扫描后的图纸容易产生误差变形，并且纸质地图扫描后的图纸都是没有空间位置的，需要通过数据配准将其纠正到地理坐标系或投影坐标系等参考系统中，同时也可以纠正几何畸变和变形误差，达到同一区域不同数据集坐标系的统一。另一种情形是，在对多个数据集进行分析时，例如影像镶嵌、矢量数据合并或者叠加，要求所有参与分析的数据集在同一坐标系下，此时也需要进行数据的配准。数据配准是通过参考数据集（图层）对配准数据集（图层）进行空间位置纠正和变换的过程。通过确定的配准算法和控制点信息，对配准数据集进行配准，可以得到与参考数据集（图层）空间位置一致的配准结果数据集。

1. 配准算法

SuperMap iDesktop 7C 提供了四种配准方法：线性配准、矩形配准、二次多项式配准和偏移配准。

（1）线性配准

线性配准（多用于扫描图像的配准）也称为仿射变换。这种配准方法假设地图因变形而引起的实际比例尺在 X 和 Y 方向上不相同，因此，具有纠正地图变形的功能。

线性变换是最常用的一种配准方法，由于同时考虑了 X 和 Y 方向上的变形，所以纠正后的坐标在不同的方向上的长度比会不同，表现为原始坐标会发生如缩放、旋转、平移等变化后得到输出坐标。

线性配准适合用于矩形范围的数据，配准结果不仅存在偏移和缩放，而且存在角度偏转。

（2）矩形配准

矩形配准实质上是一种特殊的，有限定条件的线性配准。如果原图像为规则矩形，纠正后的图像坐标仍是规则矩形，则选择两个相对的角点就可以确定矩形 4 个角点的坐标。这种方法既方便省时，也避免了由于选择多个控制点时造成的误差累积。矩形配准是一种简单方便的配准纠正方法，但是因为输出结果不会计算误差，所以其配准的精度不可知，是一种精度不高的粗纠正方法。

矩形配准适合用于整体平移数据，或按比例缩放数据。

（3）二次多项式配准

二次多项式配准是常用的精度较高的配准方法。多项式纠正把原始图像变形看成是某种曲面，输出图像为规则平面。

为了得到比较高的精度，一般要求二次多项式纠正的控制点至少为 7 对，适当增加控制点的个数，可以明显提高影像配准的精度。多项式系数是用所选定的控制点坐标，按照最小二乘法求得的。

二次多项式配准适合用于多边形范围的数据，配准结果不仅存在偏移和缩放，而且存在角度偏转。

（4）偏移配准

偏移配准仅需要一组控制点和参考点，分别对 X 坐标和 Y 坐标求差值，再利用差值对原数据集所有组坐标点进行偏移。

2. 配准误差

在进行配准过程中，应用程序会计算所有控制点的 X 残差、Y 残差、均方根误差以及均方根总误差。下面详细介绍这四种误差的具体含义。

残差是指实际观测值与回归估计值的差。在配准过程中，观测点为参考图层上的控制点，可以是在参考图层刺点所得的点，也可以是通过输入 X、Y 坐标所得的控制点。计算点为在配准图层刺点所得的控制点，按照某一种配准算法计算出来的拟合点。

X 残差：观测点与计算点在 X 坐标方向上的距离。

Y 残差：观测点与计算点在 Y 坐标方向上的距离。

均方根误差：对于线性配准和多项式配准，在选择了一定的地面控制点后，都用以下公式计算每个地面控制点的均方根误差（RMS_{error}）

$$\text{RMS}_{error} = \sqrt{(x' - x)^2 + (y' - y)^2}$$

式中，x，y 为地面控制点在原始图像中的坐标，x'，y' 是一次多项式或二次多项式计算出的控制点坐标，即估算坐标。估算坐标和原始坐标之间的差值大小代表了每个控制点几何纠正的精度。对线性配准和多项式配准，系统都会计算 x，y 方向上的误差和点的均方根误差。通常一个 GIS 应用都有一个可以接受的总均方根误差，所以当某些控制点的均方根误差大于可接受的总均方根误差时，可以通过剔除或修改该控制点，达到减小总体均方根误差，提高配准精度的目的。

3. 栅格重采样方法

栅格重采样是将输入图像的像元值或推导值赋予输出图像中每个像元的过程。这里提到的图像为栅格数据，包括栅格（GRID）和影像（IMAGE）两类。当输入图像和输出图像的位置（经过几何变换或投影设置等操作）或像元大小（即栅格影像分辨率）发生变化时，都需要进行栅格重采样。

此外，栅格重采样是栅格数据在空间分析中处理栅格分辨率匹配问题的常用数据处理方法，为了便于分析，通常将不同的分辨率通过栅格重采样转化为相同的分辨率。对于一个既定的空间分辨率的栅格数据，可以通过重采样操作，将栅格数据重采样成更大的像元，即降低空间分辨率。这个过程会丢失部分原高空间分辨率的细节信息；也可以重采样成更小的像元，但是并不会增加更多的信息。将低空间分辨率的多光谱遥感影像重采样成与高空间分辨率的全色影像相同的分辨率，然后对两个影像进行融合，得到的图像将同时具有高光谱分辨率和高空间分辨率的信息，可以用于专题提取和应用，是常用的遥感数据融合方式。

栅格重采样主要包括三种方法：最邻近法、双线性内插法和三次卷积插值法。最邻近法是把原始图像中距离最近的像元值填充到新图像中；双线性内插法和三次卷积插值法都是把原始图像附近的像元值通过距离加权平均填充到新图像中。下面将详细介绍这三种重采样方法。

（1）最邻近法

最邻近法是将输入栅格数据集中最邻近的像元值作为输入值，赋予输出栅格数据集的相应像元。

该方法的优点是不会改变原始栅格值，而且处理速度快，但是该方法会有半个像元大小的位移。适用于表示分类或某种专题的离散数据，如土地利用、植被类型等。

如图 4-1 所示，为栅格数据经过平移和旋转等几何变换后，对输出栅格数据集进行重采样，采用最邻近法。其中，黑色线框表示输入栅格数据集，浅绿色填充表示输出栅格数据集，红色方点表示输出栅格数据集中某一像元的中心位置，其像元值将被重新计算。找到距离红色方点所在像元最近的像元的中心点，即图 4-1 中所示紫色圆点，将紫色圆点所表示的像元值填充到红色方点中，完成一个栅格像元的重采样。

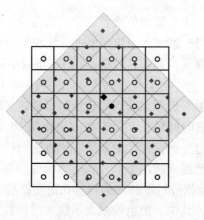

图 4-1

（2）双线性内插法

双线性内插法是基于三次线性插值的方法，将输入栅格数据集中的 4 个最邻近像元（4 邻域）的像元值进行加权平均计算出新的像元值，并将其赋予输出栅格数据集的相应像元。其中，权值是由 4 邻域中每个像元的中心与内插点之间的距离决定的。

该方法的重采样结果会比最邻近法更平滑，但会改变原来的栅格值。适用于表示某种现象分布、地形表面的连续数据，如 DEM、气温或降雨量分布、坡度等，这些数据本来就是通过采样点内插得到的连续表面。

如图4-2所示，为栅格数据经过平移和旋转等几何变换后，对输出栅格数据集进行重采样，采用双线性内插法。其中，黑色线框表示输入栅格数据集，浅绿色填充表示输出栅格数据集，红色方点表示输出栅格数据集中某一像元的中心位置，其像元值将被重新计算。取红色方点周围的4个邻近点，这4个邻近点的中心点即图4-2中紫色圆点表示的位置，通过对其进行距离加权平均计算，将计算结果填充到红色方点中，完成一个栅格像元的重采样。

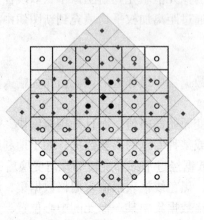

图4-2

（3）三次卷积插值法

与双线性内插法类似，三次卷积插值法是基于五次多项式插值的方法，将输入栅格数据集中的16个最邻近像元（16邻域）的像元值进行加权平均计算出新的像元值，并将其赋予输出栅格数据集的相应像元。其中，权值是由16邻域中每个像元的中心点与内插点之间的距离决定的。

三次卷积插值法通过增加邻近点来获取最佳插值函数，可以进一步提高内插精度，算法较为复杂，计算量大，处理时间较长。由于该方法使用16邻域进行加权计算，处理结果会更加清晰，栅格数据的边界会有锐化的效果。该方法同样会改变原来的栅格值，且有可能会超出输入栅格的值域范围。适用于航片和遥感影像的重采样。

如图4-3所示，为栅格数据经过平移和旋转等几何变换后，对输出栅格数据集进行重采样，采用三次卷积插值法。其中，黑色线框表示输入栅格数据集，浅绿色填充表示输出栅格数据集，红色方点表示输出栅格数据集中某一像元的中心位置，其像元值将被重新计算。取红色方点周围的16个邻近点，这16个邻近点的中心点即图4-3中紫色圆点表示的位置。通过对其进行距离加权平均计算，将计算结果填充到红色方点中，完成一个栅格像元的重采样。

4.4.2　配准的操作步骤

地图配准一般要经过数据准备、新建配准、刺点、计算误差、配准等若干个步骤。下面以扫描的纸质地图的配准为例来详细介绍地图配准的步骤：

（1）启动 SuperMap iDesktop 7C，打开数据源 Registration. udb，单击 Registration 数据

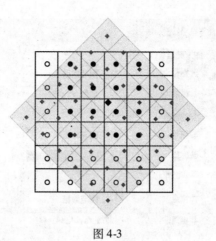

图 4-3

源节点，展开当前数据源下的所有数据集节点，可以看到包含 yantai、yantaiR、Roal_yt、Rail_yt、River_yt 这 5 个数据集。如表 4-1 所示。

表 4-1 数据集介绍

数据集名称	描 述	详 细 说 明
yantai	扫描的烟台市地图图片	配准数据集
yantaiR	烟台市行政区划的面数据集	坐标系为 Alberts 投影坐标系，可以作为参考数据集
Roal_yt	公路线数据集	对配准数据集数字化时，用来保存提取的烟台市公路信息
Rail_yt	铁路线数据集	对配准数据集数字化时，用来保存提取的烟台市铁路信息
River_yt	河流线数据集	对配准数据集数字化时，用来保存提取的烟台市河流信息

（2）点击功能区"数据"选项卡"配准"组"新建配准"按钮，弹出"配准数据设置"对话框，对配准操作的配准图层、参考图层和配准结果数据集进行相关设置，如图 4-4 所示。

完成新建配准的操作，进入配准状态。界面会自动切换到"配准"选项卡下的配准窗口，如图 4-5 所示。

（3）本实例中将采用二次多项式的配准算法对配准数据集进行配准。在"配准"选项卡的"算法"中，点击"配准算法"标签下方的下拉箭头，在弹出的下拉列表中选择"二次多项式配准（至少 7 个控制点）"项。如图 4-6 所示。

（4）在配准窗口中，对比浏览配准图层和参考图层，寻找这两个图层的特征位置的同名点。在"浏览"组中，通过使用"放大地图"、"缩小地图"或者"漫游"按钮，将配准图层定位到某一特征位置；在"控制点设置"中，点击"刺点"按钮，鼠标状态变为十，找准定位的特征点位置，点击鼠标左键，完成一次刺点操作。可以看到在鼠标点击位置，用蓝色十字丝标记（默认当前所刺的控制点为选中状态）。同时在控制点列表中，系统会自动给配准控制点编号，同时将其坐标值显示在控制点列表中，即源点 X 和

61

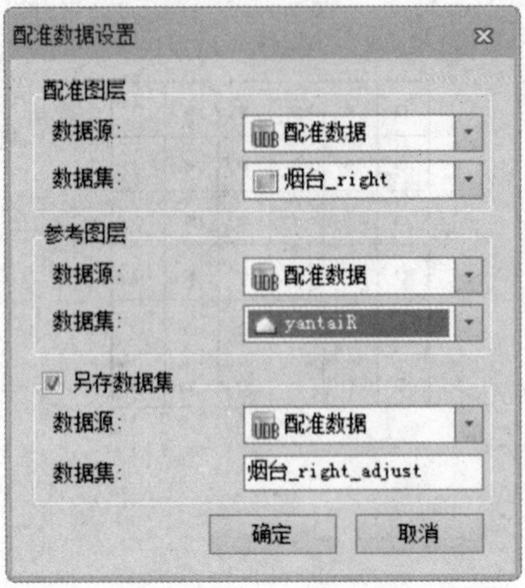

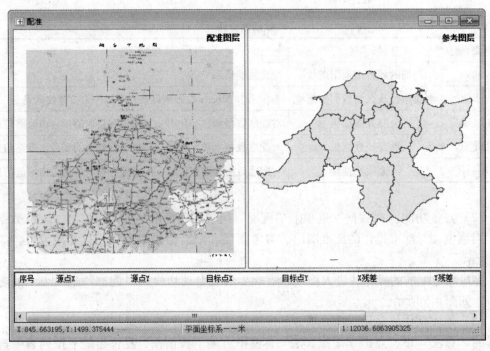

图 4-4

图 4-5

源点 Y 两列中的内容。在"浏览"组中，通过使用"放大地图"、"缩小地图"或者"漫游"按钮，将参考图层定位到在配准图层刺点的同名点位置。采用同样的方法完成 7 个控制点的刺点操作。

（5）在功能区"配准"选项卡的"运算"组中，点击"计算误差"按钮，进行误差计算，同时在控制点列表中列出了各个控制点的误差。这些误差包括 X 残差、Y 残差以及

62

配准算法:
矩形配准(2个控制点)
算法
配准算法:
线性配准(至少4个控制点)
二次多项式配准(至少7个控制点)
矩形配准(2个控制点)
偏移配准(1个控制点)

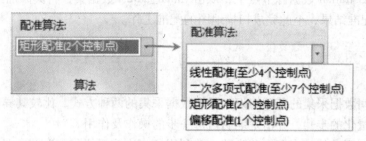

图 4-6

均方根误差，同时在配准窗口中的状态栏会输出总误差值，即各个控制点的均方根误差之和。若均方根总误差较大，没有很好的控制在一个像元内（单个像元大小约为 150m），即不能满足配准精度的要求，则选择误差较大的控制点，勾选“锁定编辑”列对应的复选框，再对此控制点重新进行刺点操作，直至均方根总误差满足配准精度的要求。

（6）在控制点列表中的任意位置单击鼠标右键，在弹出的右键菜单中选择“导出配准信息”命令，将所有控制点的配准信息保存为配准信息文件（＊.druf）。如图 4-7 所示。

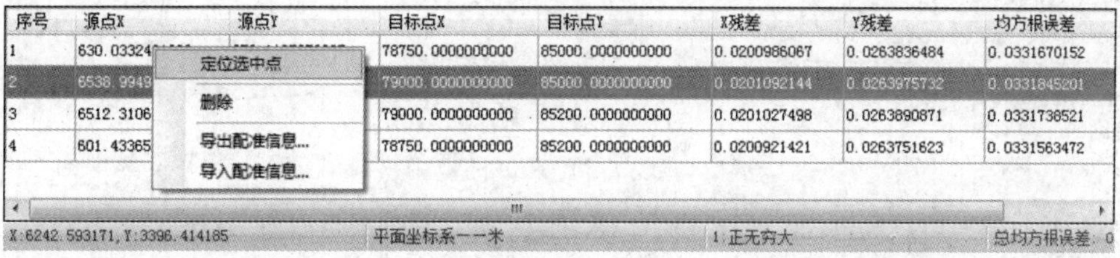

序号
源点X
源点Y
目标点X
目标点Y
X残差
Y残差
均方根误差
1
630.03324
78750.0000000000
85000.0000000000
0.0200986067
0.0263836484
0.0331670152
2
6538.9949
79000.0000000000
85000.0000000000
0.0201092144
0.0263975732
0.0331845201
3
6512.3106
79000.0000000000
85200.0000000000
0.0201027498
0.0263890871
0.0331738521
4
601.43365
78750.0000000000
85200.0000000000
0.0200921421
0.0263751623
0.0331563472
定位选中点
删除
导出配准信息...
导入配准信息...
X:6242.593171, Y:3396.414185
平面坐标系——米
1:正无穷大
总均方根误差: 0

图 4-7

（7）在“配准”选项卡的“运算”组，点击“配准”按钮，对配准图层执行配准操作。如果是进行矢量配准，并且配准方式为线性配准或者二次多项式配准，在配准结束后，应用程序会在输出窗口中显示配准转换的公式及各个参数值，以便用户查阅。如图 4-8 所示。

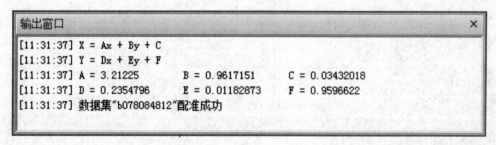

输出窗口
[11:31:37] X = Ax + By + C
[11:31:37] Y = Dx + Ey + F
[11:31:37] A = 3.21225 B = 0.9617151 C = 0.03432018
[11:31:37] D = 0.2354796 E = 0.01182873 F = 0.9596622
[11:31:37] 数据集"b078084812"配准成功

图 4-8

（8）在 Registration 数据源节点下，双击 yantai_adjust 数据集，将其添加到当前地图窗口，可以查看配准结果，至此完成扫描地图的配准工作。

练 习 4

1. 学习空间数据采集的基础知识，了解数据采集的两种方式，比较其异同。
2. 了解矢量化的步骤，并清楚地明白每一步的操作及作用。
3. 了解地图配准的基本概念和步骤，并利用"唐山市区影像图"进行地图配准练习。

第 5 章　几何对象操作

地图中表示树木、道路、居民地等不同意义的点、线、面数据集都是由对应类型的几何对象所组成的，树木、道路、居民地等的形状、地理位置由几何对象决定，对几何对象的操作是对几何对象进行创建、编辑和处理的过程，地图中最常用的几何对象是点、线、面、文本四种，本章主要介绍这四种类型几何对象的创建、编辑过程。

5.1　创 建 对 象

SuperMap iDesktop 7C 中"对象操作"选项卡是上下文选项卡，与地图窗口绑定。只有当应用程序中当前活动的窗口为地图窗口时，该选项卡才会出现在功能区上，对象绘制和对象编辑功能都在此选项卡中。各种几何对象的绘制和编辑都在图层可编辑的状态下进行，同时设置多个图层可编辑，但是在创建点、线、面或文本对象时，只针对当前选中的图层进行几何对象绘制或编辑。因此，如果想要对某个图层创建新对象或进行对象编辑，必须首先单击图层管理器中的相应图层，将该图层设置为当前图层。

5.1.1　绘制点对象

点对象的适用图层是点图层和复合图层，当前适用图层处于可编辑状态时进行以下操作绘制点：

（1）在"对象绘制"组中，单击"点"按钮，进入绘制状态。

（2）在地图上需要绘制点的地方单击鼠标左键，完成创建点对象。

（3）重复上一步骤，可以绘制多个点对象。

（4）绘制完成后，单击鼠标右键结束绘制。

5.1.2　绘制线对象

线对象的适用图层是线图层和复合图层，当前适用图层处于可编辑状态时，"对象绘制"组中的直线、折线、多边形、圆弧、扇形、圆、椭圆、曲线、矩形、平行四边形和正交多边形被激活，如图 5-1 所示。以下分别对这些几何对象的绘制进行介绍。

1. 绘制直线

直线的绘制有两种方式，一种是通过起点、端点绘制直线，另一种是通过长度、角度绘制直线。

（1）通过起点、端点绘制直线

①在"对象操作"选项卡的"对象绘制"组单击"直线"按钮，出现直线光标。

②将鼠标移动到地图窗口中，可以看到随着鼠标的移动，其后的参数输入框中会实时

图 5-1

显示当前鼠标位置的坐标值。在参数输入框中输入直线起点的坐标值（可以通过按 Tab 键，在两个参数输入框间切换）后按 Enter 键，确定直线的起始位置。

③再次移动鼠标并在其后的参数输入框中输入直线另外一个端点的坐标值，按 Enter 键，绘制完毕。

④单击鼠标右键结束当前绘制操作。

（2）通过长度、角度绘制直线

①在"对象操作"选项卡的"对象绘制"组单击"直线"下拉按钮，选择"长度、角度"，出现直线光标。

②将鼠标移动到地图窗口中，可以看到随着鼠标的移动，其后的参数输入框中会实时显示当前鼠标位置的坐标值。在参数输入框中输入直线起点的坐标值（可以通过按 Tab 键，在两个参数输入框间切换）后按 Enter 键，确定直线的起始位置。

注意：若此时按住 Shift 键，则鼠标只能在 0°、45°或者 90°等几个方向移动，输入的角度也只能为 0°、45°、90°等几个角度值。

③移动鼠标，可以看到随着鼠标的移动，地图窗口中会实时标识鼠标位置与直线起点连线的长度及其与 X 轴正方向之间的夹角，在参数输入框中输入长度和角度（可以通过按 Tab 键，在两个参数输入框间切换），按 Enter 键执行输入，完成绘制。

④单击鼠标右键结束当前绘制操作。

2. 绘制折线

折线可以通过输入坐标值，也可以通过输入长度和角度进行绘制，这两种绘制过程与绘制直线类似，可以参照直线绘制过程。

"折线"下拉按钮还有一个"平行线"命令，用来绘制有两个子对象的平行线，绘制过程如下：

（1）在"对象操作"选项卡的"对象绘制"组中，单击"折线"下拉按钮，选择"平行线"命令，出现平行线光标。

（2）将鼠标移动到地图窗口中，可以看到随着鼠标的移动，其后的参数输入框中会实时显示当前鼠标位置的坐标值。在该框中输入平行线起点的坐标值（可以通过按 Tab 键，在两个输入框间切换）后按 Enter 键，确定平行线的起始位置。

（3）移动鼠标并在其后的参数输入框中输入平行线的宽度（长度），按 Enter 键执行输入。

（4）移动鼠标，可以看到平行线的宽度已经确定，地图窗口中会实时标识鼠标位置与起点连线的长度及其与 X 轴正方向之间的夹角。在参数输入框中输入长度和角度值

（可以通过按 Tab 键，在两个参数输入框间切换），按 Enter 键确认后即可确定平行线的长度。

（5）其后绘制平行线其他段的操作步骤与绘制折线类似。此时绘制的平行线都是与上述步骤中等宽的平行线。

（6）单击鼠标右键结束平行线的绘制。

3. 绘制多边形

多边形各边可以通过输入坐标值，也可以通过输入长度和角度来确定，由此绘制出多边形，各边绘制过程与直线绘制过程类似，在此不再赘述。

"多边形"下拉按钮中的"正多边形"命令提供了正多边形的快速绘制方法，以下为绘制过程：

（1）在"对象操作"选项卡的"对象绘制"组单击"多边形"下拉按钮中，选择"正多边形"命令。

（2）弹出"参数设置"对话框，在对话框中输入要绘制的正多边形的边数。要求输入的正多边形的边数大于3。默认的边数为5。

（3）单击"确定"按钮，退出当前对话框。

（4）将鼠标移动到地图窗口中，可以看到随着鼠标的移动，其后的参数框中会实时显示鼠标位置的坐标值。在框中输入正多边形中心点的坐标值（可以通过按 Tab 键，在两个参数输入框间切换）后，按 Enter 键确认。

（5）再次移动鼠标并在其后的参数输入框中输入正多边形外接圆的半径（长度），以及正多边形外接圆半径与水平轴方向的夹角（角度），按 Enter 键，完成正多边形的绘制。

4. 绘制圆弧

绘制圆弧，可以通过圆心、端点、起点、半径、角度等参数确定。可以使用多种方法创建圆弧（或者椭圆弧）。SuperMap iDesktop 7C 提供了三种常用的绘制圆弧的方式，正圆弧、三点弧和椭圆弧。

三点弧可以通过输入坐标或直接在地图中单击确定三点位置从而绘制圆弧。

正圆弧的绘制过程首先确定起点坐标，再移动鼠标并在其后的参数输入框中输入圆的半径（长度），按 Enter 键，绘制一个圆。以绘制完成的圆为参考，移动鼠标，在其后的参数输入框中输入起始角度（起始角度为 X 轴正方向与圆弧起始半径逆时针方向的夹角），确定圆弧的起始位置。确定了圆弧的起始角度后，继续移动鼠标，在其后的参数输入框中输入圆弧扫过的角度，按 Enter 键，绘制一段圆弧。

椭圆弧的绘制过程：

（1）移动鼠标，在参数输入框中输入斜椭圆一个半轴（长半轴或者短半轴）的起始点坐标后按 Enter 键，确定斜椭圆半轴的起始位置。

（2）移动鼠标，地图窗口中会实时标识鼠标位置与半轴起点连线的长度及其与 X 轴正方向之间的夹角，在参数输入框中输入长度和角度值，按 Enter 键执行输入，完成斜椭圆一个半轴的绘制。

（3）继续移动鼠标，在参数输入框中键入另外一个半轴的长度，按 Enter 键，完成斜椭圆的绘制。

（4）移动鼠标，在其后的参数输入框中输入起始角度（起始角度为 X 轴正方向与圆弧起始半径逆时针方向的夹角），确定椭圆弧的起始位置。

（5）继续移动鼠标，在其后的参数输入框中输入椭圆弧扫过的角度，按 Enter 键，绘制一段椭圆弧。

5. 绘制圆

圆的绘制可以通过指定圆心、半径、直径、圆周上的点等方式实现，SuperMap iDesktop 7C 提供了 5 种绘制圆的方式。

通过圆心和半径绘制圆，首先确定圆心坐标，然后在参数输入框输入半径的长度，即完成圆的绘制。

通过直径绘制圆，首先确定直径的起点坐标，然后可以通过在参数输入框输入长度和角度确定直径，从而完成圆的绘制。

通过圆周上两点绘制圆，确定两点坐标，系统会以圆周上这两点之间的距离作为直径，绘制圆对象。

通过圆周上三点绘制圆，确定三点坐标，系统会绘制通过这三点的圆对象。

绘制矩形的外接圆，首先确定矩形的起点坐标值，然后在参数输入框键入矩形的宽度和高度，会绘制出矩形的外接圆。

6. 绘制椭圆

SuperMap iDesktop 7C 提供了两种绘制椭圆的方式，一种是绘制矩形的内切椭圆，一种是通过长半轴和短半轴绘制斜椭圆。

绘制矩形内切的椭圆，与上述绘制矩形的外接圆类似，首先确定矩形的起点坐标值，然后在参数输入框键入矩形的宽度和高度，系统会绘制出矩形内切的椭圆。

绘制斜椭圆的过程如下：

（1）在"对象操作"选项卡的"对象绘制"组单击"椭圆"下拉按钮，选择"斜椭圆"命令，此时出现椭圆光标。

（2）将鼠标移动到地图窗口中，可以看到随着鼠标的移动，其后的参数输入框中会实时显示该点的坐标值。在参数输入框中输入斜椭圆一个半轴（长半轴或者短半轴）的起始点坐标后按 Enter 键，确定斜椭圆半轴的起始位置。

（3）移动鼠标，地图窗口中会实时标识鼠标位置与半轴起点连线的长度及其与 X 轴正方向之间的夹角，在参数输入框中输入长度和角度值，按 Enter 键执行输入，完成斜椭圆一个半轴的绘制。

（4）继续移动鼠标，地图窗口中会实时显示斜椭圆另外一个半轴与半轴起点（上一步骤中确定的半轴起点）连线的长度，在参数输入框中键入该半轴的长度，按 Enter 键，完成斜椭圆的绘制。

（5）单击鼠标右键取消当前绘制操作。

7. 绘制扇形

SuperMap iDesktop 7C 提供两种绘制扇形的方式，一种是通过绘制圆来得到正圆扇形，一种是通过绘制椭圆得到椭圆扇形。

（1）正圆扇形

①在"对象操作"选项卡的"对象绘制"组单击"扇形"下拉按钮，选择"正圆扇形"命令，出现正圆扇形光标。

②将鼠标移动到地图窗口中，在其后的参数输入框中输入圆心的坐标值后按 Enter 键，确定圆心位置。

③再次移动鼠标并在其后的参数输入框中输入半径（长度），按 Enter 键，完成圆的绘制。

④继续移动鼠标，在参数输入框中输入扇形的起始角度，按 Enter 键确认。

⑤移动鼠标，在参数输入框中输入扇形扫过的角度，按 Enter 键，完成正圆扇形的绘制。

⑥单击鼠标右键取消当前绘制操作。

（2）椭圆扇形

①在"对象操作"选项卡的"对象绘制"组单击"扇形"下拉按钮，选择"椭圆扇形"命令，出现扇形光标。

②将鼠标移动到地图窗口中，可以看到随着鼠标的移动，其后的参数输入框中会实时显示当前鼠标位置的坐标值。在参数输入框中输入椭圆的起始点坐标后按 Enter 键，确定椭圆的起始位置。

③移动鼠标，地图窗口中会实时标识鼠标位置与半轴起点连线的长度及其与 X 轴正方向之间的夹角，在参数输入框中输入长度和角度值，按 Enter 键执行输入，完成斜椭圆一个半轴的绘制。

④继续移动鼠标，在参数输入框中输入椭圆另外一个半轴的长度，按 Enter 键，完成斜椭圆的绘制。

⑤继续移动鼠标，在参数输入框中输入扇形的起始角度，按 Enter 键确认。

⑥移动鼠标，在参数输入框中输入扇形扫过的角度，按 Enter 键，完成椭圆扇形的绘制。

⑦单击鼠标右键取消当前绘制操作。

8. 绘制四边形

矩形、圆角矩形、平行四边形和菱形是几种常用的四边形。下文详细介绍这几种四边形的绘制方法。

绘制矩形，一种方式是首先确定直角矩形上的一个点的坐标，然后在参数输入框中输入矩形对角线方向另一个点的坐标值进行绘制；另一种方式是先确定直角矩形上的一个顶点的坐标，然后在参数输入框中输入矩形的宽度和高度完成绘制。

绘制圆角矩形过程：

（1）在"对象操作"选项卡的"对象绘制"组单击"直角矩形"下拉按钮，选择"圆角矩形"命令，出现圆角矩形的光标。

（2）在参数输入框中输入圆角矩形上的一个顶点的坐标值后按 Enter 键，确定圆角矩形的起始位置。

（3）移动鼠标，在地图窗口中会实时显示矩形的宽度和高度，在参数输入框中输入矩形的宽度和高度后按 Enter 键。

注意：若此时按住 Shift 键，将得到宽度和高度相等的正方形。

（4）移动鼠标，可以看到圆角矩形的四个角弧度随之发生变化，在参数输入框中输入圆角半径（长度），按 Enter 键完成绘制。

（5）单击鼠标右键取消当前绘制操作。

绘制平行四边形，一种方式是首先确定平行四边形一个顶点的坐标，再移动鼠标并在其后的参数输入框中输入第二个控制点的坐标值，确定平行四边形一条边的长度和方向，然后输入下一个控制点的坐标值，确定平行四边形第三个控制点的位置，此时平行四边形绘制完毕。另一种方式是首先确定平行四边形一个顶点的坐标；第二步是移动鼠标，可以看到随着鼠标的移动，地图窗口中会实时显示鼠标位置与起点连线的长度及其与 X 轴正方向之间的夹角，通过在相应的文本框中输入参数值，确定平行四边形一条边的长度和角度；然后用同样的方法输入平行四边形另外一条边的长度和角度，完成平行四边形的绘制。

绘制菱形，首先确定菱形一个顶点的坐标，移动鼠标，可以看到随着鼠标的移动，地图窗口中会实时显示鼠标位置与起点连线的长度及其与 X 轴正方向之间的夹角，通过在相应的文本框中输入参数值，按 Enter 键，确定菱形另外一条边的角度，按 Enter 键，完成菱形的绘制。

9. 绘制曲线

SuperMap iDesktop 7C 支持多种曲线，贝兹曲线、B 样条曲线、Cardinal 曲线或者自由曲线。

（1）绘制贝兹曲线

贝兹曲线由不在曲线上的两个起始节点和两个终止节点控制曲线的走向，通过在曲线上的其他控制点拟合出曲线的各中间点。至少需要 6 个控制点才能完成一段贝兹曲线的绘制。

①在"对象操作"选项卡的"对象绘制"组单击曲线下拉按钮，选择"贝兹曲线"命令，出现贝兹曲线光标。

②将鼠标移动到地图窗口中，可以看到随着鼠标的移动，其后的参数输入框中会实时显示当前鼠标位置的坐标值。在参数输入框中输入贝兹曲线第一个控制点的坐标值后按 Enter 键确认。

③采用同样的方式输入第二到第四个控制点的坐标，前面四个控制点的坐标确定了贝兹曲线的走向。

④输入曲线上第五个控制点的坐标，此时在第三个控制点和第四个控制点之间会出现蓝色虚线，是贝兹曲线上拟合的第一段线。

⑤继续输入第六个控制点的坐标，绘制贝兹曲线上第二段线。

⑥重复上一步骤，继续绘制贝兹曲线的其他线。

⑦单击鼠标右键，结束当前绘制。

（2）绘制 B 样条曲线

绘制 B 样条曲线时通过曲线上首尾两个控制点，以及不在曲线上的各中间控制点绘制而成。曲线上的其他点都根据曲线上的中间控制点拟合得到。至少需要 4 个控制点才能完成一段 B 样条曲线的绘制。

①在"对象操作"选项卡的"对象绘制"组单击曲线下拉按钮，选择"B 样条曲线"命令，出现 B 样条曲线光标。

②将鼠标移动到地图窗口中，可以看到随着鼠标的移动，其后的参数输入框中会实时

显示当前鼠标位置的坐标值。在参数输入框中输入曲线上第一个控制点的坐标值后按 Enter 键确认。

③输入曲线上第二个控制点的坐标。

④输入曲线上第三个控制点的坐标，此时在第二个控制点和第三个控制点之间会出现蓝色虚线，表示 B 样条曲线的第一段线。

⑤输入曲线上第四个控制点的坐标，此时在第三个控制点和第四个控制点之间出现蓝色虚线，表示 B 样条曲线的第二段线。

⑥重复上一步骤，继续绘制 B 样条曲线的其他段线。

⑦单击鼠标右键，结束当前绘制。

（3）绘制 Cardinal 曲线

绘制 Cardinal 曲线是通过确定曲线上的各控制点绘制曲线，曲线的其他点是根据所有控制点拟合而成。至少需要 3 个控制点才能完成一段 Cardinal 曲线的绘制。

①在"对象操作"选项卡的"对象绘制"组单击曲线下拉按钮，选择"Cardinal 曲线"命令，出现 Cardinal 曲线光标。

②将鼠标移动到地图窗口中，可以看到随着鼠标的移动，其后的参数输入框中会实时显示当前鼠标位置的坐标值。在参数输入框中输入曲线上第一个控制点的坐标值后按 Enter 键确认。

③按同样方式输入曲线上第二个控制点，可以看到这两点之间出现一条蓝色虚线。

④移动鼠标，输入曲线上第三个控制点的坐标，可以看到从第二个控制点和第三个控制点之间会出现第二段蓝色虚线。

⑤单击鼠标右键，结束当前绘制。

（4）绘制自由曲线

自由曲线通过自由拖动鼠标绘制得到的一段曲线。绘制自由曲线在创建不规则边界或使用数字化仪追踪时非常有用。

①在"对象操作"选项卡的"对象绘制"组单击曲线下拉按钮，选择"自由曲线"命令，出现自由曲线光标。

②将光标移至创建自由曲线的位置，单击鼠标左键，并按住鼠标左键不放，移动鼠标，可以在地图上绘制出与光标移动轨迹一致的曲线。

③完成绘制后，单击鼠标右键结束当前操作。

10. 绘制正交多边形

正交多边形是在房屋规划和设计中应用较多的一种多边形。常用正交多边形来表现规则的房屋，或者具有正交结构的模型等。SuperMap iDesktop 7C 中提供两个绘制命令，"正交多边形"命令在绘制过程中需要多次输入矩形的边长，而"新正交多边形"命令则需要输入矩形对角线一个角点的坐标值。

（1）绘制正交多边形

①在"对象操作"选项卡的"对象绘制"组单击"正交多边形"按钮，出现正交多边形光标。

②将鼠标移动到地图窗口中，可以看到随着鼠标的移动，其后的参数输入框中会实时显示当前鼠标位置的坐标值。在参数输入框中输入正交多边形第一条边的起点坐标后按

Enter 键，确定正交多边形的起始位置。

③移动鼠标，可以看到随着鼠标的移动，地图窗口中会实时标识鼠标位置与起点连线的长度及其与 X 轴正向之间的夹角，在参数输入框中输入长度和角度值，按 Enter 键，完成正交多边形第一条边的绘制。

④此时移动鼠标会出现与第一条边正交的蓝线。可以在第一条边正交的方向移动（90°或 270°方向），在参数输入框中输入第二条边的长度，按 Enter 键执行输入，完成正交多边形的第二条边。输入正值表示垂直于上一条边向左绘制，输入负值表示垂直于上一条边向右绘制。

注意：此时单击鼠标右键，结束绘制后，会得到一个矩形。

⑤按同样的方式继续绘制正交多边形的下一条边。

⑥单击鼠标右键可以结束当前绘制操作。

（2）绘制新正交多边形

①在"对象操作"选项卡的"对象绘制"组单击"正交多边形"下拉按钮，选择"新正交多边形"，出现正交多边形光标。

②将鼠标移动到地图窗口中，可以看到随着鼠标的移动，其后的参数输入框中会实时显示当前鼠标位置的坐标值。在参数输入框中输入正交多边形第一条边的起点坐标后按 Enter 键，确定正交多边形的起始位置。

③移动鼠标，可以看到随着鼠标的移动，地图窗口中会实时标识鼠标位置与起点连线的长度及其与 X 轴正向之间的夹角，在参数输入框中输入长度和角度值，按 Enter 键，完成正交多边形第一条边的绘制。

④移动鼠标至一个新位置单击左键或者输入坐标值确定下一个临时矩形的起点位置，并再次移动鼠标或者输入坐标值，确定此临时矩形对角线上另外一个角点，此时应用程序自动将原临时矩形与鼠标新位置值连接成一个临时正交多边形，再次单击左键，完成该临时正交多边形的绘制。

（5）如果此时单击右键则生成一个正交多边形，如果想绘制更为复杂的正交多边形则重复上一步骤即可。

5.1.3　绘制面对象

面对象的适用图层是面图层和复合图层，当前适用图层处于可编辑状态时，"对象绘制"组中的多边形、扇形、圆、椭圆、矩形、平行四边形和正交多边形被激活，如图 5-2 所示，其绘制过程与 5.1.2 节中介绍的绘制过程相同，不同之处是 5.1.2 节中绘制出的对象为线状，而此时绘制出的对象为面状，故这些对象的绘制过程不再赘述。

5.1.4　绘制文本对象

在"对象操作"选项卡的"对象绘制"组中"文本"按钮用于在地图上绘制文本对象，该组中的功能只有在当前可编辑的图层为文本图层或复合图层时才可用。

1. 普通文本

（1）在"对象操作"选项卡的"对象绘制"组单击"文本"按钮，出现文本光标。

（2）在地图上需要添加文本的位置单击鼠标左键，显示闪烁的光标；输入文本。输

图 5-2

入文本时，文本在闪烁的光标处显示；点击 Enter 键可以另起一行。

2. 沿线注记文本

（1）在"对象操作"选项卡的"对象绘制"组单击"文本"下拉按钮，选择"沿线注记"按钮，出现沿线注记文本光标。

（2）在地图上创建沿线标注文本的位置，单击鼠标左键，确定沿线标注文本的起始点，然后按照绘制曲线的方式绘制文本的沿线路径。

（3）沿线路径绘制完后，单击鼠标右键，弹出"沿线注记"对话框，在编辑框中输入沿线标注文本内容。

（4）点击"确定"按钮，完成绘制沿线标注文本操作。

5.2 编 辑 对 象

对象编辑是对几何对象的常用操作，例如我们在绘制中国地图时，需要将南海诸岛合并成一个复杂对象，方便统一操作。又如在处理土地变更时，使用局部更新功能，对发生变化的土地边界进行更新即可。SuperMap iDesktop 7C 产品提供了多达 28 种常用的编辑功能，如图 5-3 所示。以下分为线对象编辑操作、通用编辑操作和对象运算操作三部分进行介绍。

图 5-3

5.2.1 线对象编辑操作

修剪：在"对象操作"选项卡上的"对象编辑"组中，单击 █ 按钮，执行修剪操作。此时地图窗口中鼠标提示：请选择基线。选择一条线对象作为基线，此时鼠标提示：请点击要修剪的线段。选择想要修剪掉的线对象部分。修剪完成后，基线仍然保留，包含鼠标点击位置的线段部分将被删除。新对象的系统字段（除 SmUserID 外）由系统赋值，非系统字段和字段 SmUserID 保留修剪对象的相应属性。

延伸：在"对象操作"选项卡上的"对象编辑"组中，单击━ 按钮，执行延伸操作。此时在地图窗口中提示：请选择基线。选择一个线对象作为基线，地图窗口会提示：请点击要延伸的线。单击需要延伸的线对象，一定要选择该线对象的靠近基线方向的位置，则应用程序会自动延伸距离基线近的端点到基线位置。如果单击该线对象上远离基线方向的端点位置时，不会进行延伸。如果需要将其他的线对象延伸到该基线，继续单击要延伸的线对象即可。要结束此操作，可以通过按键盘 Esc 键结束或单击鼠标右键结束。

打断：在"对象操作"选项卡上的"对象编辑"组中，单击 ✗ 按钮；或单击该按钮右侧的下拉按钮，在弹出的下拉菜单中选择"打断"命令，执行打断操作。地图窗口中鼠标提示：请点击要打断的线段。在要打断对象的相应位置上点击一下，即可打断该对象。新生成的两个线对象以不同的颜色（红色和蓝色）临时显示出来，以示区别。该操作可以在选中的线对象上连续的打断。在完成操作后，原来的线对象被删除，新生成多（打断次数+1）个线对象，它们的系统字段由系统赋值，非系统字段属性保留原来线对象的非系统字段属性。

改变线方向："变方向"按钮提供了改变选中的线几何对象的线方向。在"对象操作"选项卡上的"对象编辑"组中，单击 ⇌ 按钮，执行改变线方向的操作，则选中的线几何对象的线方向发生变化。

倒圆角：即对两条线段的邻近端点延伸或修剪，以一个与两条线均相切的圆弧连接形成圆角，如图 5-4 所示。具体过程如下：

图 5-4

（1）在图层中同时选中两条线段对象（非平行线）。

（2）在"对象操作"选项卡上的"对象编辑"组中，单击 ⌐ 按钮，弹出"倒圆角参数设置"对话框。默认圆角半径取两条线段最大内切圆半径的五分之一。圆角半径的单位与当前可编辑图层的坐标单位保持一致。

（3）设置圆弧半径，即与两条线均相切的圆弧半径，生成倒圆角的结果将根据用户设置的圆弧半径，来决定倒圆角的生成位置和大小，从而会对参与操作的两条线段进行适当的延伸或裁剪。随着圆弧半径的修改，预览图会实时的显示倒圆角操作结果，方便用户进行调整。

（4）设置是否修剪源对象。勾选该项表示，执行操作后会源对象进行修剪操作，否则将保留原始对象。

（5）在地图窗口中会实时显示生成倒圆角的预览效果。单击"确定"按钮，根据用户的设置执行生成倒圆角的操作，结果如图 5-5 所示。

74

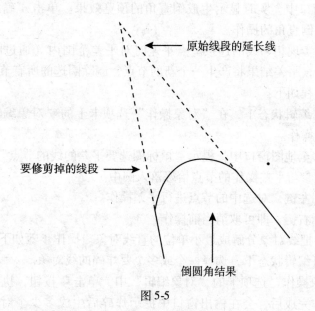

图 5-5

（6）操作结果说明：系统在选中的两段线中计算出半径为输入半径的内切圆，并找到两段线上各自在内切圆的切点，如果切点在线段上，将把它截掉；如果在延长线上，则将线段的端点延伸到切点后，在内切圆中取两切点之间的外圆弧，生成新的线对象，其属性记录加到属性表尾部，系统字段由系统赋值，非系统字段值为空，而原线对象保留原属性。

倒直角：对两条线段的邻近端点延伸或修剪，最终连接形成倒角。具体过程如下：

（1）在图层中同时选中两条线段对象（非平行线）。

（2）在"对象操作"选项卡的"对象编辑"组中，单击 按钮，弹出"倒直角参数设置"对话框。在弹出对话框中分别输入到第一条直线和第二条直线的距离。默认到第一条直线和到第二条直线的距离均为 0，此时会直接将两条直线在相交处相连。如图 5-6所示。

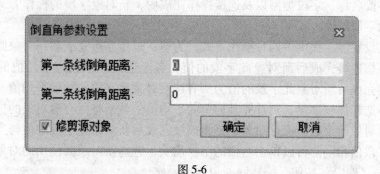

图 5-6

（3）设置是否修剪源对象。勾选该项表示，执行操作后会对源对象进行修剪操作，否则将保留原始对象。

（4）在地图窗口中会实时显示生成倒直角的预览效果。单击"确定"按钮，根据用户的设置执行生成倒直角的操作。

点平差： 可以实现相邻线的连接。点平差时对平差范围内（通过圈选确定）的全部节点进行平差计算，平差结果将产生一个新的节点，删除圈选的所有节点，在新节点处连接线对象。具体过程如下：

（1）在图层可编辑状态下，在"对象操作"选项卡上的"对象编辑"组中，单击 🔅 按钮，执行点平差操作。

（2）将鼠标移至地图窗口中，提示"鼠标圈选要平差的线的节点"。在地图窗口中绘制一个临时圆，使参与平差操作的节点恰好落入圆中。

（3）单击鼠标左键，对选中的节点进行平差操作。

（4）单击鼠标右键，即可取消当前操作。

炸碎： 用来将把线对象分解成最小单位的直线对象。操作步骤如下：

（1）在图层可编辑状态下，选择一个或多个要炸碎的线对象。

（2）在"对象操作"选项卡的"对象编辑"中，单击 ⌐ 按钮，执行炸碎操作。

（3）炸碎操作完成后，会在输出窗口中提示炸碎后生成多少个对象。例如：线对象 ［smID］=221 被炸碎共产生 4 个对象。

连接线对象： 在可编辑状态下，将两个或多个简单线对象连接成一个线对象。

（1）在图层可编辑状态下，选择一个或多个要连接的线对象。

（2）在"对象操作"选项卡的"对象编辑"组中，单击 ⌐ 按钮，执行连接线操作。

（3）弹出"连接线对象"对话框，在此对话框中设置连接完成后新对象的属性。

在"连接线对象"对话框中，既可以为每个字段分别设置操作方式，也可以同时选中多个字段统一进行设置。如图 5-7 所示。下面是对该对话框的说明。

可编辑图层： 可编辑图层下拉列表中列出了当前地图中所有的可编辑图层。可以通过单击其右侧的下拉箭头，选择要操作的图层。

连接方式： 选择线对象的连接方式。支持两种连接方式：首尾相连和临近点相连。关于这两种连接方式的介绍可以参见使用说明中的介绍。

字段列表区： 该区域列出了当前可编辑图层中所有非系统字段和可编辑的系统字段的信息，包括字段名称、字段类型以及连接操作完成后，新对象字段的操作方式。默认使用第一个对象的字段属性。

操作方式设置区： 提供了四种操作方式。为空：是指连接完成后新对象此字段的值为空。求和：是指连接完成后新对象此字段的值为各个连接对象相应字段值的和。加权平均：是指连接完成后新对象此字段的值为所有连接对象此字段的加权平均值。需要指定加权字段。若不选择加权字段，则计算其简单的平均值，就是将所有源对象的选中字段值相加然后除以源对象的个数。保存对象：是指连接完成后新对象此字段的值与当前某一个选择对象的此字段值相同。可以单击右侧的下拉箭头，选择新对象要使用的对象属性值。

（4）单击"确定"按钮，完成线对象连接操作。

曲线重采样： 在尽量保持线形状的情况下，去掉一些节点。操作步骤如下：

（1）选中要进行重采样的几何对象（线几何对象或面几何对象），可以同时按住 Shift 键或者 Ctrl 键，连续选中多个几何对象。

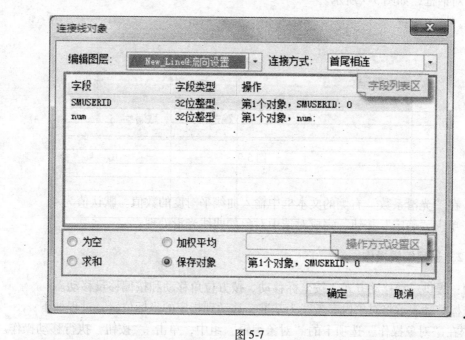

图 5-7

（2）在"对象操作"选项卡的"对象编辑"组中，单击 ≈ 按钮，弹出"重采样参数设置"对话框，如图 5-8 所示。

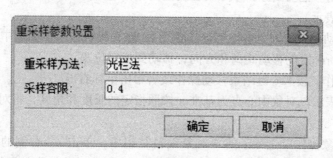

图 5-8

（3）在重采样方法的下拉框中，选择合适的重采样方法，并在"采样容限"右侧的文本框中输入容限值，默认值为 0.4，应用该方法对线几何对象或面几何对象进行重采样。

（4）单击"确定"按钮，对选中的几何对象进行重采样操作。

曲线光滑：用来对当前地图窗口中选中的可编辑图层中的线几何对象或面几何对象的边界线进行平滑处理。操作步骤如下：

（1）选中要进行平滑的几何对象（线几何对象或面几何对象），可以同时按住 Shift 键或者 Ctrl 键，连续选中多个几何对象。

（2）在"对象操作"选项卡的"对象编辑"组中，单击 ≈ 按钮，弹出"曲线光滑系数设置"对话框，如图5-9所示。

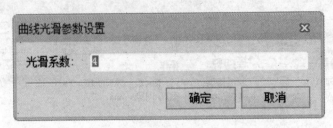

图 5-9

（3）在"光滑系数"右侧的文本框中输入曲线平滑度的数值。默认值为4。

（4）单击"确定"按钮，完成对选中对象的曲线光滑处理。

5.2.2　通用编辑操作

移动：提供三种移动方式，按坐标移动、按方位角移动和按偏移量移动。

按坐标移动表示将对象以参考线为基准，移动到指定的坐标位置，过程如下：

（1）在"对象操作"选项卡的"对象编辑"组中，单击 按钮，执行移动操作。

（2）移动鼠标到地图窗口，鼠标提示"请绘制移动对象的参考线"，在合适的位置单击鼠标或者在其后的参数输入框中输入坐标值，确定参考线的起点坐标。

（3）移动鼠标，在合适的位置单击鼠标或者输入坐标值，确定参考线的终点位置，完成参考线的绘制。拖动鼠标，参考线会发生变化，地图窗口中会实时显示移动后对象的预览图（用虚线表示）。

（4）在要移动到的位置单击鼠标，或者按 Enter 键确认输入，则选中的对象按照参考线的起点与终点所确定的移动距离和方向，移动到指定位置。

（5）结束操作，按 Esc 键结束移动操作或者单击鼠标右键。

按方位移动表示以对象中心点为基准，按照指定的长度和角度，将对象移动到指定位置，过程如下：

（1）在"对象操作"选项卡的"对象编辑"组中，单击 右侧的下拉按钮，在弹出的菜单中选择"按方位移动"命令，此时鼠标立即定位到对象的中心点位置。

（2）移动鼠标，地图窗口中会实时显示移动后对象的预览图（用虚线表示）。在合适的位置单击鼠标，或者在参数输入框中输入对象中心点要移动的长度及其与 X 轴正向之间的夹角并回车，则选中的对象按照移动的距离和方向移动到新的位置。

（3）如果继续移动对象，则重复上一步骤，直至单击右键结束复制。

按偏移量移动表示以对象中心点为基准，按照指定的 X 偏移量和 Y 偏移量，将对象移动到指定的位置，过程如下：

（1）在"对象操作"选项卡的"对象编辑"组中，单击 右侧的下拉按钮，在弹出的菜单中选择"按偏移量移动"命令，此时鼠标立即定位到对象的中心点位置。

（2）移动鼠标，地图窗口中会实时显示移动后对象的预览图（用虚线表示）。在合适的位置单击鼠标，或者在参数输入框中输入 X 偏移量和 Y 偏移量。确定后，选中的对象

78

将按照指定的偏移量移动到新的位置。

（3）若要继续移动对象，再次输入对象移动的偏移量即可；按 Esc 键或者单击鼠标右键可以结束当前操作。

偏移： 是按照指定的距离，创建一个形状与原对象形状平行的新对象。过程如下：

（1）在"对象操作"选项卡的"对象编辑"组中，单击 按钮，执行偏移操作。

（2）根据输出窗口"选择要偏移的对象"的提示，选择一个对象（线对象或者面对象）作为偏移对象。

（3）拖动鼠标，可以看到一个与被选对象形状平行的临时对象随着鼠标而移动。

（4）将鼠标移动到合适的位置，单击左键，完成偏移操作。

（5）若想精确偏移，在参数输入框中输入对象要偏移的距离，按 Enter 键完成操作。

（6）如果要继续对选中对象继续偏移，重复第（5）、（6）步即可。

（7）按 ESC 键或者单击鼠标右键结束操作。

定位复制： 用来将选中的几何对象（一个对象或者多个对象）复制到指定的位置。过程如下：

（1）在"对象操作"选项卡的"对象编辑"组中，单击 按钮，执行定位复制操作。

（2）此时鼠标提示："请指定定位复制的基点坐标"，在地图窗口中的合适位置单击鼠标或者输入坐标值，确定定位复制的基点坐标。

（3）在地图窗口中移动鼠标，会实时显示待复制对象的预览图（用虚线表示），在合适位置单击鼠标或者输入具体坐标值，最终确定复制的目标位置，完成一次复制操作。

（4）如果不再继续进行复制，单击鼠标右键结束操作；如果需继续复制，则重复上一步骤，直至单击右键结束复制。

镜像： 绕指定的临时镜像线翻转选中的几何对象（非文本几何对象）来创建对称的镜像对象，选中的原几何对象保持不变，所创建的镜像对象为选中的原几何对象的副本，其与选中的原几何对象的位置关系为：所创建的镜像对象为选中的原几何对象绕指定的临时镜像线翻转后所得的效果，过程如下：

（1）选中要进行镜像操作的几何对象（非文本几何对象），可以同时按住 Shift 键或者 Ctrl 键，连续选中多个几何对象或者使用拖框选择的方式选中多个几何对象。

（2）在"对象操作"选项卡的"对象编辑"组中，单击 按钮，即可绘制临时镜像线，具体操作为：鼠标移动到地图窗口时变为 状态，此时，就可以绘制镜像线，在适当位置处点击鼠标左键确定镜像线的第一个点，移动鼠标，将出现随鼠标移动而不断变化的临时线段，在适当位置处点击鼠标确定镜像线的另一个点（最后一个点），此时，所确定的线段即为选中的几何对象绕其旋转的临时镜像线，同时，在鼠标按下时，便执行了镜像操作。

（3）若要进行下一次的镜像操作，重复上面第（1）步到第（3）步的操作。

旋转： 在可编辑图层中选择一个或多个对象，在"对象操作"选项卡的"对象编辑"组中，单击 按钮，弹出"对象旋转参数设置"对话框，如图 5-10 所示。旋转中心点列出了该点的 (X, Y) 坐标值。默认地选择中心点为几何对象的外接矩形左上角的锚点。用户可以通过修改 (X, Y) 坐标，设定新的旋转基点。在编辑框中键入旋转角度，正值表示对象按逆时针方向进行旋转，负值表示对象按顺时针方向进行旋转。单击"确定"按钮，对选中的几何对象进行旋转。

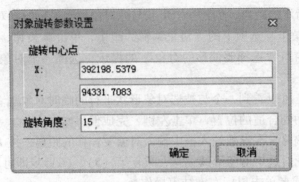

图 5-10

画线分割：通过绘制的临时分割线来分割线或者面几何对象。过程如下：

（1）单击选中需要进行分割的线或者面几何对象。或者，通过框选或按住 Shift 键选择多个几何对象。

（2）在"对象操作"选项卡的"对象编辑"组中，单击 △ 按钮，执行画线分割操作。此时，当前地图窗口中的操作状态为画线分割线或者面对象状态。

（3）绘制临时分割线，即绘制用于分割面几何对象的临时折线，具体操作为：鼠标移动到地图窗口时变为 +. 状态，此时，就可以绘制分割线，在适当位置处点击鼠标左键确定分割线的第一个点，移动鼠标，将出现随鼠标移动而不断变化的临时线段，在适当位置处点击鼠标确定分割线的下一个点，继续点击鼠标，绘制临时分割线的其他点。

（4）临时分割线（折线）绘制完成后，点击鼠标右键，结束临时分割线绘制，此时，将执行分割操作，同时临时分割线消失。

（5）分割的结果为：临时分割线所穿越的所有可编辑图层中被选中线或者面几何对象都将被分割。

（6）若需继续进行下一次的画线分割操作，重复上面第（4）步的操作；如果要添加其他数据中的线或者面几何对象进行切割，那么添加数据并将数据对应的图层设置为可编辑状态，然后再重复上面第（4）步的操作。

（7）取消画线分割的操作状态，只需点击"画线分割"按钮，使按钮处于非按下状态。

画面分割：通过绘制的临时分割面来分割面或者面几何对象。过程如下：

（1）将地图窗口中要进行分割的线或者面几何对象所在的图层设置为可编辑状态。

（2）用户不需要选中线或者面几何对象，直接对几何对象进行分割操作，临时分割面所穿越的所有可编辑的线或者面几何对象都将被分割。

（3）在"对象操作"选项卡的"对象编辑"组中，单击 □ 按钮，执行画面分割操作。此时，当前地图窗口中的操作状态为画面分割面或者面对象状态。

80

（4）绘制临时分割面，即绘制用于分割面或者面几何对象的临时面，具体操作为：鼠标移动到地图窗口时变为 ✛ 状态，此时，就可以绘制分割面，在适当位置处单击鼠标左键确定分割面的第一个点，移动鼠标，将出现随鼠标移动而不断变化的临时线段，在适当位置处单击鼠标确定分割面的下一个点，继续单击鼠标，绘制临时分割面的其他点。

（5）临时分割面绘制完成后，单击鼠标右键，结束临时分割面绘制，此时，将执行分割操作，同时临时分割面消失。

（6）分割的结果为：临时分割面所穿越的所有可编辑图层中被选中线或者面几何对象都将在与分割面相交处被分割。

（7）若需继续进行下一次的画面分割操作，重复上面第（4）步的操作；如果要添加其他数据中的线或者面几何对象进行切割，那么添加数据并将数据对应的图层设置为可编辑状态，然后再重复上面第（4）步的操作。

（8）取消画面分割的操作状态，只需单击"画面分割"按钮，使按钮处于非按下状态。

局部更新： 用绘制的折线更新线对象或者面对象的部分，局部更新功能可以使用该折线与源对象（待更新的线对象）相交的部分形成新的对象。过程如下：

（1）在"对象操作"选项卡的"对象编辑"中，单击 🔘 按钮，执行局部更新操作。此时，地图窗口中将出现折线光标。

（2）将折线光标移至待更新的线对象或面对象边线上。

（3）绘制要更新的形状边界，绘制的起点必须在待更新对象的边界上，如果不在其边界上，则输出窗口中会提示："第一个点不在线上。"，需要重新绘制起点。

（4）继续绘制折线。当绘制的点捕捉到待更新对象上某一点时，会自动高亮显示更新后的形状。当前绘制的折线会把待更新对象的边界分割成多段，按住 Ctrl 键可以切换选择要更新的边界。

（5）单击鼠标右键，确定用当前绘制的形状进行更新，完成局部更新操作。

风格刷： 可以实现将一个对象的风格赋予给其他对象。选中一个对象，将该对象的风格作为基准风格。在"对象操作"选项卡的"剪贴板"组中，单击 📋 按钮，执行风格刷操作。此时风格刷将赋予选中的对象的风格。在当前地图窗口上单击想要被赋予基准风格的对象。如果想将此种风格赋予更多的对象，需要双击"风格刷"按钮，然后顺次点击要赋予风格的对象即可。

属性刷： 将一个对象的部分或全部可编辑字段（包括字段 SmUserID 和非系统字段）及其值赋予给其他对象。在实际应用中，常常需要将某一个对象的属性值赋予给其他的对象。例如，需要将一个地块的土地利用类型属性复制给其他相同类型的地块。使用属性刷可以方便地实现属性赋值，提高处理效率。在可编辑图层中选中一个对象，其属性信息将作为基准属性值。在"对象操作"选项卡的"剪贴板"组中，单击 📋 按钮，执行属性刷操作。此时属性刷将记录选中的对象的属性信息，即基准属性。在当前地图窗口上单击想要被赋予基准属性的对象。如果想将此属性信息赋予更多的对象，需要双击"属性刷"

按钮，然后顺次点击要赋予属性的对象即可。

5.2.3 对象运算操作

合并： 通过合并运算，将两个或者多个对象合并为一个新对象。在图层可编辑状态下，选中两个或者多个对象。在"对象操作"选项卡的"对象编辑"组中，单击 按钮，弹出"合并"对话框，如图5-11所示。在对话框中，设置要保留的对象。单击"确定"按钮，完成对象的合并。

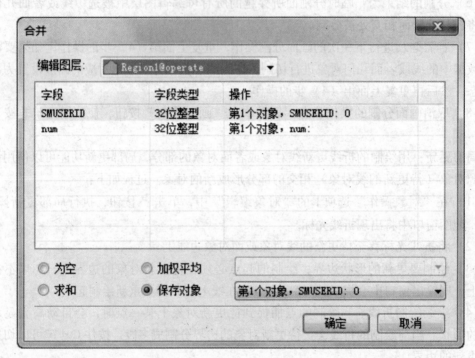

图 5-11

求交： 可以得到两个或多个对象的公共部分。通过求交运算，对两个或者多个相同几何类型的对象（面或者线）的公共区域或者公共边进行操作，从而创建一个新的对象。多个对象的公共区域被保留下来，其余部分被删除。在图层可编辑状态下，选中两个或者多个对象。在"对象操作"选项卡的"对象编辑"组中，单击 按钮，弹出"求交"对话框。在对话框中，设置要保留的对象。

组合： 将当前图层中任意对象（相同类型或不同类型的几何对象）组合成一个复合对象。在图层可编辑状态下，选中两个或者多个对象。在"对象操作"选项卡上的"对象编辑"组中，单击 按钮，对选中的对象进行组合。或单击鼠标右键，在弹出的右键菜单中选择"组合"命令即可。

分解： 将一个或多个复杂对象或复合对象进行分解。分解的结果可以是单一对象，也可以是复杂对象。在图层可编辑状态下，选中一个或多个复杂对象或复合对象。在"对象操作"选项卡上的"对象编辑"组中，单击 按钮，执行分解操作。或单击鼠标右键，在弹出的右键菜单中选择"拆分"命令即可。如果分解后的对象仍然包含复合对象，可以继续使用分解功能，对其进行分解，直到全部分解为单一对象。

　　异或：将两个或多个对象的共有部分除去，其余部分合并成一个对象。在图层可编辑状态下，选中两个或者多个对象。在"对象操作"选项卡的"对象编辑"组中，单击 按钮，弹出"异或"对话框，如图5-12所示。在对话框中，设置要保留的对象。单击"确定"按钮，完成对象的异或操作。

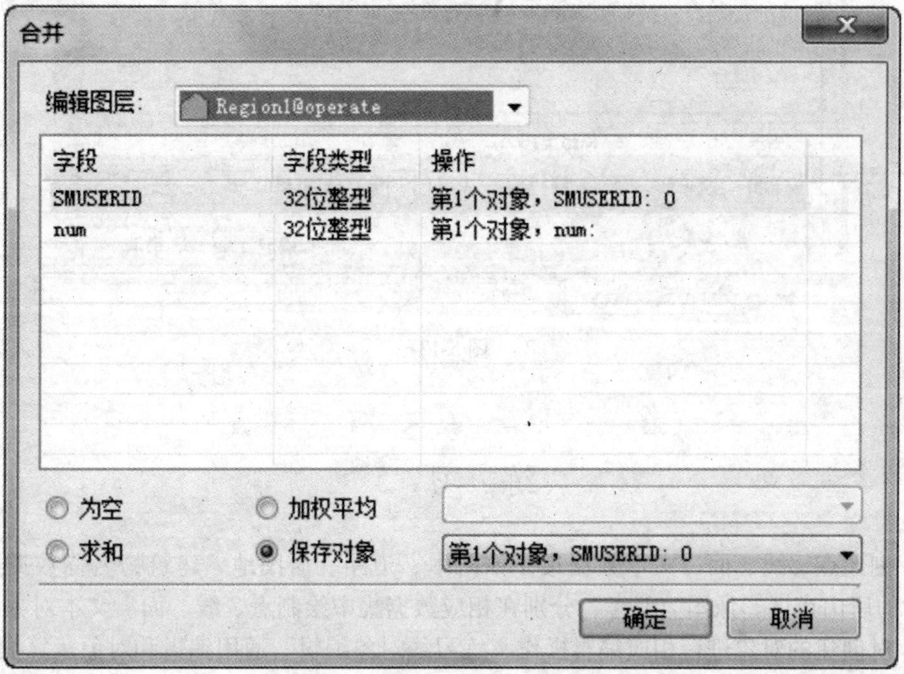

图 5-12

　　擦除：用来将目标对象（被擦除对象）中与擦除对象重叠的部分进行删除。在图层可编辑状态下，选择一个或多个被擦除对象（面对象或者线对象）。在"对象操作"选项卡的"对象编辑"中，单击 按钮，执行擦除操作。鼠标提示"请选择用来擦除的面对象"，选择一个擦除对象（必须是面对象），单击左键确定后，完成擦除操作。

　　岛洞多边形：是一种复杂几何对象类型。在可编辑状态下，将两个或两个以上具有包含关系的面对象在重合区域进行处理（删除或者保留，面对象为偶数则重合部分将删除，为基数则保留），最终形成一个岛洞多边形。如一个区域内有湖泊时，就会得到一个岛洞多边形。在图层可编辑状态下，选择一个或多个面对象。在"对象操作"选项卡的"对象编辑"中，单击 按钮，弹出"岛洞多边形"对话框，如图5-13所示。单击"确定"按钮，完成岛洞多边形操作。

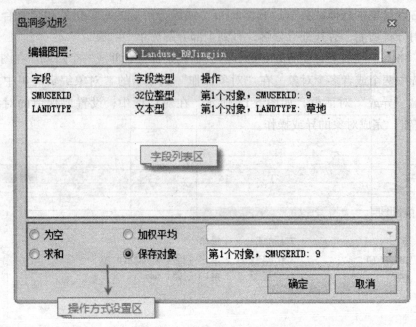

图 5-13

练 习 5

1. 创建点、线、面、文本数据集，如树木、道路、居民地、建筑物名称数据集，以配准后的唐山市区影像图为参考，分别在相应数据集中绘制点、线、面、文本对象。

2. 对创建的对象进行相应编辑操作，练习线对象编辑、通用编辑和对象运算操作。

第6章 空间数据的拓扑处理

除了可以对简单几何对象进行绘制、编辑之外，SuperMap 还可以对空间关联的多个对象进行编辑。拓扑是不同地理实体几何关系的表征，拓扑规则定义了各对象之间空间关联方式的一组规则，通过拓扑关系可以提高空间数据的维护质量。例如，在一个包含省和海岸线的地理数据库中，在对省边界数据进行更新时，通过建立各省边界的多边形之间不能互相重叠，以及海岸线必须与省的边界一致的拓扑规则，就可以消除各省之间相互重叠，或者某个省的边界与海岸线的边界不吻合的错误。SuperMap iDesktop 7C 提供了拓扑处理和拓扑检查两种拓扑处理方式，以最大程度地保证数据的质量。本章主要介绍拓扑的基本知识和拓扑处理方式。

6.1 拓　扑

6.1.1 拓扑的概念

拓扑一词来自于希腊文，意思是"形状的研究"，是研究几何对象（如点、线、面对象）在弯曲或拉伸等变换下仍保持不变的性质。拓扑是一种描述地理空间关系的模型，一种维护地理空间实体间几何关系的机制。通过对简单数据集（即点、线、面数据集）进行拓扑处理或检查，并修改生成的拓扑错误，可以确保数字化的几何对象遵循用户指定的拓扑关系，是后续构建面数据集、网络数据集或进行网络分析等操作的基础。

SuperMap 所提供的拓扑处理方式主要有两种：其一是拓扑处理，拓扑处理只针对线数据集（或者网络数据集）进行检查，随后系统会自行更改数据集中错误的拓扑关系；其二是拓扑检查，拓扑检查提供了详细的规则可以对点、线、面数据集进行更加细致的检查，系统会将拓扑错误保存至新的结果数据集上，用户可以对照结果数据集自行修改。

按照指定的规则建立拓扑关系并进行拓扑处理和拓扑检查，可以最大程度地保证数据的质量。利用拓扑关系，可以控制地理实体共享几何的方式。例如，相邻多边形（如宗地）具有共享边、街道中心线和人口普查区块共享几何以及相邻的土壤多边形共享边。根据拓扑关系，不需要利用坐标或距离，就可以确定一种空间实体相对于另一种空间实体的位置关系。利用拓扑关系，便于空间要素的查询，例如某条河流通过哪些地区，某县与哪些县相邻。根据拓扑关系，可以重建地理实体，如根据弧段构建多边形。

6.1.2 拓扑容限

拓扑容限是不重合的几何对象顶点间的最小距离，拓扑容限定义了顶点间在接近到怎样的程度时可以视为同一个顶点。位于拓扑容限范围内的所有顶点被认为是重合的并被捕捉到一起。在实际应用中，拓扑容限一般是一段很小的实际地面距离。

在 SuperMap 中，用到的拓扑容限有以下几种：

（1）打断容限：单位与数据集的单位相同。用于控制线数据集打断时的节点选择。若两条线段的交点与点数据集中邻近点的距离在此容限范围内，则予以打断；否则不进行打断处理。

（2）节点容限：单位与数据集的单位相同。Fuzzy 容限即是图层的精度（分辨率），代表顶点（Vertex）或节点（Node）之间的最小距离。亦即，在此距离之内的两个点可以视为重合。Fuzzy 容限一般为图层范围的 1/1000000 ~ 1/10000 之间。为确保地图精度，本系统默认为 1/1000000。

（3）短悬线容限：单位与数据集的单位相同。Dangle 容限指定建立拓扑关系时可以删除的过头线的最大长度。系统默认为图层范围的 1/10000。

（4）长悬线延伸容限：即当两个点的距离可以认为一点的最小距离，单位与数据集的单位相同。Nodesnap 容限适用于地图编辑。可以把当前编辑的点或线连接到图层中已经存在的对象的节点上。该容限对于封闭一个多边形以及去掉过头线（overshoots）和 undershoots 非常重要。系统默认为图层范围的 1/10000。

6.1.3 拓扑规则

拓扑规则通过定义拓扑的状态，控制几何对象之间存在的空间关系。SuperMap 提供了用于拓扑处理的 7 种规则和用于拓扑检查的 29 种规则。

1. 拓扑处理规则

（1）去除假节点

假节点是指连接两条弧段的点。

当假节点没有实际意义时，可以执行去除假节点的操作，来去除该类假节点，并且把与该假节点相连的两条弧段合并为一条。

如图 6-1 所示，点 A 和点 B 是无实际意义的假节点，需去除。处理结果如图 6-2 所示。

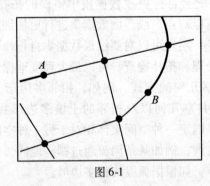
图 6-1

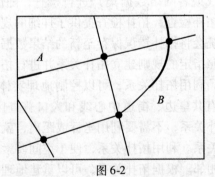
图 6-2

（2）去除冗余点

在一个线对象上由于操作问题出现多个距离较近且意义相同的节点时，只有一个节点是正确的，其余节点均为冗余节点，简称冗余点。

当一个线对象有两个或两个以上节点之间的距离小于或等于指定的节点容限时，拓扑处理后将只保留一个节点，其他点作为冗余点将被去除。节点容限可以在线对象所在数据集的属性窗口中设置。

如图 6-3 所示，在线对象 a 上，点 A 和点 B 之间的距离小于节点容限值，因此在拓扑处理时点 A 将作为冗余点被去除，仅保留点 B，处理结果如图 6-4 所示。

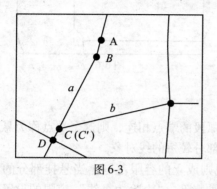

图 6-3

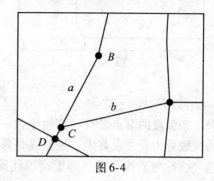

图 6-4

同理，在线对象 a 上，点 C 和点 D 之间的距离也小于节点容限值，在拓扑处理时点 C 将作为冗余点被去除，处理结果如图 6-4 所示。由于线对象 b 的端点（即节点）C' 与线对象 a 的节点 C 重合，且这两个线对象没有共用同一个交点，因此在拓扑处理时线对象 b 不受影响。如果想在拓扑处理时去除点 C 并且合并点 C' 与点 D，需要同时选中"去除冗余点"和"弧段求交"两个操作。

关于假节点和冗余点的异同：

去除冗余点和去除假节点都是去除多余的点；

冗余点一定是多余的点，必须去除；而假节点在有意义时需要保留。

冗余点一般是矢量化过程中在绘制线对象时鼠标连击所致，该点连接的是连续且完整的一个线对象；而假节点一般是临近端点合并或捕捉画线时产生的，该点连接的是两个线对象。

冗余点是节点，即线对象上除首尾两个端点以外的点；假节点是节点，即线对象的端点。

（3）去除重复线

在不考虑线对象方向的情况下，当两个线对象中的所有节点依次重合（即坐标相同）或节点间的距离小于节点容限时，则称这两个线对象重合，其中一条线对象称为重复线。节点容限可以在线对象所在数据集的属性窗口中设置。

为避免建立拓扑多边形时产生面积为零或面积极小的多边形面对象，两条重合的线对象将在拓扑处理后只保留其中一条，重复线将被删除。

如图 6-5 所示，线对象 AB 与线对象 $A'B'$ 重合，其中 $A'B'$ 为重复线。为了更好地区分重复线，这里将 $A'B'$ 用其他颜色表示。拓扑处理后，重复线 $A'B'$ 将被去除，结果如图 6-6 所示。

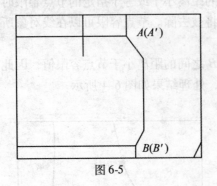
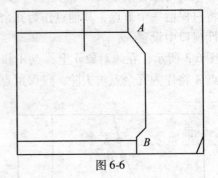

图 6-5   图 6-6

（4）去除短悬线

如果一条弧段的端点没有与其他任意一条弧段的端点相连，则这个端点称为悬点，含有悬点的弧段称为悬线。其中，短悬线是悬挂部分较短的线对象。

勾选"去除短悬线"后，需要设置使该规则成立的容限范围，当悬挂部分的长度小于设置的容限范围时，拓扑处理后悬挂部分将被删除。"去除短悬线"容限的设置范围需小于悬线容限的 100 倍，如果容限设为 0，将按照默认容限处理。其中，悬线容限可以在线对象所在数据集的属性窗口中设置。

如图 6-7 所示，线对象 a、b、c 分别含有悬线，其中 a、b 为短悬线，且悬挂部分的长度小于设置的容限，拓扑处理后将被去除；而 c 的悬挂部分的长度大于设置的容限，拓扑处理后将被保留。结果如图 6-8 所示。

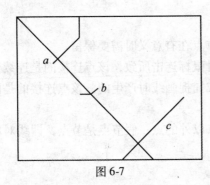
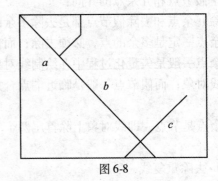

图 6-7   图 6-8

（5）长悬线延伸

如果一条弧段的端点没有与其他任意一条弧段的端点相连，则这个端点称为悬点，含有悬点的弧段称为悬线。其中，长悬线是悬挂部分较长的线对象。

勾选"长悬线延伸"后，需要设置使该规则成立的容限范围，当长悬线的端点延伸到最近线对象的距离小于设置的容限范围时，拓扑处理后长悬线将延伸至与最近线对象相交。"长悬线延伸"容限的设置范围需小于悬线容限的 100 倍，如果容限设为 0，将按照默认容限处理。其中，悬线容限可以在线对象所在数据集的属性窗口中设置。

如图 6-9 所示，线对象 a、b、c 分别为长悬线，其中长悬线 a、b 延伸至最近线对象 d 的距离小于设置的容限，拓扑处理后将这两条悬线延伸到线对象 d 上；而悬线 c 延伸至最

88

近线对象 d 的长度大于设置的容限,拓扑处理后将被保留。结果如图 6-10 所示。

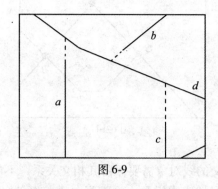 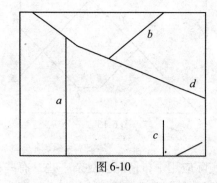

图 6-9   图 6-10

(6) 邻近端点合并

当多条弧段端点之间的距离小于节点容限时,这些端点被称为邻近端点。拓扑处理后,这些邻近端点将被合并为一个端点。节点容限可以在线对象所在数据集的属性窗口中设置。

需要注意的是,如果仅有两个端点的距离小于节点容限时,合并后将产生一个假节点。

如图 6-11 所示,A 处和 B 处均存在邻近端点,拓扑处理后将被合并为一个节点。其中,A 处合并后会得到一个假节点,如图 6-12 所示,需要再进行"去除假节点"操作。

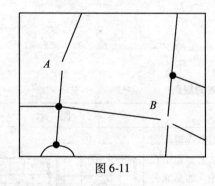 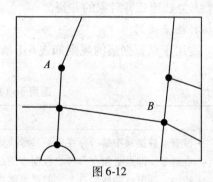

图 6-11   图 6-12

(7) 弧段求交

当一个或多个线对象呈相交关系时,通过"弧段求交"操作可以将线对象从交点处打断,分解为多个有相连关系的简单线对象。

通过"弧段求交"操作可以有效避免在建立拓扑多边形时漏掉面对象或者产生互相压盖的面对象。

如图 6-13 所示,线对象 a 和 b 相交,且分别与线对象 c 相交,拓扑处理后这三个线对象将从相交处被打断,产生多个线对象,同时产生三个节点:点 A、点 B 和点 C。结果如图 6-14 所示。

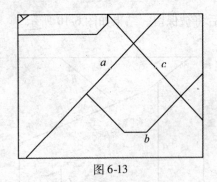
图 6-13

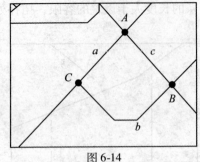
图 6-14

在实际应用中，情况会复杂一些，有些相交的线对象需要保留其相交关系，不能在交点处被分解。这时可以在线对象所在数据集的属性表中设置一个记录是否打断线的字段，通过输入过滤表达式来控制线对象是否被打断。

非打断对象：设置过滤表达式以后，系统将不对满足该表达式的线对象进行打断处理。单击右侧的 ▨ 按钮，则弹出 SQL 表达式对话框，用户可以在该对话框中输入表达式。

非打断位置：通过选择在右侧下拉列表内列出的点数据集确定非打断位置，通过判断所选点数据集中的点对象与其相邻的线对象之间的距离是否在容限范围内，来决定线对象是否会被打断。

若不设置非打断对象，则默认所有线对象都进行弧段求交操作；若不设置非打断位置，则默认所有的线对象都进行弧段求交操作；若同时设置了非打断线对象和非打断位置，则系统会处理二者对象的并集。

2. 拓扑检查规则

（1）适用于点数据集的规则如表 6-1 所示。

表 6-1 适用于点数据集的规则

名　称	含　义	图　示
点必须在线上	检查点数据集中是否存在未被参考线数据集的线覆盖的点对象，即点必须在参考线数据集的线对象上，包括在线内、线节点和线端点上，但是不能在线外。如高速公路上的收费站，必须设置在高速公路上。 未被线覆盖的点对象将作为拓扑错误生成到结果数据集中。 错误数据集类型：点数据集。	
点必须在面的边界上	检查点数据集中是否存在没有在参考面数据集的面边界上的点对象，即点对象不能位于参考面数据的面内和面外。如界碑必须设置在国界线和行政界线上。 不在面边界上的点对象将作为拓扑错误生成到结果数据集中。 错误数据集类型：点数据集。	

名　称	含　义	图　示
点被面完全包含	检查点数据集中是否存在不在参考面数据集中面内部的点对象，即点对象不能位于参考面数据集的面外或面的边界上。如表示省会的点必须设置在省域范围内。不在面内的点对象将作为拓扑错误生成到结果数据集中。 错误数据集类型：点数据集。	
点必须被线端点覆盖	检查点数据集中是否存在未被参考线数据集的线端点覆盖的点对象，即点只能在参考线数据集中线对象的端点上，而不能在线的节点上、线内其他位置和线外。未被线端点覆盖的点对象将作为拓扑错误生成到结果数据集中。 错误数据集类型：点数据集。	
无重复点	检查一个点数据集中是否存在重复的点对象。如消防站、学校等公共设施，在地图上通常以点数据集的形式存在，在同一位置只能存在一个。重复的点对象将作为拓扑错误生成到结果数据集中。 错误数据集类型：点数据集。	
点不被面包含	检查点数据集中是否存在被参考面数据集的面包含的点对象。若点对象在面边界上或在面外，则被视为正确的拓扑关系。被面包含的点对象将作为拓扑错误生成到结果数据集中。 错误数据集类型：点数据集。	

（2）适用于线数据集的规则如表6-2所示。

表6-2　　　　　　　　　　　　　　　适用于线数据集的规则

名　称	含　义	图　示
线与线无相交	检查线数据集中是否存在与参考线数据集的线相交的线对象，即两个线数据集中的所有线对象必须相互分离。交点将作为拓扑错误生成到结果数据集中。 错误数据集类型：点数据集。	

名 称	含 义	图 示
线内无相交	检查一个线数据集中是否存在两个（或两个以上）相交且共享交点，但并未从交点处打断的线对象。若有端点和线内部接触及端点和端点接触的情况，则被视为正确的拓扑关系。此外，对于相交但不共享交点的线对象，也被视为正确的拓扑关系。如道路数据，当多条行车道在普通路口（十字路口、丁字路口等）相交时，则视为相交且共享交点的情况，应被打断；而多条行车道通过立交桥或隧道相交时，则被视为相交但不共享交点的情况，此时不需要打断。 交点将作为拓扑错误生成到结果数据集中。 错误数据集类型：点数据集。	
线内无重叠	检查一个线数据集中是否存在两个（或两个以上）线对象之间有相互重叠的部分，且重叠部分共享节点。如城市街道，单条街道或多条街道之间可以相交但不能出现相同的路线。 重叠部分将作为拓扑错误生成到结果数据集中。 错误数据集类型：线数据集。	
线内无悬线	检查一个线数据集中是否存在被定义为悬线的线对象，即线对象的端点没有连接到其他线的内部或线的端点，包括长悬线和短悬线两种情况。如区域边界线等必须闭合的线可以用此规则检查。 悬点将作为拓扑错误生成到结果数据集中。 错误数据集类型：点数据集。	
线内无假节点	检查一个线数据集中是否存在含有假节点（只连接两条弧段的节点）的线对象，即一个线对象必须与两个（或两个以上）线对象相连接。 假节点将作为拓扑错误生成到结果数据集中。 错误数据集类型：点数据集。	
线与线无重叠	检查线数据集中是否存在与参考线数据集的线重叠的线对象，且重叠部分共享节点，即两个线数据集之间的线对象不能有重合的部分。如交通路线数据中，公路和铁路不能重叠。 重叠部分将作为拓扑错误生成到结果数据集中。 错误数据集类型：线数据集。	

名　称	含　义	图　示
线内无相交或无内部接触	检查一个线数据集中是否存在两个（或两个以上）线对象在线的节点处或线的内部相交，即线对象只能在端点处与其他线相交，且所有交点必须是线的端点，所有相交的弧段必须被打断。该规则不检查线对象自相交的情况。 交点将作为拓扑错误生成到结果数据集中。 错误数据集类型：点数据集。	
线内无自交叠	检查一个线数据集中是否存在与自身重叠的线对象，即一线对象本身不能有重叠部分。如在交通数据中，一条道路不能出现重复的路段。 重叠部分将作为拓扑错误生成到结果数据集中。 错误数据集类型：线数据集。	
线内无自相交	检查一个线数据集中是否存在与自身相交或重叠线对象，即线对象中不能有重叠（坐标相同）的节点。该规则多用于检查等值线这样的不能与自身相交的线。 自相交的交点或重叠部分的端点将作为拓扑错误生成到结果数据集中。 错误数据集类型：点数据集。	
线被多条线完全覆盖	检查线数据集中是否存在没有被参考线数据集的一条或多条线覆盖的线对象。如公交线路必须与道路重合，即被道路数据完全覆盖。 未覆盖的部分将作为拓扑错误生成到结果数据集中。 错误数据集类型：线数据集。	
线被面边界覆盖	检查线数据集中是否存在没有被参考面数据集的面边界（可以是一个或多个面边界）覆盖的线对象。如表示某一区域边界的线数据（某城区的边界线）必须被这一区域（城区）的边界覆盖。 未被覆盖的部分将作为拓扑错误生成到结果数据集中。 错误数据集类型：线数据集。	
线端点必须被点覆盖	检查线数据集中是否存在线端点未被参考点数据集的点覆盖的线对象。 未被覆盖的端点将作为拓扑错误生成到结果数据集中。 错误数据集类型：点数据集。	

名　称	含　义	图　示
线不能和面相交或被包含	检查线数据集中是否存在与参考面数据集的面相交或被面包含的线对象，即线数据集与参考面数据集不能存在交集。 线、面数据集的交集部分将作为拓扑错误生成到结果数据集中。 错误数据集类型：线数据集。	
线内无打折	检查线数据集中是否存在连续四个节点构成的两个夹角的角度都小于所给的角度值（单位为度），若两个夹角都小于角度值，则认为线对象在中间两个节点处打折。 第一个打折点将作为错误生成到结果数据集中。 错误数据集类型：点数据集。	

3）适用于面数据集的规则如表 6-3 所示。

表 6-3　　　　　　　　　　　适用于面数据集的规则

名　称	含　义	图　示
面内无重叠	检查一个面数据集中是否存在两个（或两个以上）相互重叠的面对象，包括部分重叠和完全重叠。此规则多用于一个区域不能同时属于两个（或两个以上）面对象的情况，如行政区划面，一个地区不能同时属于两个行政区管辖。 重叠部分将作为拓扑错误生成到结果数据集中。 错误数据集类型：面数据集。	
面内无缝隙	检查一个面数据集中相邻面对象之间是否存在空隙，即相邻面对象之间的边界必须重合，且面对象内部不能出现被挖空（岛洞多边形）的情况。此规则多用于检查一个面数据集中相邻区域之间有无空隙，如土地利用图斑数据，要求不能有未定义土地利用类型的斑块。 空隙部分将作为拓扑错误生成到结果数据集中。 错误数据集类型：面数据集。	
面与面无重叠	检查面数据集中是否存在与参考面数据集的面重叠的面对象，包括部分重叠和完全重叠，即面数据集内的各个面对象之间不能存在交集。对于如水域与旱地这种不能共用同一区域的数据，可以用此规则检查。 重叠部分将作为拓扑错误生成到结果数据集中。 错误数据集类型：面数据集。	

名　　称	含　　义	图　示
面被多个面覆盖	检查面数据集中是否存在没有被参考面数据集的面覆盖的面对象，即待检查面数据集的一个或多个面必须完全覆盖于参考面数据集中的面对象。此规则多用于按某一规则相互嵌套的面数据，如区域图中的省域必需被该省内的所有县界完全覆盖。 未覆盖的部分将作为拓扑错误生成到结果数据集中。 错误数据集类型：面数据集。	
面被面包含	检查面数据集中是否存在没有被参考面数据集的面包含的面对象，即待检查面数据集的面必须是参考面数据集中面对象的子集。对于如动物活动区域必须在整个研究区内这种属于包含关系的面数据，可以用此规则检查。 未被包含的面对象整体将作为拓扑错误生成到结果数据集中。 错误数据集类型：面数据集。	
面边界被多条线覆盖	检查面数据集中是否存在没有被参考线数据集的线覆盖的面边界。面数据中不能存储一些边界线的属性，此时需要专门的边界线数据，用来存储区域边界的不同属性信息，要求边界线与区域完全重合。 未被覆盖的边界将作为拓扑错误生成到结果数据集中。 错误数据集类型：线数据集。	
面边界被边界覆盖	检查面数据集中是否存在没有被参考面数据集中一个或多个面对象边界覆盖的面边界。此规则多用于某一面数据集的面对象由另一个面数据集中的一个或多个面对象组成的数据，如区域图中的省域是由该省内的所有县域组成，二者共用相同的边界。 未被覆盖的边界将作为拓扑错误生成到结果数据集中。 错误数据集类型：线数据集。	
面包含点	检查面数据集中是否存在没有包含参考点数据集中点的面对象，即参考数据集中的点必须位于面内，而不能位于面外或面边界上，且一个面对象内可包含一个或多个点。 未包含点的面对象将作为拓扑错误生成到结果数据集中。 错误数据集类型：面数据集。	

名　称	含　义	图　示
面边界无交叠	检查面数据集中是否存在与参考面数据集的面边界有重叠部分的面边界。该规则不检查面内边界交叠的情况。边界的重叠部分将作为拓扑错误生成到结果数据集中。错误数据集类型：线数据集。	
面内无自相交	检查面数据集中是否存在自相交的面对象。自相交的交点将作为拓扑错误生成到结果数据集中。错误数据集类型：点数据集。	

（4）适用于多类型数据集的规则如表6-4所示。

表6-4　　　　　　　　　　　　适用于多类型数据集的规则

名　称	含　义	图　示
无复杂对象	检查线或面数据集自身是否存在复杂对象（对象内包含一个或多个子对象，如平行线、岛洞多边形）。复杂对象将作为拓扑错误生成到结果数据集中。错误数据集类型：线数据集或面数据集。	
节点距离必须大于容限	检查点、线、面数据集自身或两个数据集之间各对象的节点距离是否小于或等于设定的容限值。不大于容限的节点将作为拓扑错误生成到结果数据集中。错误数据集类型：点数据集。注：该规则是由拓扑预处理操作延伸得出的规则。建议在检查该拓扑规则时，不要同时勾选"拓扑预处理"操作，否则该规则检查出的错误将会在拓扑预处理时被自动修复，无法得出预期结果。	
线段相交处必须存在交点	检查线、面数据集自身或两个数据集之间，线与线的十字相交处是否存在节点，且此节点至少存在于两个相交线段中的一个。两条线对象的端点相连接则被视为正确的拓扑关系。注意：两条线段端点相接的情况不违反规则。若相交处没有节点，系统会将此节点计算出来作为拓扑错误生成到结果数据集中。错误数据集类型：点数据集。注：该规则是由拓扑预处理操作延伸得出的规则。建议在检查该拓扑规则时，不要同时勾选"拓扑预处理"操作，否则该规则检查出的错误将会在拓扑预处理时被自动修复，无法得出预期结果。	

名　称	含　义	图　示
节点之间必须互相匹配	检查线、面数据集自身或两个数据集之间，点数据集和线数据集、点数据集和面数据集之间，在当前节点的容限范围内，是否存在线对象（或面边界）且线上有相应的节点与之匹配。 对于未匹配的点，系统通过在线上作垂线的方式计算出匹配点的位置，该匹配点将作为拓扑错误存储到结果数据集中。 错误数据集类型：点数据集。 注：该规则是由拓扑预处理操作延伸得出的规则。建议在检查该拓扑规则时，不要同时勾选"拓扑预处理"操作，否则该规则检查出的错误将会在拓扑预处理时被自动修复，无法得出预期结果。	
线或面边界无冗余节点	检查线或面数据集自身的线对象或面边界是否存在有冗余节点，即两节点之间不能存在其他共线节点，这些共线节点为冗余节点。 冗余节点将作为拓扑错误生成到结果数据集中。 错误数据集类型：点数据集。	

6.2　拓扑检查

拓扑检查用于检查点、线、面数据集本身及各种不同类型数据集及其相互之间不符合拓扑规则的对象，并将检查结果保存到简单数据集（即点、线、面数据集）或 CAD 数据集中。

操作步骤：

（1）单击功能区"数据"选项卡"拓扑"组的"拓扑检查"按钮。

（2）弹出如图 6-15 所示的"数据集拓扑检查"对话框。

（3）用户需对以下参数进行设置：

1）添加数据集

在列表框内添加需要进行拓扑检查的待检查数据集。列表框将显示这些数据集的相关拓扑检查信息，下面将详细介绍表格内各列所表示的信息以及编辑、使用方法。

"数据集"列：需要进行拓扑检查的待检查数据集。

"数据源"列：需要进行拓扑检查的待检查数据集所在的数据源。

"拓扑规则"列：对待检查数据集进行拓扑检查时用到的检查规则，共 35 种。拓扑规则可以在"参数设置"区域内"拓扑规则"对话框中进行选择。

2）参数设置

拓扑规则：用于进行拓扑检查的规则，系统会根据待检查数据集的类型，列出适合该

图 6-15

类数据集的所有拓扑规则。选择一个拓扑规则后，在右侧"拓扑规则说明"区域会显示相应规则的图示，方便用户更加直观地了解所选的拓扑规则。

容限：用于进行拓扑检查和拓扑预处理的容限值，如节点之间的距离等。不同的拓扑规则需要设置不同的容限，建议使用默认容限。容限单位与数据集单位一致。

角度：该参数仅针对线对象的"线内无打折"规则参数可用，用于设置打折线段角度容限值。

拓扑预处理：若勾选此项，系统则会根据设置的容限值对待检查数据集中的拓扑错误进行预处理，容限值可以在"容限"参数处设置。即在这个值的范围内，所有的点和线被认为是重合的，通过拓扑预处理可以将这些在容限范围内的点和线仅保留一个作为正确的对象。部分拓扑规则（多为涉及节点操作的拓扑规则，如"线与线无相交"）在拓扑预处理后会有较好的检查效果。拓扑预处理会同时针对待检查数据集和参考数据集，建议在进行拓扑检查前进行预处理操作。

由于此操作直接在待检查的数据集中进行，提示信息按钮 ❶ 会提示用户：该操作会修改参与拓扑检查的数据集。用户若不想修改原始数据，可以在拓扑预处理之前进行数据的备份工作。

修复拓扑错误：系统可以对部分拓扑规则所检查出的错误进行自动修复。选择可自动修复的拓扑规则以后，"修复拓扑错误"项将由灰色变为可勾选的状态。勾选该项后，即可在拓扑检查的同时对待检查数据集进行修复。

其中，可进行自动修复的拓扑规则如表 6-5 所示。

3）参考数据

数据源：参考数据集所在数据源，默认为待检查数据集所在数据源。

数据集：选择用于拓扑检查的参考数据集。根据拓扑规则的不同，有些规则会使用两个数据集进行拓扑检查，如"点必须在线上"，则需要一个线数据集作为参考数据集；而

98

另一些规则只是在一个数据集内进行拓扑检查，如"线内无重叠"，只需要选择待检查数据集即可。

表 6-5   自动修复的拓扑规则及修复方式

拓 扑 规 则	修 复 方 式
线内无假节点	将假节点变为节点，即假节点所连接的两条线合并为一条线
线或面边界无冗余节点	将线或面边界上的冗余节点删除
线与线无重叠	若待检查数据集中的线对象与参考数据集中的线对象有重叠，将删除待检查数据集中该条线对象的重合部分
线内无自交叠	将线对象的自交叠部分删除
线内无重叠	将其中一条线对象的重叠部分删除
节点距离必须大于容限	将容限范围内的所有节点捕捉到一起，即合并成一个节点
节点之间必须相互匹配	在线对象上添加匹配的节点
线段相交处必须存在交点	在两条线段相交处分别添加交点

4）结果数据

数据源：结果数据集所在数据源，默认为待检查数据集所在数据源。

数据集：在列表框中选中一条拓扑检查记录后，可以在这里设置结果数据集的名称，默认名称为 TopoCheckResult。结果数据集类型与该条记录所设置的拓扑规则有关。

保存到同一数据集：若勾选此项，则将列表框中所有的拓扑检查结果保存到同一个数据集（CAD 数据集）中，数据集名称即当前结果数据集中显示的名称。若不勾选此项，用户则可以分别对列表框中每一条拓扑检查记录设置结果数据集的名称。

（4）"执行完成后自动关闭对话框"复选框：选中该复选框后，在应用程序完成列表框内所有记录的拓扑检查后，将自动关闭"数据集拓扑检查"对话框；否则，不自动关闭"数据集拓扑检查"对话框。

注意：如果待检查数据中存在自相交的面对象时，无法对该面进行面内无缝隙规则的检查。建议在进行"面内无缝隙"规则检查时，先进行"面内无自交叠"规则的检查，然后再进行"面内无缝隙"规则的检查。或者手动对自相交的面进行处理，然后再进行"面内无缝隙"规则的检查。

6.3   线拓扑处理

针对线数据集或网络数据集进行拓扑检查和修复。

操作步骤：

（1）单击功能区"数据"选项卡"拓扑"组的"线拓扑处理"按钮。

（2）弹出如图 6-16 所示的"线数据集拓扑处理"对话框。

（3）选择需要进行拓扑处理的源数据集，这里可以选择线数据集或网络数据集。

图 6-16

（4）拓扑错误处理选项。拓扑错误处理选项包括去除假节点、去除冗余点、去除重复线、去除短悬线、去除长悬线、邻近端点合并、弧段求交七种规则，用户可以根据需要选择合适的规则对选中数据集进行拓扑处理，拓扑处理规则的详细说明可以参阅本章6.1.3节中第一点拓扑处理规则。执行拓扑处理时，系统将按照选中的拓扑规则对线数据集进行拓扑检查，并对检查出的拓扑错误进行修正。

单击"高级"按钮，弹出如图 6-17 所示的"高级参数设置"对话框，可以在该对话框内设置非打断线和相关拓扑处理规则的容限。

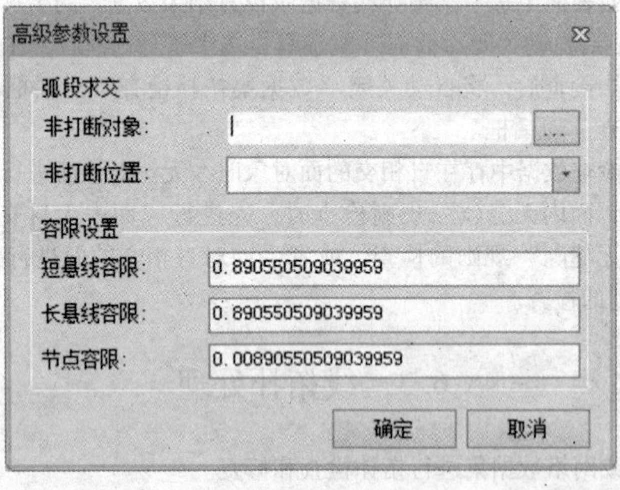

图 6-17

"弧段求交"和"容限设置"的具体参数可以对照本章6.1.3节中第一点拓扑处理规则和本章6.1.2节。

100

（5）单击"确定"按钮对所选线数据集执行拓扑处理操作。

注意：拓扑处理操作是在选定的线数据集上直接进行拓扑处理，不会生成新的结果数据集，因此在执行之前会弹出"该操作会修改源数据，是否继续执行"的提示界面，来确认用户是否要在源数据上直接操作。用户若不想修改源数据，可以在拓扑检查前进行数据的备份工作。

6.4　构建网络数据集

根据指定的点数据集、线数据集或网络数据集联合生成网络数据集。

操作步骤：

（1）单击功能区"数据"选项卡"拓扑"组的"拓扑构网"按钮。

（2）弹出如图 6-18 所示的"构建网络数据集"对话框。

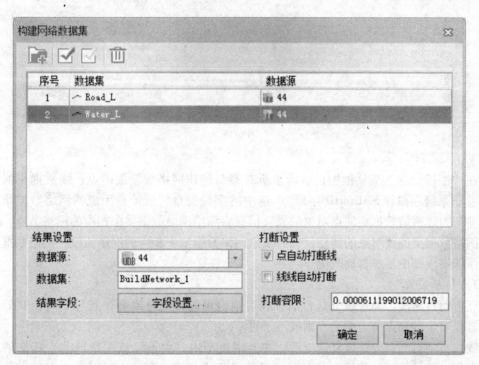

图 6-18

（3）对以下参数进行设置。

1）添加数据集

在列表框内添加用来构建网络数据集的数据集。列表框中分别列出了这些数据集及其所在数据源的名称。此外，在打开构建网络数据集窗口后，系统会自动将工作空间管理器中选中的数据集添加到列表框内。

2）结果设置

数据源：结果数据集所在的数据源。

数据集：用来保存生成的网络数据集，这里可以修改结果数据集的名称。

结果字段：单击"字段设置…"按钮，弹出如图 6-19 所示的"字段信息"对话框。

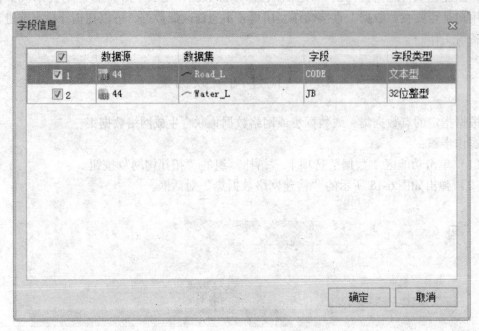

图 6-19

在"字段信息"对话框中，显示了所有参与构建网络数据集的点、线数据集的用户字段（非系统字段和 SmUserID 字段），选中的字段信息将赋给新生成的网络数据集。其中，参与构建网络数据集的点对象的属性信息将赋给网络数据集中相应的网络节点，参与构建网络数据集的线对象的属性信息将赋给网络数据集中相应的网络弧段，网络数据集的其他系统字段则由系统自动赋值。

3）打断设置

点自动打断线：勾选该复选框后，在容限范围内，线对象会在其与点的相交处被打断，若线对象的端点与点相交，则线不予打断。

线线自动打断：勾选该复选框后，在容限范围内，两条（或两条以上）相交的线对象会在相交处被打断，若线对象与另一条线的端点相交，则这个线对象会在相交处被打断。此外，勾选"线线自动打断"操作时，系统会同时默认勾选"点自动打断线"，即"线线自动打断"功能不可以单独使用。

打断容限：设置打断容限，这里的打断容限即节点容限，表示线对象与线对象、线对象与点对象之间的最小距离。例如，若一个线对象的节点与另一个线对象的节点距离在容限范围内，则认为这两个节点重合；若一个线对象的节点与一个点对象的距离在容限范围内，则认为点在线上。

（4）执行结束后自动关闭对话框：选中该复选框后，在应用程序完成网络数据集的构建以后，将自动关闭"构建网络数据集"对话框；否则，不会自动关闭"构建网络数

102

据集"对话框。默认勾选。

6.5 拓扑构面

将线数据集或网络数据集通过拓扑处理构建为面数据集。
操作步骤：
（1）单击功能区"数据处理"选项卡"拓扑"组的"拓扑构面"按钮。
（2）弹出如图 6-20 所示的"线数据集拓扑构面"对话框。

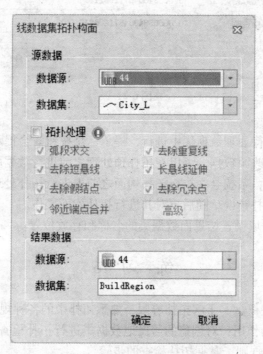

图 6-20

（3）在源数据区域选择需要进行拓扑构面的数据集，这里可以选择线数据集或网络数据集。

（4）拓扑处理区域：在对线数据集进行拓扑构面之前，建议先对待处理数据集进行拓扑处理操作。通过拓扑处理可以将那些在容限范围内的问题线对象（例如存在假节点、冗余点、悬线、重复线、未合并的邻近端点等拓扑错误）进行修复，同时对呈相交关系的线对象在交点处进行打断，以便于更准确地生成面对象。通过拓扑处理，可以免去用户在拓扑构面之后还要删除不符合条件的冗余对象的麻烦。

勾选"拓扑处理"复选框以后，下方各拓扑处理规则可以勾选，包括去除假节点、去除冗余点、去除重复线、去除短悬线、长悬线延伸、邻近端点合并、弧段求交七种规则，用户可以根据需要选择合适的规则对选中数据集进行拓扑预处理。

单击"高级"按钮，可以弹出如图 6-21 所示的"高级参数设置"对话框，可以在该对话框内设置非打断线和相关拓扑处理规则的容限。

103

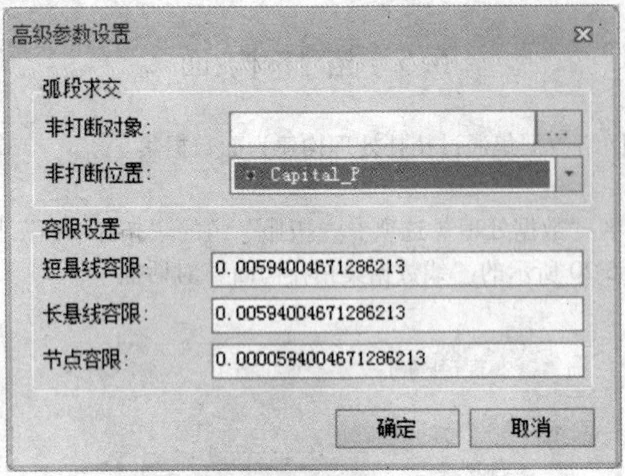

图 6-21

由于此操作直接在待处理数据集中进行，提示信息按钮❶会提示用户：该操作会修改源数据。用户若不想修改源数据，可以在拓扑预处理之前进行数据的备份工作。

在勾选拓扑处理后，系统会在执行拓扑构面之前先进行拓扑处理操作，包括检查和修复所选线数据集中的拓扑错误，随后再对其进行拓扑构面操作。

（5）在结果数据区域设置结果面数据集的名称和存放位置。

练 习 6

1. 掌握拓扑的相关概念，了解拓扑容限，熟悉拓扑中的各种规则。

2. 了解拓扑检查的作用，对创建的居民地数据集进行拓扑检查，避免其有重叠部分，根据实际情况设置拓扑规则，掌握拓扑检查的步骤。

3. 了解拓扑处理的作用，对道路数据集进行拓扑处理，针对可能出现的拓扑错误进行修改。

4. 了解构建网络数据集的作用，添加道路数据集构建网络数据集，掌握其构建过程，搞清楚其参数设置。

第7章 地图投影

　　地图图层中的所有元素都具有特定的地理位置和范围，这使得它们能够定位到地球表面上相应的位置。精确定位地理要素对于制图和 GIS 来说都至关重要，SuperMap 中对于每个数据集都需要设定其投影信息，以便正确地描述每个地理对象的位置。本章将对坐标系与投影的相关概念，以及如何进行投影设置和投影转换进行介绍。

7.1　坐标系与地图投影

　　在进行数据采集之前，需要将所采集的数据放在一定的坐标系中。坐标系的确定需要三个要素：横向、纵向以及坐标原点。SuperMap 中数据的坐标系分为三类：平面坐标系、地理坐标系、投影坐标系。

7.1.1　平面坐标系

　　平面坐标系一般用来作为与地理位置无关的数据的坐标参考，也是默认新建数据的坐标参考，如 CAD 设计图、纸质地图扫描后的图片、与地理位置无关的示意图等。平面坐标系是一个二维坐标系，原点坐标为 (0，0)，数据中每一个点的坐标是由其距水平和垂直的 X 轴和 Y 轴的距离确定。

7.1.2　地理坐标系

　　地理坐标系用来描述地球表面地物位置，地物的具体位置由地物的经纬坐标确定。经纬坐标的单位一般用度来表示（也可以用度、分、秒表示）。用一组垂直于地轴的平面截地球椭球面，得到一组平行圆，称为纬圈（平行圈）；用一组通过地轴的平面截地球椭球面，得到一组大小相同的椭圆，称为经圈（子午圈）。通过地球中心并垂直于地轴的平面与椭球面相交的圆为最大的纬线圈，称为赤道，即零度纬线。零度经线也称为本初子午线。

　　常用的地理坐标系如：WGS 1984、Beijing1954、Clarke 1866 等。例如，Google Earth 上的 KML 数据，全球定位系统采集的数据，都是以 WGS 1984 为坐标系的。大地测量获取的控制点坐标以西安 80 或 Beijing 1954 为坐标系。

7.1.3　投影坐标系

　　地球的表面是复杂的不规则曲面，而地图通常是要绘制在平面图纸上，因此制图时首先要把曲面展为平面。地图投影就是根据这个需要而产生的。简单地说，地图投影就是将地球椭球面上的纬线网按照一定的数学法则转移到平面。具体而言，由于球面上点的位置是用地理坐标（纬度 ϕ，经度 λ）表示，而平面上点的位置是用直角坐标（纵坐标 x，横坐标 y）或极坐标（极径 δ，极角 ρ）表示，因此要将地球表面上的点转移到平面上，必须采用一定的数学方法来确定地理坐标与平面直角坐标或极坐标之间的关系。这种在球面和平面之间建立点与点之间函数关系的数学方法，就是地图投影。

根据投影变形性质可以将地图投影分为三类：等角投影、等积投影、任意投影。根据投影面的不同可以将其分为：圆锥投影、圆柱投影及方位投影。根据投影面和地球椭球体的位置关系可以将其分为：正轴投影、横轴投影、斜轴投影。

投影坐标系统由地图投影方式、投影参数、坐标单位和地理坐标系组成。常用的投影坐标系有：Gauss Kruger、Albers、Lambert、Robinson 等。一般地，经过投影的地理数据，可以进行地图量算、各种空间分析、制图表达等。例如，我国基本比例尺地形图中，1∶100万地形图采用 Albers 投影，其余大部分都采用了高斯—克吕格 6°带或者 3°带投影。而城市规划中用到的大比例尺地图，如 1∶500，1∶1 000 等的道路施工图、建筑设计图等多采用平面坐标系。

7.2　投　影　设　置

SuperMapiDesktop 7C 默认的坐标系是普通平面坐标系，因此若要给数据设置合适的投影系统，一般在新建数据源时，新建或复制一种投影坐标系统。

"开始"选项卡的"数据"组中的"投影设置"下拉按钮用于设置与管理当前工作空间中各数据源或数据集的坐标投影信息。

在当前工作空间中，选中工作空间管理器中的数据源或数据集节点，单击"投影设置"下拉按钮，于下拉菜单中选择"投影设置"项，弹出"投影设置"对话框。"投影设置"窗口用于自定义、设置以及管理当前工作空间中数据源、数据集或地图的坐标投影信息，其结构大致分为：功能区域、投影信息管理目录树、文件列表、描述信息显示区域，如图 7-1 所示。

位于"投影设置"窗口上部的功能区域，主要用于进行投影配置文件的浏览、设置与管理等功能。如图 7-2 所示。

位于"投影设置"窗口左上部的投影信息管理目录树，主要用于管理投影信息文件的分组以及浏览投影信息文件，其作用和呈现形式类似于 Windows 的资源管理器。

位于"投影设置"窗口右上部的文件列表区域，主要用于浏览、设置与管理投影配置文件以及收藏夹中包含的投影信息文件。根据用户在投影信息管理目录树中选中不同的文件夹节点，文件列表区域显示的内容不同。如图 7-3 所示。

位于"投影设置"窗口下方的区域主要用于显示投影信息文件的描述信息。

若在文件列表区域中选中地理坐标系文件夹下或投影坐标系文件夹下的某个投影信息文件，描述信息区域中会显示投影信息文件的投影类型、参数等详细信息。如图 7-4 所示。

若在文件列表区域中选中某个自定义的投影信息文件，则在描述信息显示区域显示出该自定义投影信息文件的投影类型、参数等详细信息。

若在投影信息管理目录树中选中某个文件夹，则在描述信息显示区域显示当前选中文

106

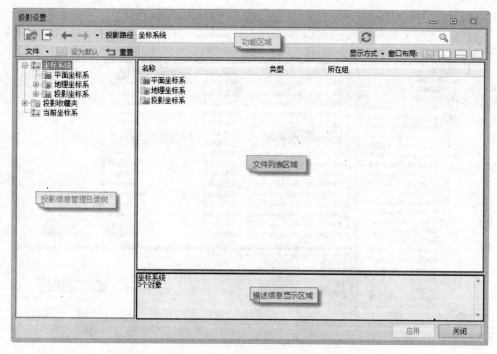

图 7-1 "投影设置"窗口

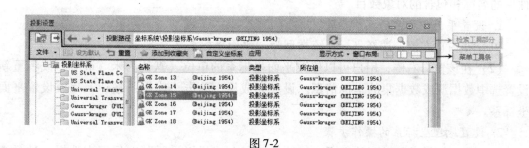

图 7-2

图 7-3

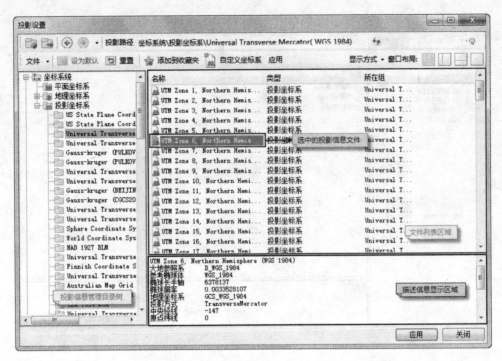

图 7-4

件夹的名称和包含的对象数目。

1. 设置平面坐标系的操作步骤

（1）在窗口左侧，选择坐标系统类型为"平面坐标系"。

（2）在该窗口右侧，用户可以修改平面坐标系的单位（默认为米（m）），或者重新设置选中数据源或数据集的坐标信息。设置完成后，单击"应用"按钮，完成设置平面坐标系。

2. 设置地理坐标系的操作步骤

设置地理坐标系包括两种方式：一种是可以在"投影设置"对话框中选择一种系统提供的地理坐标系；另一种是自定义一种地理坐标系，应用于当前选中的数据源、数据集或当前地图。

（1）设置地理坐标系类型

在左侧目录树的"地理坐标系"节点下选择"Default"文件夹后，右侧的文件列表中会列出系统提供的坐标系信息。在该文件列表区域单击鼠标右键，在弹出的右键菜单中选择"自定义坐标系"项，会弹出如图 7-5 所示的"自定义地理坐标系"界面，可以通过"类型:"标签右侧的组合框用于显示和设置地理坐标系类型。

系统预定义地理坐标系：用户可以直接在文本框中输入地理坐标系名称，或单击右侧的下拉按钮，弹出地理坐标系列表，可以在该下拉列表中选择某种系统预定义的地理坐标系。

自定义地理坐标系：用户也可以选择下拉列表中的最后一项——自定义方式（UserDefined）设置地理坐标系。

108

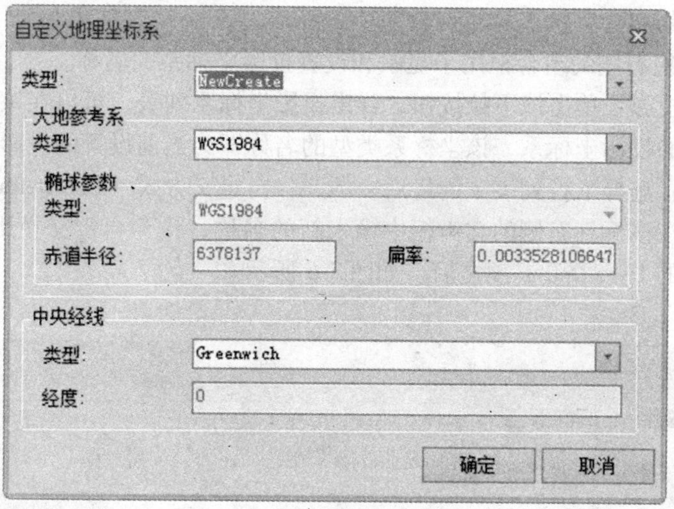

图 7-5

（2）设置相关参数

若选择系统提供的地理坐标系，大地参照系和中央经线等参数是固定不可以编辑的；若用户选择自定义（UserDefined），大地参照系的类型下拉列表框则被激活，为可编辑状态。大地参照系的类型下拉列表框、椭球参数的类型下拉列表框和中央经线下拉列表框都是类似的，选择了 UserDefined 后，可以编辑其相关参数。

大地参考系：基于地球椭球体建立的，确定了地球椭球体相对于地球球心的位置，为地表地物的测量提供了一个参照框架，确定了地表经纬网线的原点和方向，简言之，就是椭球体的定位和定向。每个国家或地区均有各自的基准面，我国常用的两个大地参考系包括：北京 54 坐标系（Beijing1954）、西安 80 坐标系（Xian1980）。用户也可以根据实际需要，设置大地类型为自定义（UserDefined），即可自定义椭球参数和中央经线的相关参数。

椭球参数：地球椭球体表面是一个用数据公式表达的规则的数学表面，在测量和制图中常以地球椭球体表面用来代替地球的自然表面。椭球参数在应用时应根据各个国家或地区的具体情况选择合适的地球椭球体。我国常用的椭球体包括：Krasovsky1940（赤道半径为 6378245.0m，扁率为 1/298.3）、International1975（赤道半径为 6378140m，扁率为 1/298.257）等。用户也可以根据实际需要，设置椭球类型为自定义（UserDefined），即可自定义赤道半径和扁率的具体数值。

中央经线：定义地理坐标系横坐标的起算位置。在大部分坐标系中，中央经线是指经过英国伦敦格林威治的经线（Greenwich，经度为 0）。用户也可以根据实际需要，设置中央经线类型为自定义（UserDefined），即可自定义其经度的具体数值。

设置地理坐标系的各项参数后，单击"确定"按钮即将建立的地理坐标系应用于当前选中的数据源、数据集或地图。

3. 设置投影坐标系的操作步骤

设置投影坐标系有两种方式：选择一种系统提供的投影坐标系，或自定义一种投影坐标系，应用于当前选中的数据源、数据集或当前地图。

（1）设置投影坐标系的名称

"名称："标签右侧的组合框用于显示和设置投影坐标系的名称。

系统预定义投影：单击该下拉按钮，弹出投影坐标系列表，可以在该下拉列表中选择某种系统预定义的投影坐标系，该坐标系类型的名称即为当前设置的投影坐标系名称。

自定义投影：选择下拉列表中的最后一项——自定义方式（UserDefined）设置投影坐标系。用户可以在该标签右侧的文本框中输入新的名称，作为自定义投影坐标系的名称，位于下拉列表中的 User Define 项之后。如图 7-6 所示。

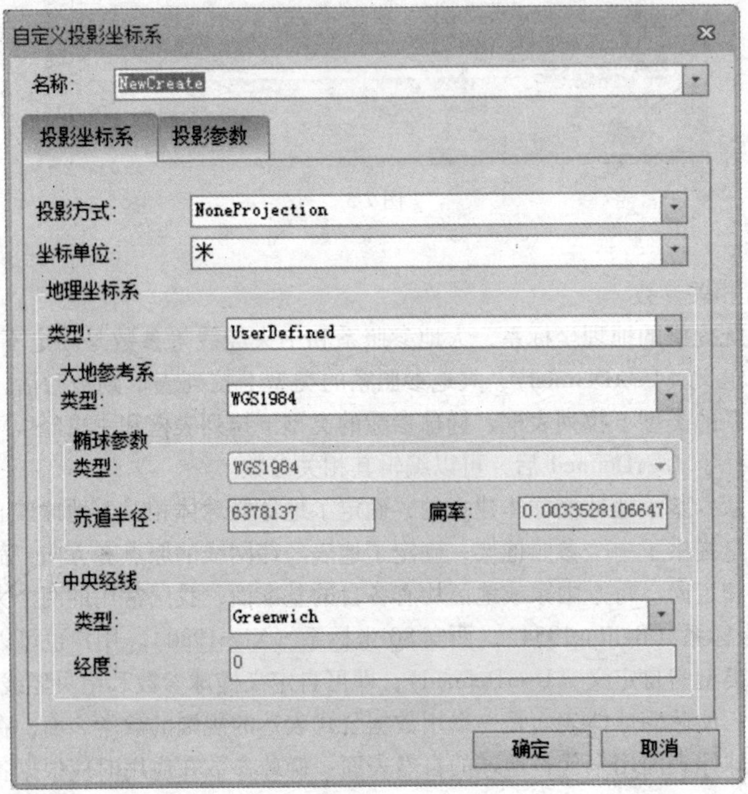

图 7-6

（2）设置投影坐标系

若选择系统提供的投影坐标系，"投影坐标系"选项卡中的投影方式和坐标单位等参数是固定不可以编辑的，但用户可以修改地理坐标系的设置；若用户选择自定义（UserDefined），"投影坐标系"选项卡中的所有参数则被激活，为可编辑状态。大地参照系的类型下拉列表框、椭球参数的类型下拉列表框和中央经线下拉列表框都是类似的，选择地理坐标系类型为 UserDefined 后，可以编辑其相关参数。

投影方式：系统提供了 30 多种国内外常用的基本投影类型。

无投影：单击"投影方式"右侧下拉按钮，选择下拉列表中的第一项——无投影（NoneProjection），即设置为无投影。

系统预定义投影方式：单击该下拉按钮，弹出投影方式列表，可以在该下拉列表中选

110

择某种系统预定义的投影方式。

坐标单位：该标签右侧的下拉按钮用于显示和设置当前坐标系统应用的单位。系统缺省的单位是米，此外系统还提供：毫米，厘米，分米，千米，英里，英尺，英寸和码等共9种坐标单位供用户选择。

地理坐标系："投影坐标系"选项卡的"地理坐标系"区域，用于自定义设置某类投影或无投影（NoneProjection）时中的地理坐标系及其相关参数。具体各参数的设置方法，请参见：设置地理坐标系。

（3）设置投影参数

当用户在"名称："标签右侧的组合框中选择自定义（UserDefined），或输入一个新的投影名称，则"投影参数"选项卡为可用状态，可以设置当前自定义投影方案的各项参数。系统提供了"度"和"度：分：秒"两种参数设置单位供用户选择。

如图7-7所示，水平偏移量和垂直偏移量的设置是为了避免地理坐标出现负值，主要用于高斯—克吕格、墨卡托和UTM投影。在圆锥投影中，圆锥面通过地球并与地球纬线发生相切或相割，这些切线或割线就是标准纬线。切圆锥投影用户只需指定一条标准纬线，割圆锥投影用户则需指定两条标准纬线，即第一标准纬线与第二标准纬线。如果是单标准纬线，则第二标准纬线应与第一标准纬线的值相同。另外还要设原点纬线，即最南端纬线。

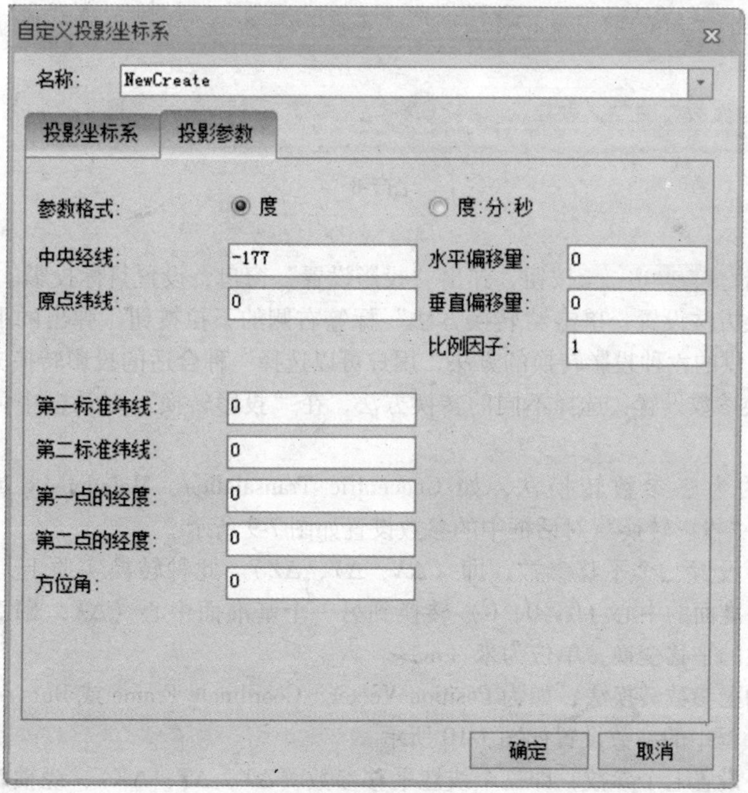

图 7-7

7.3 投影转换

对投影方式不同的数据要进行显示或分析时，需要先对数据进行投影变换。应用程序提供的投影转换方法，对数据的空间精度要求较高的工程往往不能适用。需要在前期采用精确的三参数法或者七参数法进行投影转换。SuperMap GIS 7C 提供了各种投影间的转换。

操作步骤：

（1）在工作空间管理器中选择需要转换投影的数据源或数据集，在"开始"选项卡的"数据"组中，单击"投影转换"按钮，弹出"投影转换"对话框。如图 7-8 所示。

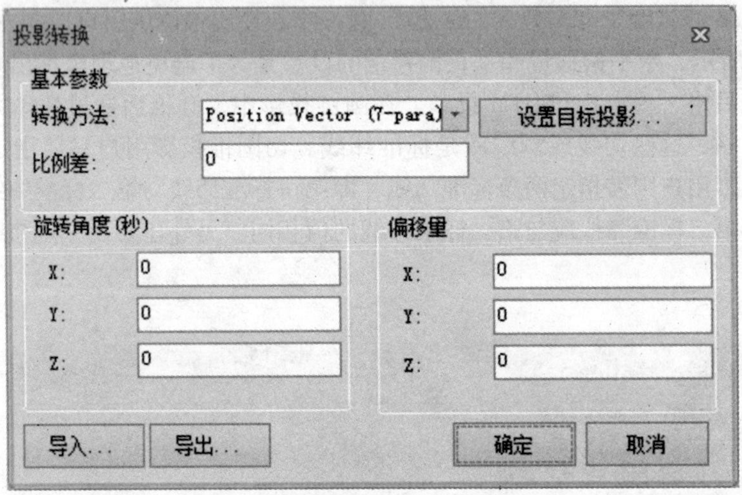

图 7-8

（2）单击  设置目标投影... 按钮，弹出"投影设置"窗口，设置目标投影。

（3）转换方法设置：单击"转换方法"标签右侧的下拉按钮，弹出的下拉菜单列表显示了系统提供的六种投影转换的方法，用户可以选择一种合适的投影转换方法。

（4）转换参数设置：选择不同的转换方法，在"投影转换"对话框中可以自定义的参数不同。

若选择的为三参数转换法，如 Geocentric Transalation、Molodensky 或 Molodensky Abridged，则"投影转换"对话框中的参数设置如图 7-9 所示。

用户需要设置三个平移参数，即（ΔX, ΔY, ΔZ）。此种转换实质上是一种地心变换，从一个基准面的中心（0，0，0）转换到另一个基准面中心（ΔX, ΔY, ΔZ）。三参数变换是线性的平移变换，单位为米（m）。

若选择的七参数转换法，如为 Position Vector、Coordinate Frame 或 Bursa-wolf，则"投影转换"对话框中的参数设置如图 7-10 所示。

用户需要设置七个参数，即三个线性平移参数（ΔX, ΔY, ΔZ）、绕轴旋转的三个角度参数（R_x, R_y, R_z）和比例差（S）。平移参数以米为单位；旋转参数以秒为单位，取值范围在［-60，60］之间；而比例差为百万分之一（ppm）。

112

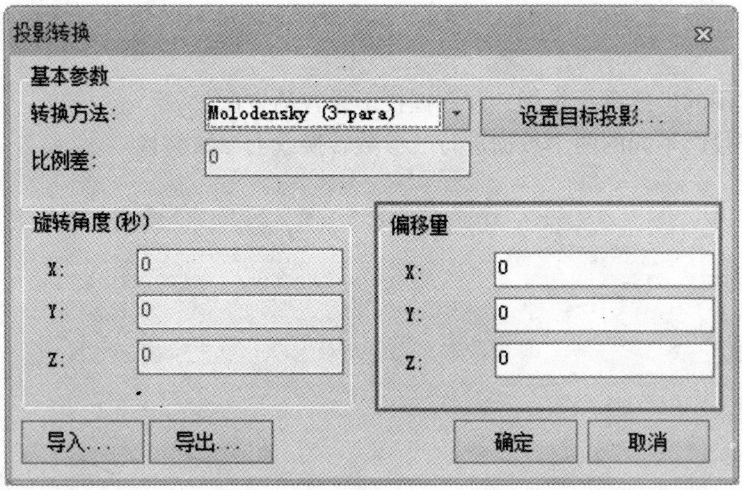

图 7-9

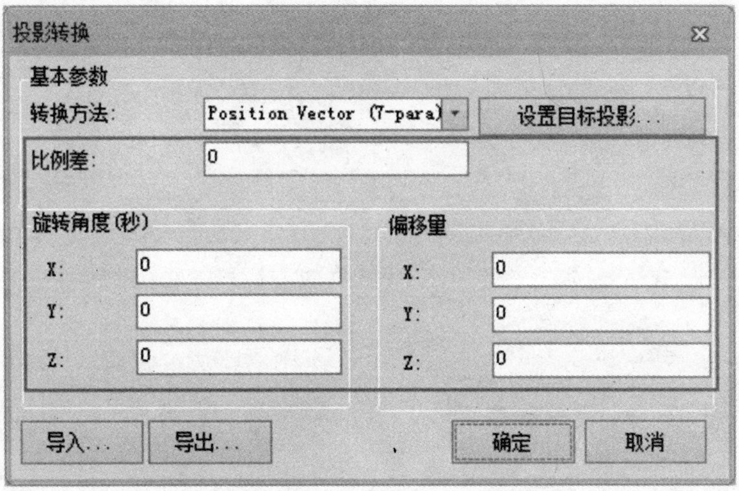

图 7-10

（5）导入、导出投影转换参数文件：单击"投影转换"对话框下方的 导入... 按钮，即可导入一个后缀名为 ∗.ctp 的投影转换参数文件，即可将投影转换参数文件中保存的参数信息导入，作为当前投影转换的参数设置；单击"投影转换"对话框下方的 导出 按钮，即可将当前在"投影转换"对话框已设置好的参数导出到指定路径，之后需要使用时导入即可。

（6）完成各项投影转换参数设置后，单击"确认"按钮，即可完成投影转换的操作。用户可以在输出窗口中，查看投影转换结果。

练　习　7

1. 了解常用的坐标系及投影，并掌握投影设置的方法。
2. 练习将投影不同的两个数据进行三参数转换或七参数转换。

第8章 地图表达

地图作为一种信息载体，以符号、图形、文字等形式表征大量的有关自然和社会经济现象的位置、形态、分布和动态变化的信息，表达了这些信息在空间和几何上的严格关系，地图是人们记录和认识客观地理环境的最佳手段，在人类社会发展进程中一直发挥着重要的作用。本章主要介绍地图的符号化表达、专题表达，以及将地图所表达的信息进行布局并输出的方法。

8.1 地图符号化表达

8.1.1 地图符号及其分类

在地图语言中，最重要的是地图符号及其系统，被称为"图解语言"。同文字语言一样，图解语言也有"写"和"读"两个功用。"写"就是制图者把制图对象用一定的符号在地图上表现出来，"读"就是用图者通过对地图符号的识别，认识制图对象。同文字语言相比较，图解语言更形象直观，一目了然，既可以显示制图对象的空间结构（事物和现象的空间对象和相互关系、质量和数量特征），又能表示在空间和时间中的变化。

1. 地图符号的本质

地图符号属于表象性符号。地图符号以其视觉形象指代抽象的概念。地图符号明确直观、形象生动，很容易被人们理解。客观世界的事物错综复杂，人们根据需要对地图符号进行归纳（分类、分级）和抽象，用比较简单的符号形象表现客观世界的事物，不仅解决了描绘真实世界的困难，而且能反映出事物的本质和规律。因此，地图符号的形成实质上是一种科学抽象的过程，是对制图对象的第一次综合。

2. 地图符号的分类

科学的进步，使地图不断地向纵深发展，表现客体对象的地图符号亦日趋增多，过去的地图符号分类已显得片面和不完备。例如，以往常把地图符号局限于人们可以目视而见的景物，据其视点位置将地图符号分为侧视符号和正视符号；根据符号的外形特征，区分为几何符号、线状符号、透视符号、象形符号、艺术符号等；依据所表示的对象分为水系、居民地、地貌、道路等符号；又从地图符号按比例的关系分为依比例尺、不依比例尺和半依比例尺表示的符号等。

点状符号：地图符号所代指的概念可以认为是位于空间的点。这时，符号的大小与地图比例尺无关且具有定位特征。例如，控制点、居民地、矿产地等符号。

线状符号：地图符号所代指的概念可以认为是位于空间的线。这时符号沿着某个方向延伸且长度与地图比例尺发生关系。例如，河流、渠道、岸线、道路、航线等符号。而有一些等值线符号（如等人口密度线）是一种特殊的线状符号，尽管几何特征是线状的，但这种线状符号表达的却是连续分布的面。

面状符号：地图符号所代表的概念可以认为是位于空间的面。这时，符号所处的范围同地图比例尺发生关系。且不论这种范围是明显的还是隐喻的，是精确的还是模糊的。用这种地图符号表示的有水面范围、林地范围、土地利用分类范围、各种区划范围、动植物和矿藏资源分布范围等。色彩用于地图上的面状符号，对表象制图对象的面状分布有着极大的实用意义。

不论是点状符号、线状符号，还是面状符号，都可以用不同的形状、不同的尺寸、不同的方向、不同的亮度、不同的密度以及不同的色彩（统称为图形变量）来区分表象各种不同事物的分布、质量、数量等特征，使地图符号的表现力得到极大的扩充。

8.1.2 设置图层风格

1. 设置点图层风格

"风格设置"选项卡的"点风格"组用于设置点图层中点对象的风格，该组中的功能只有在当前图层为点图层时才可用。如图 8-1 所示。

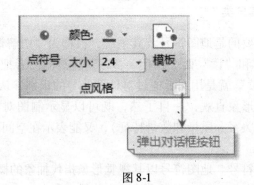

图 8-1

"点风格"组的"点符号"下拉按钮用于设置点状符号的样式。如图 8-2 所示。

"点风格"组的颜色按钮用于设置点图层中点符号的颜色。如图 8-3 所示。

如图 8-4 所示的组合框用于设置点图层中点状符号的大小。

"点风格"组的"模板"下拉按钮用于将模板库中的点风格应用于当前点图层。

2. 设置线图层风格

"风格设置"选项卡的"线风格"组用于设置线图层中线对象的风格以及面图层中面对象的边框风格，该组中的功能只有在当前图层为线图层或面图层时才可用。如图 8-5 所示。

"线风格"组的"线符号"下拉按钮用于设置线图层中的线对象或面图层中的面边框的样式。如图 8-6 所示。

"线宽"标签右侧的组合框用于设置线对象的线宽度。

"线风格"组的颜色按钮用于设置线图层中线符号的颜色。如图 8-7 所示。

"线风格"组的"模板"下拉按钮用于将模板库中的线风格应用于当前线图层。

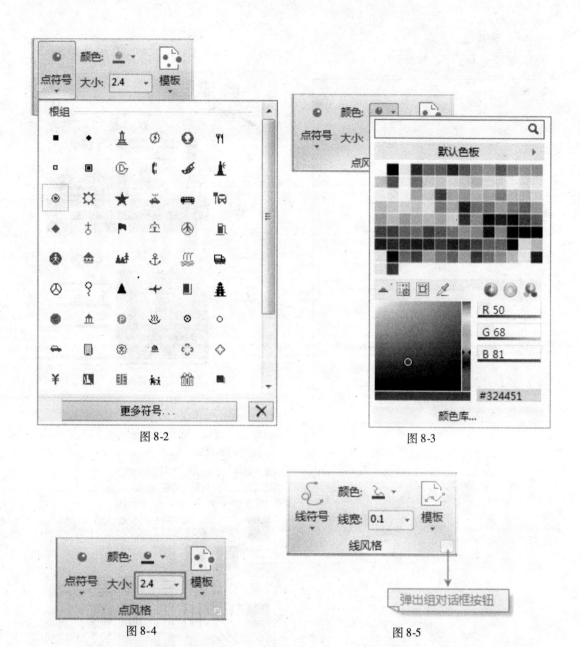

图 8-2

图 8-3

图 8-4

图 8-5

弹出组对话框按钮

3. 设置面图层风格

"对象风格"选项卡的"填充风格"组用于设置面图层中面对象的填充风格,该组中的功能只有在当前图层为面图层时才可用。如图 8-8 所示。

"风格设置"组的"填充符号"下拉按钮用于设置面图层中面对象的填充样式,该按钮只有在"填充风格"组中"渐变模式:"为"无渐变"时才生效。如图 8-9 所示。

"前景色"下拉按钮用于设置填充符号的前景色,即设置填充符号本身花纹的颜色。如图 8-10 所示。

"透明度(%):"标签右侧的按钮用于设置面图层中面对象的透明度。如图 8-11 所示。

117

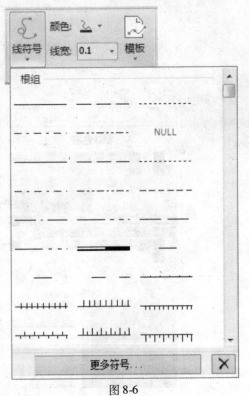

图 8-6

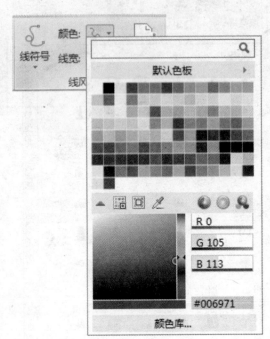

图 8-7

图 8-8

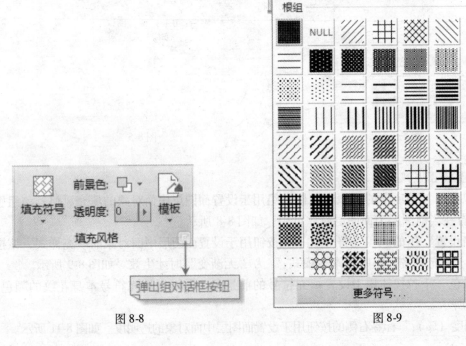

图 8-9

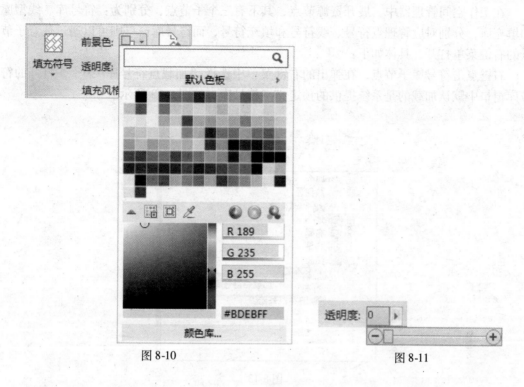

图 8-10 · 图 8-11

"填充风格"组的"模板"下拉按钮用于将模板库中的填充风格应用于当前面图层。

4. 设置文本的风格

"风格设置"选项卡的"文本风格"组用于设置文本图层中文本对象的风格,该组中的功能只有在当前图层为文本图层,且该文本图层设为可编辑,同时有选中的文本对象时才可用。如图 8-12 所示。

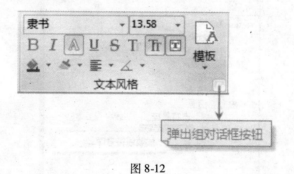

图 8-12

8.1.3 管理符号资源

1. 打开符号库窗口的方式

打开符号库窗口的途径有以下几种:

(1) 通过工作空间管理器打开符号库窗口:

在工作空间管理器中，展开资源节点，其下有三个子节点，分别为：符号库、线型库和填充库，分别对应管理点符号、线符号和填充符号，而符号库窗口则可以通过任意子节点的右键菜单打开，具体如下：

右键点击符号库子节点，在弹出的右键菜单中选择"加载点符号库……"，打开的符号库窗口中默认加载的是系统提供的预定义点符号库；如图 8-13 所示。

图 8-13

右键点击线型库子节点，在弹出的右键菜单中选择"加载线符号库……"，打开的符号库窗口中默认加载的是系统提供的预定义线符号库；如图 8-14 所示。

图 8-14

右键点击填充库子节点，在弹出的右键菜单中选择"加载填充符号库……"，打开的符号库窗口中默认加载的是系统提供的预定义填充符号库。如图 8-15 所示。

120

图 8-15

（2）通过图层管理器打开风格设置窗口：

在图层管理器中，双击某个图层节点的符号图标，可以打开符号库窗口。如图 8-16
所示。

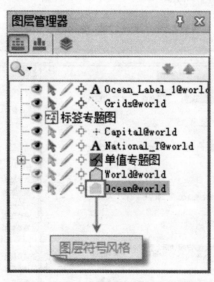

图 8-16

双击点类型图层的符号图标，弹出风格设置窗口，默认加载的是系统提供的预定义点
符号库；

双击线类型图层的符号图标，弹出风格设置窗口，默认加载的是系统提供的预定义线
符号库；

双击填充类型图层的符号图标，弹出风格设置窗口，默认加载的是系统提供的预定义填充符号库。

（3）通过功能区中的"图层风格"选项卡打开风格设置窗口：

功能区中与地图窗口（或布局窗口）关联的"图层风格"选项卡可用于设置地图图层（或布局元素）的符号风格，在设置符号风格时也可以打开风格设置窗口，具体如下：

设置点符号风格时，点击"风格设置"选项卡"点风格"组"点符号"下拉按钮，在弹出的点符号资源列表中点击底部的"更多符号……"按钮，打开风格设置窗口，默认加载的是系统提供的预定义点符号库；

设置线符号风格时，点击"风格设置"选项卡"线风格"组"线符号"下拉按钮，在弹出的点线号资源列表中点击底部的"更多符号……"按钮，打开风格设置窗口，默认加载的是系统提供的预定义线符号库；

设置填充符号风格时，点击"风格设置"选项卡"填充风格"组"填充符号"下拉按钮，在弹出的填充符号资源列表中点击底部的"更多符号……"按钮，打开风格设置窗口，默认加载的是系统提供的预定义填充符号库。

（4）其他方式：

除了以上途径，还有其他方式打开符号库窗口。例如，在制作专题图时，修改专题图要素的风格时，也可以打开风格设置窗口；以及其他设置对象风格的地方，同样可以打开符号库窗口。

2. 符号风格设置

点符号风格设置如图 8-17 所示。

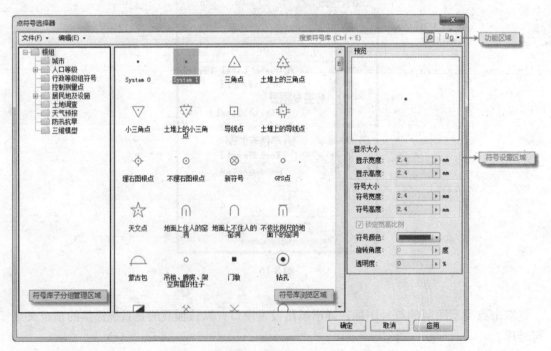

图 8-17

线符号风格设置如图 8-18 所示。

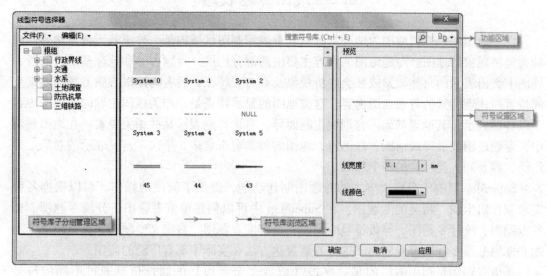

图 8-18

填充符号风格设置如图 8-19 所示。

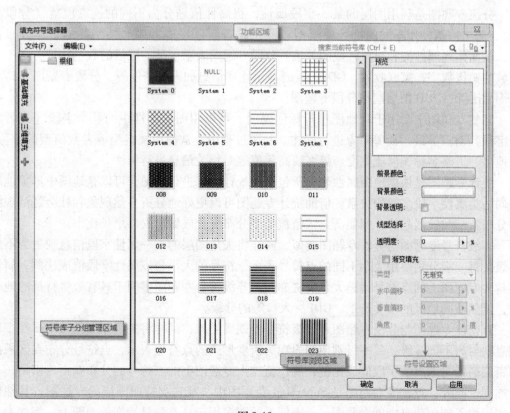

图 8-19

8.2 地图专题表达

专题地图是以普通地图为地理基础，着重表示制图区域内某一种或若干种自然要素或社会经济现象的地图。专题地图的内容主要由两部分构成：专题内容和地理基础，前者为地图上突出表示的自然要素或社会经济现象及其有关特征；后者为用以表明专题图要素空间位置与地理背景的普通地图内容。这类地图的显示特点是，作为该图主题的专题图内容予以详尽表示，其地理基础内容则视主题而异，有选择地表示某些相关要素。在地图领域中，专题地图发展得最活跃、最迅速，地图的种类愈来愈多，层次丰富，表示的对象十分广泛，涉及到人类社会的各个领域。

SuperMap 具有十分强大丰富的专题图制作功能，提供了简便的操作，可以根据各种需求制作出生动、精美的专题图。在 SuperMap 中可以创建单值专题图、分段专题图、标签专题图、统计专题图、等级符号专题图、点密度专题图、自定义专题图、栅格单值专题图和栅格分段专题图等专题图。这些专题表达方法在实际中都有广泛的应用。

单值专题图是利用图层的某一字段（或者多个字段）的属性信息通过不同的符号（线型或者填充符号）表示不同属性值之间的差别。单值专题图支持对 DEM 图层和 GRID 图层创建单值专题图。单值专题图有助于强调数据的类型差异，但是不能显示定量信息。因此单值专题图多用于具有分类属性的地图，比如土地利用类型、境界线、行政区划图等。

分段专题图是利用图层的某一字段属性，将属性值划分为不同的连续段落（分段范围），每一段落使用不同的符号（线型、填充或者颜色）表示该属性字段的整体分布情况，从而体现属性值和对象区域的关系。分段专题图表示了某一区域的数量特征，如不同区域的销售数字，家庭收入，GDP，或者显示比率信息如人口密度等。分段专题图支持对 DEM 图层和 GRID 图层制作分段专题图。

标签专题图主要用于对地图进行标注说明。可以用图层属性中的某个字段（或者多个字段）对点、线、面等对象进行标注。制图过程中，常使用文本型或者数值型的字段，如地名、道路名称、河流宽度、等高线高程值等对相关信息进行标注。

统计专题图是根据地图属性表中所包含的统计数据进行制图，可以在地图中形象地反映同一类属性字段之间的关系。借助统计专题图可以更好地分析自然现象和社会经济现象的分布特征和发展趋势，例如研究区植被类型分布变化或城市人口增长比率。

等级符号专题图与分段专题图类似，同样将矢量图层的某一属性字段信息映射为不同等级，每一级分别使用大小不同的点符号表示，符号的大小与该属性字段值成比例，属性值越大专题图上的点符号就越大，反之亦同。等级符号专题图多用于具有数量特征的地图上，例如不同地区的粮食产量、GDP、人口等的分级。

点密度专题图与分段专题图和等级符号专题图类似，同样将矢量图层的某一属性字段信息映射为不同等级，每一级别使用表现为密度形式的点符号表示，点符号分布在区域内的密度高低与该属性字段值成比例，属性值越大专题图上的点符号的分布就更为密集，反之亦同。此外，点密度专题图是 SuperMap 专题图中，唯一支持面图层的专题图，其他任何图层均不能创建点密度专题图。点密度专题图多用于具有数量特征的地图上，例如表示不同地区的粮食产量、GDP、人口等的分级。

点击"专题图"组中的"新建"按钮，在弹出的"制作专题图"对话框中单击"自定义专题图"选项，用户可以在对话框右侧选择一种符合用户需要的自定义专题图模板。用于制作自定义专题图，该组通过自定义属性字段来创建专题图，根据数值型字段的值对应风格设置表来设置显示风格，可以更自由地表达数据信息。

8.2.1 创建专题图

创建专题图的一般操作：

（1）在图层管理器中选中一个要制作分段专题图的矢量图层。

（2）单击"专题图"组的"新建"按钮，弹出"制作专题图"对话框，如图 8-20 所示。

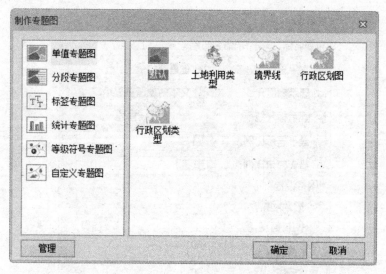

图 8-20

（3）在对话框中选择要制作的专题图模板。

（4）单击"确定"按钮，基于模板风格创建的专题图将自动添加到当前地图窗口中作为一个专题图层显示，同时在图层管理器中也会相应地增加一个专题图层。

8.2.2 修改专题图

在图层管理器中选中某一个专题图图层，右键单击"修改专题图"命令，在弹出的"专题图"窗口中显示了当前选中的专题图的设置信息。对于不同专题图，分别根据其不同参数进行设置。单击"应用"按钮，即完成对专题图的修改。

8.3 布　局

8.3.1 布局概述

布局就是地图（包括专题图）、图例、地图比例尺、方向标图片、文本等各种不同地图内容的混合排版与布置，主要用于制作电子地图和打印地图。而布局窗口就是制作布局（布置和注释地图内容）以供打印输出的窗口。需要注意的是，布局是工作空间的一部分，要把布局保存下来，就一定要把工作空间也同时保存下来，否则布局不会真正保存下来。

8.3.2 设置布局参数

1. 设置布局窗口

单击"布局"选项卡的"布局属性"功能控件，打开的"布局属性"界面中组织了在布局窗口进行各种布局设置的功能，如图 8-21 所示。

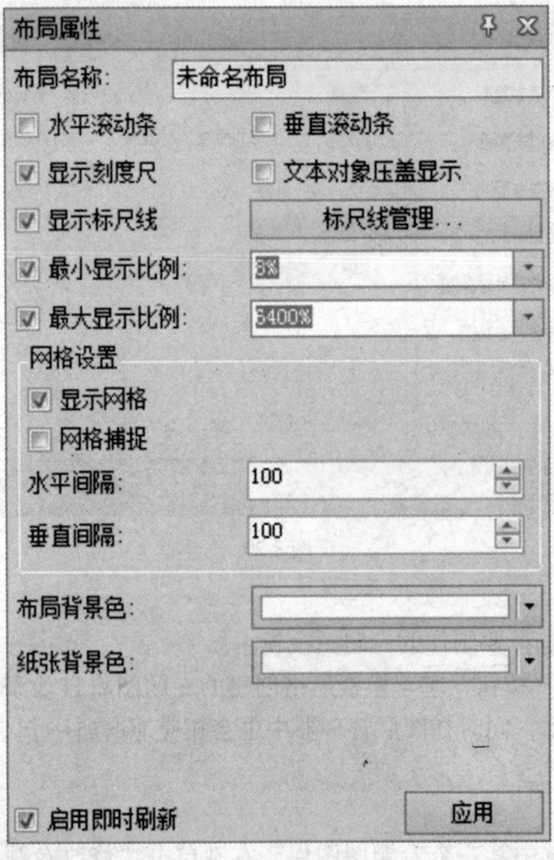

图 8-21

对布局窗口中各参数的详细解释如下：

"显示刻度尺"复选框用于获取和设置布局窗口中的刻度尺是否显示。

"显示标尺线"复选框用于获取和设置布局窗口中的标尺线是否显示。

"标尺线管理"按钮用于管理当前布局窗口中已经存在的标尺线，也可以对当前布局窗口增加或删除标尺线。

单击"标尺"组的"标尺线管理"按钮，弹出如图 8-22 所示的窗口。

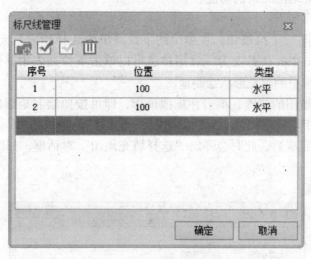

图 8-22

修改标尺线属性：该窗口中显示了当前布局窗口中已经创建的标尺线，用户可以修改已存在标尺线的位置（具体数值可以从标尺线上读取）或类型（水平/垂直），修改已存在的标尺线。

还可以通过创建和删除标尺线按钮对标尺线进行创建和删除。

布局窗口的最小显示比例是指当布局窗口缩小到整幅图大小的某一设置比例值时，布局窗口不再缩小显示。

布局窗口的最大显示比例是指当布局窗口放大到整幅图大小的某一设置比例值时，布局窗口不再放大显示。

网格设置中"显示网格"复选框用于获取和设置网格的显示效果。"网格捕捉"复选框用于获取和设置是否支持网格的自动捕捉。水平间隔："水平间隔："右侧的数字显示框用于显示和设置布局页面中网格的水平间隔大小。单位：0.1mm。垂直间隔："垂直间隔："右侧的数字显示框用于显示和设置布局页面中网格的垂直间隔大小。单位：0.1mm。

当布局窗口中的文本对象较多时，可能会出现相互压盖现象。"文本对象压盖显示"复选框用于控制是否显示布局窗口中压盖的文本对象，默认为不勾选该复选框。若不勾选"文本对象压盖显示"复选框，则系统会根据文本对象在布局窗口中的压盖情况，自动过滤掉后输入的文本对象，从而避免压盖现象出现。若勾选"文本对象压盖显示"复选框，则当布局窗口中文本对象出现压盖现象时，不进行过滤，显示全部文本对象。

2. 设置布局页面

通过"布局"选项卡的"页面设置"组，对布局窗口进行各种页面设置，包括：布局页面的纸张方向、大小、页边距设置等。

8.3.3 绘制布局元素

1. 绘制地图元素

"对象操作"选项卡的"对象绘制"组，组织了在布局窗口中绘制地图，以及比例尺、图例、指北针等地图元素的功能。

绘制地图的操作如下：

（1）单击"地图"下拉按钮，在弹出的下拉菜单中选择相应填充形状对应的按钮，鼠标在当前布局窗口中的状态变为 。用户也可以单击下拉列表中其他类型填充形状对应的按钮，即可以选中的填充形状绘制地图。

（2）在待绘制地图的位置，单击并拖拽鼠标，即可按照绘制矩形的方式在当前布局窗口中绘制一个用于填充地图的矩形框。

（3）图形绘制完成后，此时会弹出"选择填充地图"对话框，如图8-23所示，要求用户选择一幅地图。

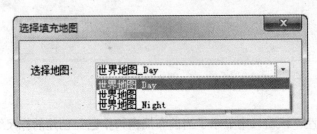

图 8-23

（4）用户可以单击"选择地图："标签右侧的下拉按钮，在弹出的下拉列表中选择当前工作空间中已经存在的某个地图进行填充。

（5）单击"确认"按钮后，即可按矩形填充方式绘制所选地图。

（6）修改地图的属性：双击待修改属性的地图对象；或者选中地图对象，单击右键，在弹出的右键菜单中选择"属性"项，即可弹出"属性"窗口，如图8-24所示。

指定关联地图："属性"窗口中的"地图"标签右侧的下拉按钮用于显示和设置当前填充框的关联地图。单击该标签右侧的下拉按钮，即可在下拉菜单中选择当前工作空间中存在的任何一幅地图作为当前填充框的关联地图。选择任何一幅地图作为当前填充框的关联地图后，填充框显示的地图也会相应变为指定的地图。

比例尺：布局中的当前地图的显示比例尺。用户可以根据显示的需要，设置合适的比例尺。设置完成后，单击"锁定地图"，即可显示为设置的比例尺大小。

角度：可以通过指定一定的角度，对布局中的当前地图进行旋转。设置完成后，单击"锁定地图"，即可将地图按照指定角度进行旋转。

外接矩形：该区域用于显示当前地图外接矩形的覆盖范围。"上"、"下"、"左"、"右" 4个标签右侧的文本框只用于显示指北针外接矩形的范围值，不能进行设置。当地图的位置移动或大小改变时，这4个标签右侧的文本框中的数值也发生相应变化。

网格设置："显示网格"复选框用于控制是否显示布局中的地图网格。当勾选"显示网格"复选框后，布局中的地图会出现均匀大小的网格。单击右侧的"设置…"按钮，在弹出的对话框内可以对地图对象网格的相关属性进行设置。

边框设置：与地图对象关联的"属性"窗口可以用于设置地图边框的属性。

绘制比例尺的操作如下：

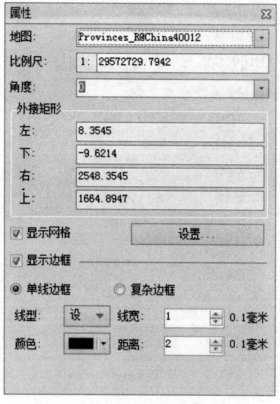

图 8-24

（1）选中布局窗口中的一个需要绘制比例尺的地图。

（2）单击"对象操作"选项卡中"对象绘制"组的"比例尺"按钮，鼠标在当前布局窗口中的状态变为十 。

（3）在当前布局窗口中需要绘制比例尺的位置，单击并拖拽鼠标，即可基于选中地图的属性绘制该地图的比例尺。

（4）修改比例尺的属性：双击待修改属性的比例尺对象；或者选中比例尺对象，单击右键，在弹出的右键菜单中选择"属性"项，即可弹出"属性"窗口。与比例尺对象关联的"属性"窗口用于设置比例尺的类型、单位、小节宽度、小节个数、左分个数、字体风格等各项参数。在该"属性"窗口中的各项参数设置都会实时反映到当前布局窗口中，即实现所见即所得。如图 8-25 所示。

地图名称： 该标签右侧的文本框用于显示当前比例尺关联的地图的名称。

比例尺类型： 该标签右侧的组合框用于设置并显示当前地图的比例尺类型。用户可以单击该组合框右侧的下拉按钮，在弹出的下拉菜单中选择一种比例尺类型，在布局窗口中当前地图关联的比例尺将根据选择的比例尺类型实时显示。

比例尺单位： 该标签右侧的组合框用于设置并显示当前地图比例尺的单位。用户可以单击该组合框右侧的下拉按钮，在弹出的下拉菜单中选择一种比例尺单位，设置为当前地

129

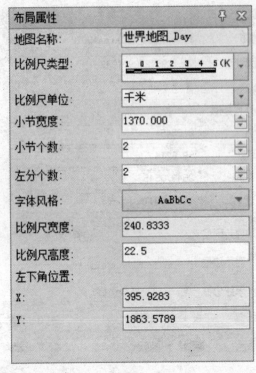

图 8-25

图关联的比例尺的单位。系统提供了毫米，厘米，分米，米，千米，英寸，英尺，英里和码，共 9 种单位。

小节宽度： 该数字显示框用于设置并显示当前地图比例尺中各小节的宽度。

小节个数： 该数字显示框用于设置并显示当前地图比例尺的小节的总数目。

左分个数： 该数字显示框用于设置并显示当前地图比例尺中最左边的一个小节平均分等的数目。系统默认左分个数至少为 2。

字体风格： 单击该标签右侧的下拉按钮，弹出字体风格设置的下拉对话框，用户可以在该对话框中设置当前比例尺中标注字体的风格。

比例尺宽度： 用于设置当前比例尺的总宽度。

比例尺高度： 用于设置当前比例尺的高度。

左下角位置： 用于显示当前比例尺左下角点的坐标值。X，Y 标签右侧的文本框只用于显示比例尺左下角点的坐标值，不能进行设置。鼠标选中比例尺，在布局窗口中移动其位置时，此处 X，Y 标签右侧的文本框中显示的坐标值也相应改变。

绘制图例的操作如下：

（1）选中布局窗口中的一个需要绘制图例的地图。

（2）单击"对象操作"选项卡中"对象绘制"组的"图例"按钮，鼠标在当前布局窗口中的状态变为 ⁺。

130

（3）在当前布局窗口中需要绘制图例的位置，单击并拖拽鼠标，即可基于选中地图的属性绘制该地图的图例。

（4）修改图例的属性：双击待修改属性的图例对象；或者选中图例对象，单击右键，在弹出的右键菜单中选择"属性"项，即可弹出"属性"窗口。与图例对象关联的"属性"窗口用于设置图例的标题及其风格、图例列数、图例宽度与长度、填充颜色、图例边框间距等各项参数。在该"属性"窗口中的各项参数设置都会实时反映到当前布局窗口中，即实现所见即所得。如图8-26所示。

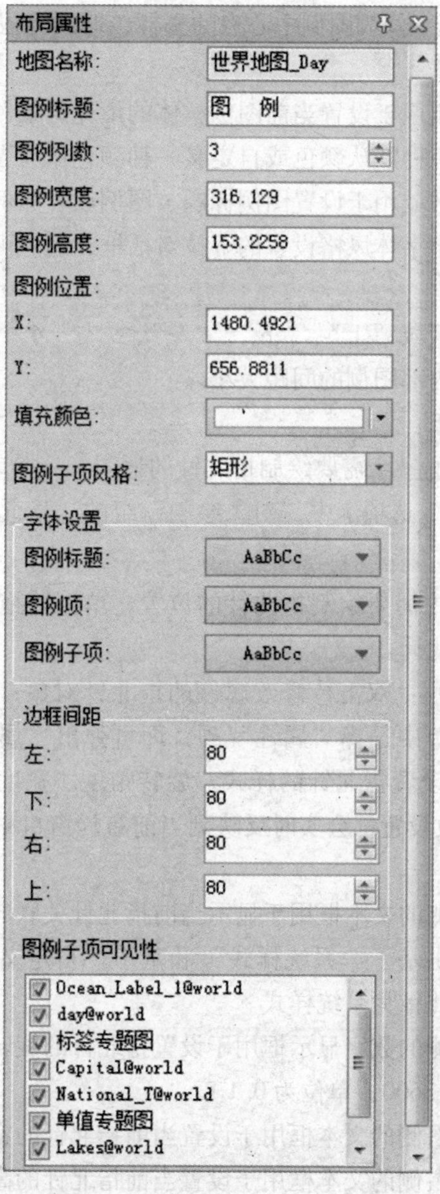

布局属性	⊕ ✕
地图名称：	世界地图_Day
图例标题：	图　例
图例列数：	3
图例宽度：	316.129
图例高度：	153.2258
图例位置：	
X：	1480.4921
Y：	656.8811
填充颜色：	
图例子项风格：	矩形

字体设置
图例标题：	AaBbCc ▼
图例项：	AaBbCc ▼
图例子项：	AaBbCc ▼

边框间距
左：	80
下：	80
右：	80
上：	80

图例子项可见性
- ☑ Ocean_Label_1@world
- ☑ day@world
- ☑ 标签专题图
- ☑ Capital@world
- ☑ National_T@world
- ☑ 单值专题图
- ☑ Lakes@world

图 8-26

地图名称： 该标签右侧的文本框用于显示当前图例关联的地图的名称。

图例标题： 该标签右侧的文本框用于设置并显示当前图例的名称，默认为"图例"。

图例列数： 该标签右侧的数字显示框用于设置并显示当前图例的列数，默认为3。

图例宽度： 该标签右侧的文本框用于设置当前图例的整体宽度。

图例高度： 该标签右侧的文本框用于设置当前图例的整体高度。

图例位置： 用于显示当前图例中心点的坐标值。X，Y 标签右侧的文本框可以用于显示图例中心点的坐标值，也可以对图例中心点显示位置进行设置。鼠标选中图例，在布局窗口中移动其位置，此处 X，Y 标签右侧的文本框中显示的坐标值也相应改变；或者直接在 X，Y 标签右侧的文本框中修改图例中心点的坐标，修改完成即可以看到图例已经移至布局中指定的位置。

填充颜色： 该下拉按钮用于设置当前图例整体的填充背景色。单击该按钮，用户可以在弹出的颜色面板中选择一种默认颜色或自定义一种颜色作为当前图例的背景色。

字体设置： 字体设置区域用于设置图例标题、图例项、图例子项的字体风格。单击相应项右侧的下拉按钮，弹出字体风格设置的下拉对话框，用户可以在相应对话框中设置当前图例中标注的字体风格。

边框间距： 边框间距区域"上"、"下"、"左"、"右"4个标签右侧的数字显示框用于设置当前图例的边框与内部图例的间距大小。

绘制指北针的操作如下：

（1）选中布局窗口中的一个需要绘制指北针的地图。

（2）单击"对象操作"选项卡中"对象绘制"组的"指北针"按钮，鼠标在当前布局窗口中的状态变为十。

（3）在当前布局窗口中需要绘制指北针的位置，单击并拖拽鼠标，即可基于选中地图的属性绘制该地图的指北针。

（4）修改指北针的属性：双击待修改属性的指北针对象；或者选中指北针对象，单击右键，在弹出的右键菜单中选择"属性"项，即可弹出"属性"窗口。与指北针对象关联的"属性"窗口用于设置指北针的样式、旋转角度、宽度、高度等各项参数。在该"属性"窗口中的各项参数设置都会实时反映到当前布局窗口中，即实现所见即所得。如图8-27所示。

地图名称： 该标签右侧的文本框用于显示当前指北针关联的地图的名称。

指北针样式： 系统提供基于"系统样式"和基于"自定义图片"两种方式设置指北针的样式。默认生成的指北针为系统样式。

旋转角度： 该标签右侧的数字显示框用于设置指北针的旋转角度。旋转角度以逆时针为正，取值范围为-3600~3600，单位为0.1度。

指北针宽度： 该标签右侧的文本框用于设置当前指北针的宽度值。

指北针高度： 该标签右侧的文本框用于设置当前指北针的高度值。

外接矩形： 该区域用于显示当前指北针外接矩形的覆盖范围。"上"、"下"、"左"、"右"4个标签右侧的文本框只用于显示指北针外接矩形的范围值，不能进行设置。当指

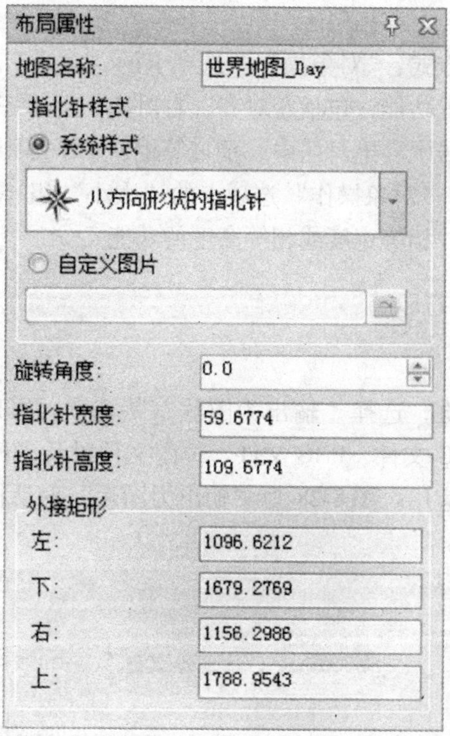

图 8-27

北针的位置移动或大小改变时，这4个标签右侧的文本框中的数值也发生相应变化。

2. 绘制几何对象和文本

点、线、面和文本对象的绘制方法可以参阅本书第5章5.1节中创建对象的具体内容，在此不再赘述。

8.3.4 调整布局元素的分布

"对象操作"选项卡提供了在布局窗口中设置布局元素排列方式的功能，包括：布局元素的组合与拆分、对齐、居中等。"对象操作"选项卡是上下文选项卡，与布局窗口绑定。只有当应用程序中当前活动的窗口为布局窗口时，该选项卡才会出现在功能区上。

"对象操作"选项卡中"组合"组中的"组合"按钮用于将布局窗口中的两个或多个布局元素组合成一个布局对象。选中布局窗口中的两个或多个布局元素，单击"组合"按钮，即将选中的所有布局元素组合为一个布局对象。"拆分"按钮用于将布局窗口中的一个组合布局对象拆分为单个布局元素。选中布局窗口中的一个组合布局对象，单击"拆分"按钮，即将选中的组合布局元素拆分为单个布局元素。

调整布局元素的叠加顺序："对象操作"选项卡的"对象顺序"组，组织了在布局窗口中设置布局元素叠加顺序的功能，包括：置顶、置底、上移一层、下移一层4种方式。

选中布局元素，分别单击置顶、置底、上移一层、下移一层按钮，即将选中的布局元素置于顶层、底层、上移一层、下移一层。

调整布局元素的对齐方式："对象操作"选项卡的"对齐"组，组织了在布局窗口进行布局元素对齐排列的设置功能，包括左对齐、右对齐、上对齐、下对齐、左右居中、上下居中、纵向居中、横向居中、绝对居中、垂直等距、水平等距和绝对等距。

调整布局元素的大小："对象操作"选项卡的"大小"组，组织了将布局窗口中选中的布局元素设置相等大小、相等宽度或相等高度的功能。

8.3.5 布局的输出和打印

1. 布局输出为图片

在布局窗口中单击右键，选择"输出为图片…"选项，可以将制作好的布局转换成通用的图片格式（诸如 JPG 文件、PNG 文件、位图文件以及 TIFF 影像数据等格式）进行输出，便于在其他环境中应用。图 8-28 为"输出为图片"对话框。

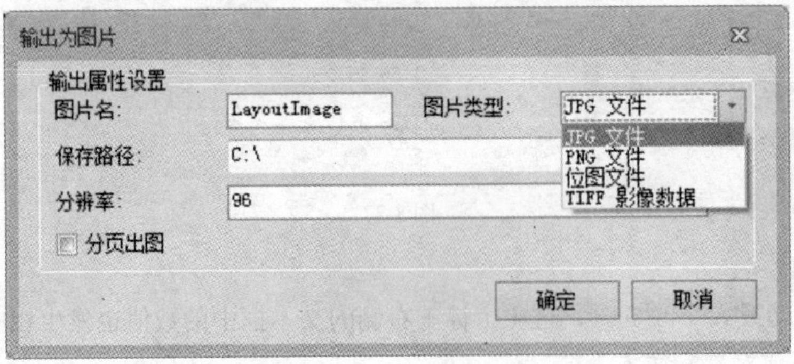

图 8-28

用户可以在该对话框中对输出图片的属性进行设置，包括输出的图片的名称、图片类型、保存路径、DPI 以及是否分页输出等。设置完成后，点击"输出为图片"对话框中的"确定"按钮即可。

2. 打印布局

通过"布局"选项卡中"文件操作"组的"打印"下拉按钮，可以预览并打印当前布局窗口中布局页面中显示的所有内容。如图 8-29 所示为"打印"对话框，在该对话框中选择打印机并对其进行设置。

单击"打印"对话框中的"页面设置"按钮，弹出"打印页面设置"对话框，如图 8-30 所示。"打印页面设置"对话框中可以设置根据需要选择合适的纸张大小、纸张方向、页边距、采用当前页面设置等参数。

设置完成后单击"确定"按钮，完成操作。

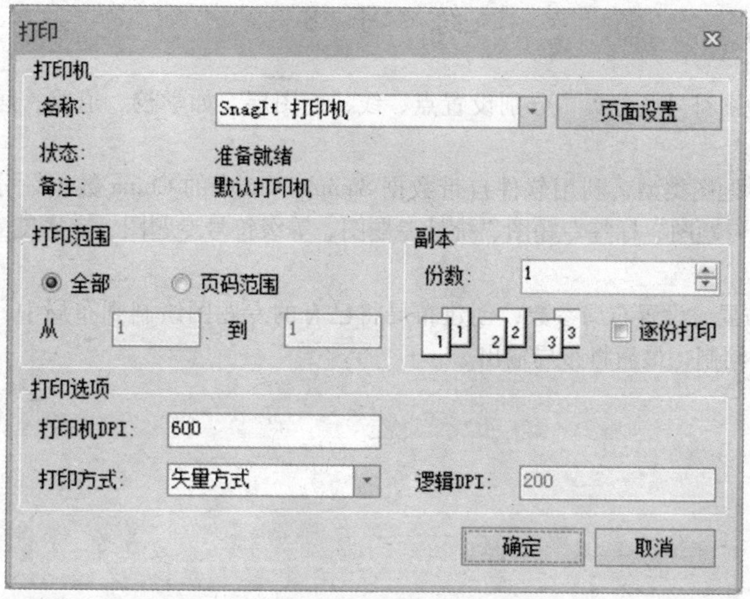
打印
打印机
名称:
SnagIt 打印机
页面设置
状态:
准备就绪
备注:
默认打印机
打印范围
全部
页码范围
从
1
到
1
副本
份数:
1
逐份打印
打印选项
打印机DPI:
600
打印方式:
矢量方式
逻辑DPI:
200
确定
取消

图 8-29

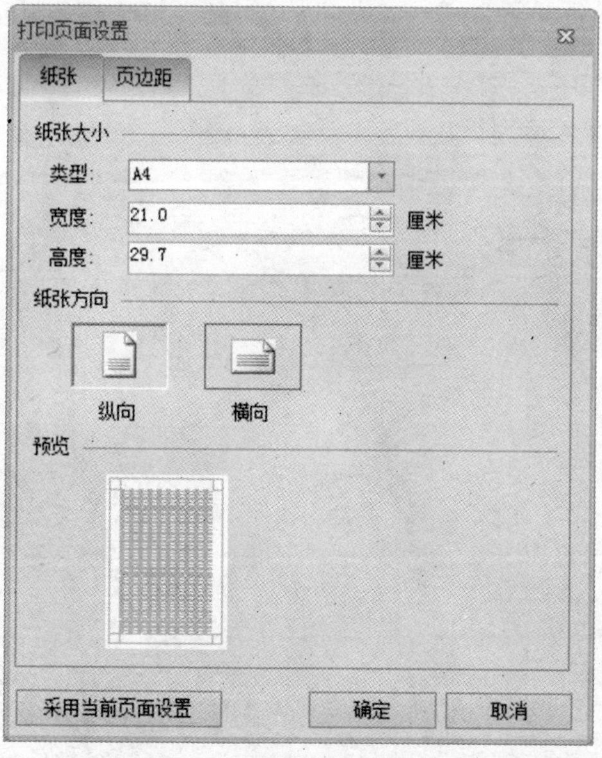
打印页面设置
纸张
页边距
纸张大小
类型:
A4
宽度:
21.0
厘米
高度:
29.7
厘米
纸张方向
纵向
横向
预览
采用当前页面设置
确定
取消

图 8-30

练 习 8

1. 了解地图符号及分类，分别设置点、线、面图层，如学校、道路、居民地图层的风格。

2. 了解专题图类型，利用软件自带数据 SampleData 中的 China 数据，分别制作单值专题图、分段专题图、标签专题图、统计专题图、等级符号专题图、点密度专题图和自定义专题图。

3. 了解布局，设置布局参数，创建布局将已有的专题图绘制到布局中，并进行比例尺、图例等的绘制，最后将布局输出。

第9章 矢量数据的空间分析

空间分析是综合分析空间数据技术的统称，是地理信息系统的核心部分，在地理数据的应用中发挥着举足轻重的作用。从数据模型上看，空间分析分为矢量数据的空间分析和栅格数据的空间分析两种，GIS 不仅能满足使用者对地图的浏览与查看，而且可以解决诸如哪里最近、周围有什么等有关地理要素位置和属性的问题，这些都需要用到矢量数据的分析功能。相对于栅格数据的空间分析来说，矢量数据的空间分析一般不存在模式化的处理方法，而表现为分析方法的多样性和复杂性，该方法主要基于点、线、面三种基本形式。在 SuperMap 中，矢量数据的空间分析方法主要有缓冲区分析和叠加分析，本章将对这两种方法进行详细介绍。

9.1 缓冲区分析

9.1.1 缓冲区分析概述

缓冲区是为了识别某一地理实体对周围地物的影响而在其周围建立的一定宽度多边形区域。缓冲区分析（Buffer）是用来确定不同地理要素的空间邻近性或接近程度的一种分析方法。作为 GIS 的空间分析功能之一，缓冲区分析的应用非常广泛。例如，在城市规划管理中对某条道路进行扩建，道路两边均匀扩建 30m 宽，需要计算道路两旁房屋拆迁费用。这时可以通过对道路建立 30m 的缓冲区，再查询落入这个区域的房屋即可；在工厂选址应用中，工厂需要建设在距离道路 200m，距离河流 500m，距离矿产 50m 的地方，就可分别对道路、河流和矿产分布区制作缓冲区，这些缓冲区的交集部分就是工厂选址的候选地点。

根据缓冲对象的几何形态可划分为点、线和多边形实体的缓冲区分析。在 SuperMap GIS 桌面产品中，用户除了可以为单个对象建立缓冲区分析外，还可以为一组对象或整个数据集创建缓冲区。并且可以为对象生成单重缓冲区或多重缓冲区。

9.1.2 生成单重缓冲区

单重缓冲区是指在点、线、面实体周围自动建立的一定宽度的多边形。生成的缓冲区结果可以继续参与后面的分析操作。

对于点、线、面三种对象，其单重缓冲区如表 9-1 所示。

生成单重缓冲区的操作步骤如下：

（1）在"分析"选项卡上的"矢量分析"组中，单击"缓冲区"按钮，在弹出的下拉菜单中选择"缓冲区"项，弹出"生成缓冲区"对话框。如图 9-1 所示。

表 9-1 　　　　　　　　　　　　　　　　单重缓冲区

类　型	图　示	含　义
点缓冲区分析		为点对象创建缓冲区。比如，对两个广播发射站分别创建缓冲区，可以分析这两个发射站发射的信号能覆盖的居民区范围，以及都能覆盖的区域范围。
线缓冲区分析		为线对象创建缓冲区。比如，某相邻的两条街道需要扩建20m，对它们创建一个缓冲区，结合综合查询可以分析到街道拓宽之后街道两旁需要拆迁的楼房。
面缓冲区分析		为面对象创建缓冲区。比如，对河流、湖泊创建缓冲区，分析洪水最容易泛滥的区域。

（2）选择需要生成缓冲区的数据的类型。可以对点、面数据集或者线数据集生成缓冲区。对线数据生成缓冲区时需要设置缓冲类型，可以是圆头缓冲或者平头缓冲，而对点、面数据生成缓冲区时则不需要，默认为圆头缓冲。所以，在对线数据生成缓冲区时，"生成缓冲区"对话框中会多出一些选项。下面以对线数据生成缓冲区为例，对"生成缓冲区"对话框中的参数予以说明。

（3）设置缓冲数据。

数据源：选择要生成缓冲区的数据集所在的数据源。

数据集：选择要生成缓冲区的数据集。

只针对被选中对象进行缓冲操作：在选中某一数据集中的对象情况下，"只针对被选中对象进行缓冲操作"前面的复选框可用。勾选该项，表示只对选中的对象生成缓冲区，同时不能设置数据源和数据集；取消勾选该项，表示对该数据集下的所有对象进行生成缓冲区的操作，可以更改生成缓冲区的数据源和数据集。

（4）设置缓冲类型。缓冲类型的不同，需要设置的参数也不大相同。

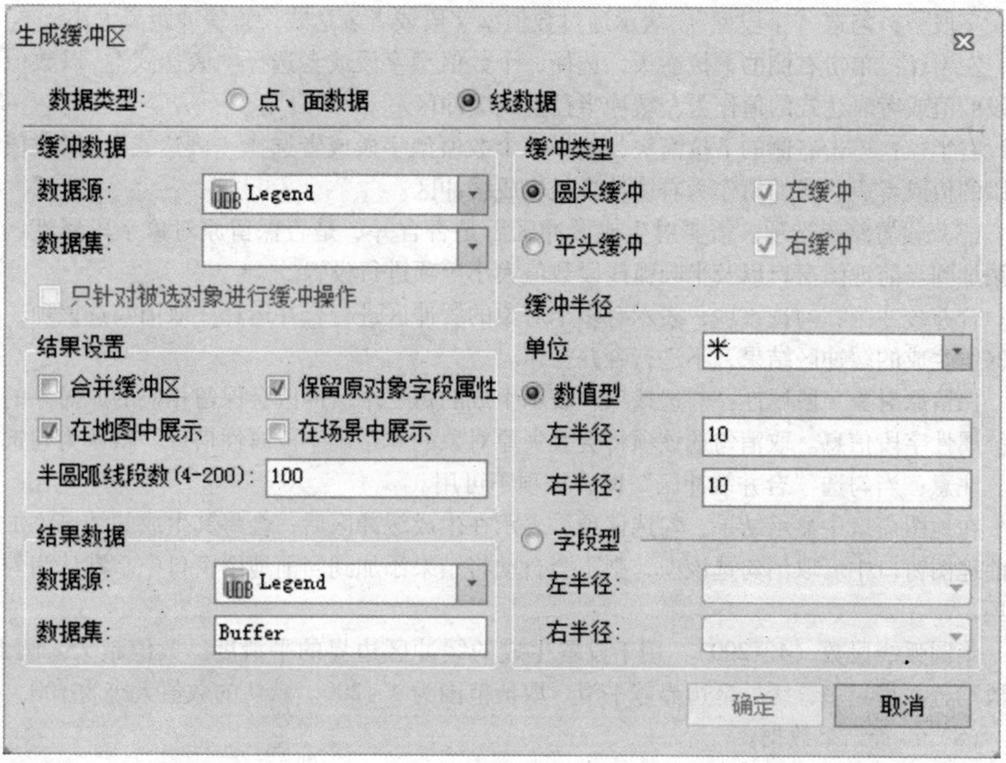

图 9-1

圆头缓冲：在线的两边按照缓冲距离绘制平行线，并在线的端点处以缓冲距离为半径绘制半圆，连接生成缓冲区域。默认缓冲类型为圆头缓冲。

平头缓冲：生成缓冲区时，以线数据的相邻节点间的线段为一个矩形边，以左半径或者右半径为矩形的另外一边，生成形状为矩形的缓冲区域。

线数据在生成平头缓冲时，可以生成左右缓冲距离不等的缓冲区，或者生成单边的缓冲区。

左缓冲：对线数据的左边区域生成缓冲区。

右缓冲：对线数据的右边区域生成缓冲区。

只有同时勾选"左缓冲"和"右缓冲"两项，才会对线数据生成两边缓冲区。默认为同时生成左缓冲和右缓冲。

（5）设置缓冲单位。缓冲距离的单位，可以为毫米、厘米、分米、米、千米、英寸、英尺、英里、度、码等。

（6）选择缓冲距离的指定方式。

数值型：勾选"数值型"，表示通过输入数值的方式设置缓冲距离大小。输入的数值为双精度型数字，小数点位数 10 位。最大值为 1.79769313486232E＋308，最小值为－1.79769313486232E＋308。如果输入的值不在以上范围内，会提示超出小数位数。

左半径：在"左半径"标签右侧的文本框中输入左边缓冲半径的数值大小。

139

右半径：在"右半径"标签右侧的文本框中输入右边缓冲半径的数值大小。

字段型：勾选"字段型"，表示通过数值型字段或者表达式设置缓冲距离大小。

左半径：单击右侧的下拉箭头，选择一个数值型字段或者选择"表达式"，以数值型字段的值或者表达式的值作为左缓冲半径生成缓冲区。

右半径：单击右侧的下拉箭头，选择一个数值型字段或者选择"表达式"，以数值型字段的值或者表达式的值作为右缓冲半径生成缓冲区。

（7）设置结果选项。需要对生成缓冲区后是否合并、是否保留原对象字段属性、是否添加到当前地图窗口以及半圆弧线段数值大小等项进行设置。

合并缓冲区：勾选该项，表示对多个对象的缓冲区进行合并运算。取消勾选该项，表示保留生成的缓冲区结果，不进行合并操作。

保留原对象字段属性：勾选该项，表示生成的每一个缓冲区会保留相应的原对象的非系统属性字段信息。取消勾选该项将会丢失原对象的非系统字段属性信息。默认为勾选该项。注意：当勾选"合并缓冲区"时，该项不可用。

在地图窗口中显示结果：勾选该项，表示在生成缓冲区后，会将其生成的结果添加到当前地图窗口中。取消勾选该项，则不会自动将结果添加到当前地图窗口中。默认为勾选该项。

半圆弧线段数（4~200）：用于设置生成的缓冲区边界的平滑度。数值越大，圆弧、弧段均分数目越多，缓冲区边界越平滑。取值范围为4~200。默认的数值大小为100。

（8）设置结果数据。

数据源：选择生成的缓冲区结果要保存的数据源。

数据集：输入生成的缓冲区结果要保存的数据集名称。如果输入的数据集名称已经存在，则会提示数据集名称非法，需要重新输入。

（9）设置好以上参数后，点击"确定"按钮，执行生成缓冲区的操作。

9.1.3　生成多重缓冲区

多重缓冲区是指在几何对象周围的指定距离内创建多个缓冲区。生成的缓冲区结果可以继续参与后面的分析操作。

对于点、线、面三种对象，其多重缓冲区如表9-2所示。

表9-2　　　　　　　　　　　　　多重缓冲区

类　型	图　示	含　义
点多重缓冲区分析		为点对象创建多重缓冲区。比如，分析污染源由近及远扩散的区域范围

140

类 型	图 示	含 义
线多重缓冲区分析	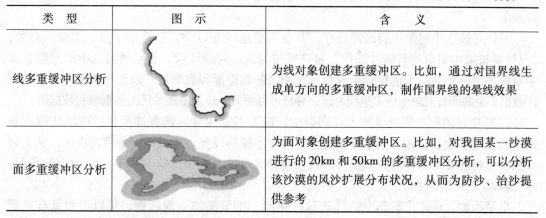	为线对象创建多重缓冲区。比如，通过对国界线生成单方向的多重缓冲区，制作国界线的晕线效果
面多重缓冲区分析		为面对象创建多重缓冲区。比如，对我国某一沙漠进行的20km和50km的多重缓冲区分析，可以分析该沙漠的风沙扩展分布状况，从而为防沙、治沙提供参考

生成多重缓冲区的操作步骤如下：

（1）在"分析"选项卡上的"矢量分析"组中，单击"缓冲区"按钮，在弹出的下拉菜单中选择"多重缓冲区"项，弹出"生成多重缓冲区"对话框。如图9-2所示。

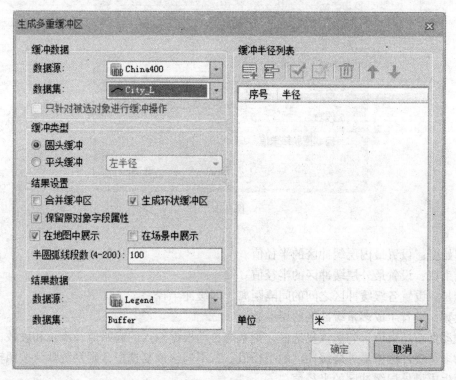

图9-2

（2）设置缓冲数据。

数据源：选择要生成多重缓冲区的数据集所在的数据源。

数据集：系统支持对点、线、面数据生成多重缓冲区，故"数据集"下拉列表中，

141

显示出所选择数据源中的所有点、线、面数据集。此处，选择一个需要生成多重缓冲区的数据集。

只针对被选中对象进行缓冲操作：若在当前地图窗口中，已选中了点、线或面对象，"只针对被选中对象进行缓冲操作"复选框被勾选。勾选该项，表示只对选中的对象生成多重缓冲区，此时，不能设置生成多重缓冲区的数据源和数据集；取消勾选该项，表示对该数据集中的所有对象生成多重缓冲区，并且可以更改生成多重缓冲区的数据源和数据集。

（3）在对话框右侧的缓冲半径列表中，设置多重缓冲区的缓冲半径。可以使用工具条中的批量添加、插入、删除等按钮进行缓冲半径的设置。在缓冲区半径列表中，从上到下依次排列的缓冲半径对应多重缓冲区。缓冲区半径列表中，单击"半径"列中的数值，即可修改缓冲半径。

批量添加：单击工具条中的 ![icon] 按钮，弹出"批量添加"对话框，可以设置具有一定递增/递减规则的缓冲半径值，各级缓冲半径都是以缓冲对象为基准生成缓冲区。系统默认为创建 10~30m 的间隔为 10m 的缓冲区。已添加的缓冲半径值会依次显示在缓冲半径列表中。如图9-3所示。

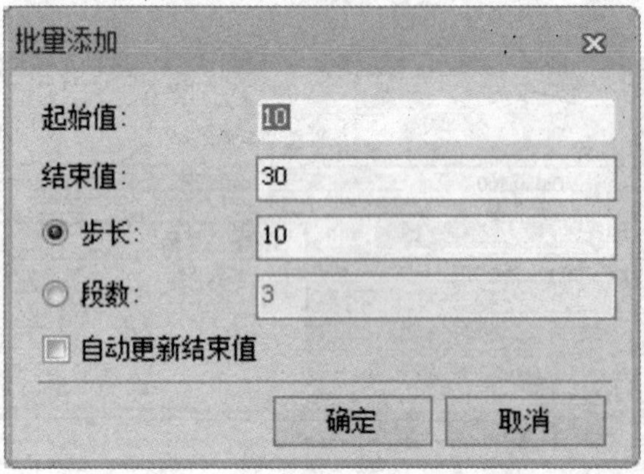

图 9-3

起始值：设置最内层缓冲区的半径值。

结束值：设置最外层缓冲区的半径值。

步长：设置各级缓冲区之间的间隔距离，即缓冲半径差。

段数：设置生成多重缓冲区的层级数。

自动更新结束值：勾选该复选框，则系统自动根据输入的起始值、步长和段数，计算生成的多重缓冲区中最外层缓冲区的半径值。若不勾选该复选框，则系统默认按照输入的结束值生成最外层缓冲区的半径值。

（4）单击"单位"标签右侧的下拉按钮，设置缓冲半径的单位。可供选择的缓冲半径单位包括：毫米、厘米、分米、米、千米、英寸、英尺、英里、度、码等。

（5）设置多重缓冲区的缓冲类型。若对线对象生成缓冲区，缓冲类型区域中的参数设置为可用状态，可以设置对线对象生成多重缓冲区的类型。

圆头缓冲：生成多重缓冲区时，在线的两边按照缓冲距离绘制平行线，并在线的端点

142

处以缓冲距离为半径绘制半圆，连接生成缓冲区域。默认缓冲类型为圆头缓冲。

平头缓冲：生成多重缓冲区时，以线对象的相邻节点间的线段为一个矩形边，以左半径或者右半径为矩形的另外一边，生成形状为矩形的缓冲区域。线数据在生成平头缓冲时，可以生成单个方向的多重缓冲区。

左半径：基于缓冲半径在线数据的左边区域生成多重缓冲区。

右半径：基于缓冲半径在线数据的右边区域生成多重缓冲区。

（6）设置结果选项。在结果设置区域，设置生成的多重缓冲区是否合并、是否保留原对象字段属性、是否添加到当前地图窗口以及半圆弧线段数值大小等。

合并缓冲区：勾选该项，表示对缓冲半径相同的缓冲区进行合并运算。取消勾选该项，表示保留生成的缓冲区结果，不进行合并操作。

保留原对象字段属性：勾选该项，表示生成的每一个缓冲区会保留相应的原对象的非系统属性字段信息。取消勾选该项将会丢失原对象的非系统字段属性信息。默认为勾选该项。注意：当勾选"合并缓冲区"时，该项不可用。

生成环状缓冲区：勾选该项，表示生成多重缓冲区时外圈缓冲区是以环状区域与内圈数据相邻的。取消勾选该项后的外围缓冲区是一个包含了内圈数据的区域。默认为勾选该项。

在地图窗口中显示结果：勾选该项，表示生成多重缓冲区后，会将缓冲分析结果添加到当前地图窗口中。取消勾选该项，则不会自动将缓冲分析结果添加到当前地图窗口中。默认为勾选该项。

半圆弧线段数（4~200）：用于设置生成的缓冲区边界的平滑度。数值越大，圆弧/弧段均分数目越多，缓冲区边界越平滑。取值范围为 4~200。默认的数值为 100。

（7）设置结果数据。

数据源：选择生成的多重缓冲区结果要保存的数据源。

数据集：输入生成的多重缓冲区结果要保存的数据集名称。如果输入的数据集名称已经存在，则会提示数据集名称非法，需要重新输入。

（8）设置完以上参数后，单击"确定"按钮，执行生成多重缓冲区的操作。

9.2 叠加分析

9.2.1 叠加分析概述

叠加分析是地理信息系统提取空间隐含信息常用的手段之一，该方法是在统一的空间参考系统下，通过对不同的数据进行一系列的集合运算，产生新数据的过程。叠加分析的目的是在空间位置上分析具有一定关联的空间对象的空间特征和专属属性之间的相互关系。叠加分析不仅可以产生新的空间关系，还可以产生新的属性特征关系，发展多层数据间的差异、联系和变化等特征。从运算角度看，叠加分析涉及逻辑交、逻辑并、逻辑差、异或的运算，为了讨论方便，此处将欧几里得空间图层 A，B，C 定义为二值图像，如表 9-3 所示介绍了图层布尔逻辑运算的性质与定律。

表 9-3 　　　　　　　　　　　　　　　图层布尔逻辑运算的性质与定律

逻辑运算	定　义	性　　质	说　明
包含	若 $x \in A$, 有 $x \in B$, 则称 A 为 B 的子图像或 B 包含 A, 记为 $A \subseteq B$。	(1) $A \subseteq A$ (2) $A \subseteq B$, $B \subseteq C \Rightarrow A \subseteq C$ (3) $A \subseteq B$, $B \subseteq A \Rightarrow A = B$	若 $A \subseteq B$, $A \neq B$, 称 A 为 B 的真子图像 $A \subset B$。我们用 Ω 表示一图像, ϕ 表示空图像
交	A 与 B 的交定义为 $A \cap B = \{x \mid x \in A$ 且 $x \in B\}$	(1) $A \cap A = A$ (2) $A \cap \phi = \phi$ (3) $(A \cap B) \cap C = A \cap (B \cap C)$	若 $A \cap B = \phi$, 称 A 与 B 不相交
并（或）	A 与 B 的并（也称或）定义为 $A \cup B = \{x \mid x \in A$ 或 $x \in B\}$	(1) $A \cup A = A$ (2) $A \cup \phi = A$ (3) $(A \cup B) \cup C = A \cup (B \cup C)$	
差	A 与 B 的差定义为 $A - B = \{x \mid x \in A$, 且 $x \notin B\}$	(1) $A - \phi = A$ (2) $A - A = \phi$ (3) $(A - B) - C = A - (B \cup C)$	
异或	A 与 B 的异或定义为: $A \oplus B = \{x \mid x \in A$ 或 $x \in B$, 且 $x \notin A \cap B\}$		

如图 9-4 所示为布尔逻辑运算的包含、交、并、差、异或。

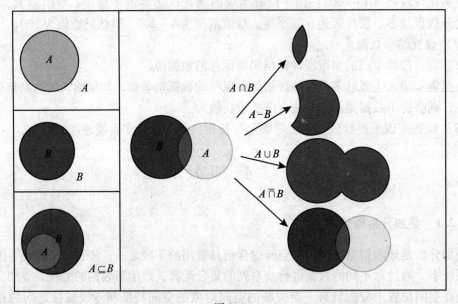

图 9-4

9.2.2　叠加分析算子介绍

SuperMap 目前提供了 7 种叠加分析的算子，分别为裁剪、合并、擦除、求交、同一、

144

对称差和更新。

1. 裁剪

裁剪是用裁剪数据集从被裁剪数据集中提取部分特征集合的运算。裁剪数据集中的多边形集合定义了裁剪区域，被裁剪数据集中凡是落在这些多边形区域外的特征要素都将被去除，而落在多边形区域内的特征要素都将被输出到结果数据集中。如图9-5所示。

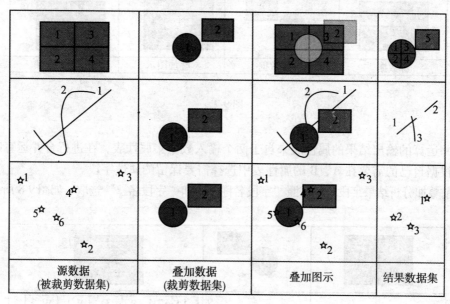

源数据 (被裁剪数据集)	叠加数据 (裁剪数据集)	叠加图示	结果数据集

图 9-5

裁剪运算的输出结果的属性表来自于被裁剪数据集的属性表，其属性表结构与被裁剪数据集结构相同，属性值中除了面积、周长、长度等需要重新计算外，其余皆保留被裁剪数据集 A 的属性值。如图9-6所示，自动添加数据集 A 中的所有字段。

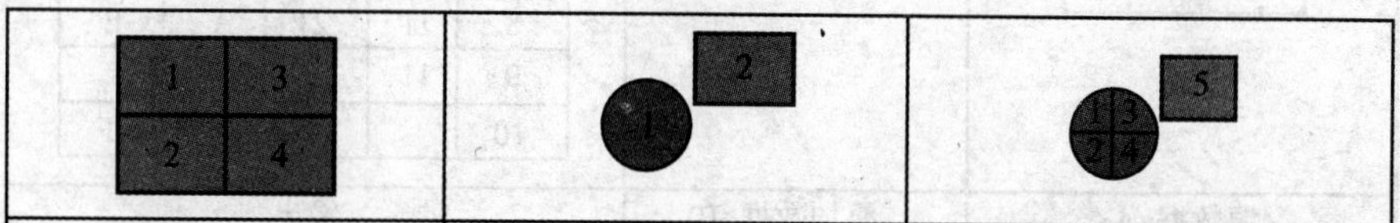

源数据 (A)

SmID	SmUserID	W
1	1	A
2	2	B
3	3	C
4	4	D

叠加数据 (B)

SmID	SmUserID	W
1	5	E
2	6	F

输出

SmID	SmUserID	W
1	1	A
2	2	B
3	3	C
4	4	D
5	3	C

图 9-6

2. 合并

合并是求两个数据集并的运算。进行合并运算后，两个面数据集在相交处多边形被分割，重建拓扑关系，且两个数据集的几何属性信息都被输出到结果数据集中。如图 9-7 所示。

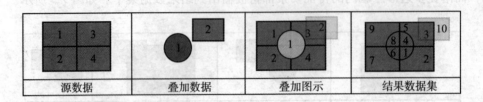

| 源数据 | 叠加数据 | 叠加图示 | 结果数据集 |

图 9-7

合并运算的输出结果的属性表来自于两个输入数据集属性表，在进行合并运算时，用户可以根据自己的需要在 A、B 的属性表中选择需要保留的属性字段。

目前叠加分析结果字段名称按照"字段名称_1"和"字段名_2"选取，如图 9-8 所示。

源数据 (A)

SmID	W	P
1	A	11
2	B	12
3	C	13
4	D	14

叠加数据 (B)

SmID	W	Q
1	E	21
2	F	22

输出

SmID	P	Q	W_1	W_2
1	14	21	D	E
2	14		D	
3	13	22	C	F
4	13	21	C	E
5	13		C	
6	12	21	B	E
7	12		B	
8	11	21	A	E
9	11		A	
10		22		F

图 9-8

3. 擦除

擦除是用来擦除掉被擦除数据集中多边形相重合部分的操作。擦除数据集中的多边形集合定义了擦除区域，被擦除数据集中凡是落在这些多边形区域内的特征要素都将被去除，而落在多边形区域外的特征要素都将被输出到结果数据集中。擦除运算与裁剪运算原理相同，只是对源数据集中保留的内容不同。如图 9-9 所示。

擦除运算的输出结果的属性表来自于被擦除数据集的属性表，其类型与被擦除数据集类型相同，如图 9-10 所示，自动添加数据集 A 属性表中的所有非系统字段。

146

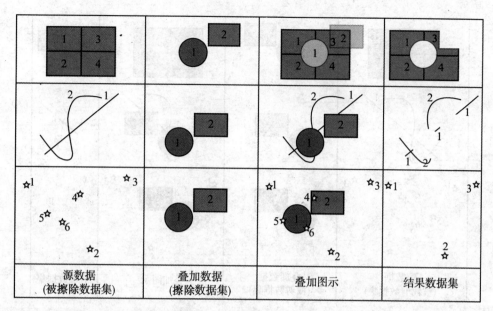

源数据 (被擦除数据集)	叠加数据 (擦除数据集)	叠加图示	结果数据集

图 9-9

源数据 (A)	叠加数据 (B)	输出

SmID	SmUserID	W
1	1	A
2	2	B
3	3	C
4	4	D

SmID	SmUserID	W
1	5	E
2	6	F

SmID	SmUserID	W
1	1	A
2	2	B
3	3	C
4	4	D

图 9-10

4. 求交

求交运算是求两个数据集的交集的操作。待求交数据集的特征对象在与交数据集中的多边形相交处被分割（点对象除外）。求交运算与裁剪运算得到的结果数据集的空间几何信息是相同的，但是裁剪运算不对属性表做任何处理，而求交运算可以让用户选择需要保留的属性字段。如图 9-11 所示。

求交结果数据集属性表除了包括自身的属性字段外，还包括待求交数据集和交数据集的所有属性字段，用户可以根据自己的需要从 A、B 数据集属性表中选择自己需要保留的字段。如图 9-12 所示。

5. 同一

同一运算结果图层范围与源数据集图层的范围相同，但是包含来自叠加数据集图层的

147

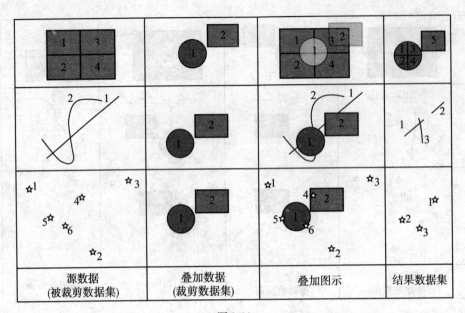

源数据 (被裁剪数据集)	叠加数据 (裁剪数据集)	叠加图示	结果数据集

图 9-11

源数据 (A)

SmlD	W	P
1	A	11
2	B	12
3	C	13
4	D	14

叠加数据 (B)

SmlD	W	Q
1	E	21
2	E	22

输出

SmlD	P	Q	W_1	W_2
1	11	21	A	E
2	12	21	B	E
3	13	21	C	E
4	14	21	D	E
5	13	22	C	F

图 9-12

几何形状和属性数据。同一运算就是源数据集与叠加数据集先求交，然后求交结果再与源数据集求并的一个运算。如果第一个数据集为点数据集，则新生成的数据集中保留第一个数据集的所有对象；如果第一个数据集为线数据集，则新生成的数据集中保留第一个数据集的所有对象，但是把与第二个数据集相交的对象在相交的地方打断；如果第一个数据集为面数据集，则结果数据集保留以源数据集为控制边界之内的所有多边形，并且把与第二个数据集相交的对象在相交的地方分割成多个对象。如图 9-13 所示。

同一运算的输出结果的属性表字段除系统字段外都来自于两个输入数据集的属性字段，用户可以根据自己的需要，从源数据集和叠加数据集的属性字段中选择字段。如图 9-14 所示。

148

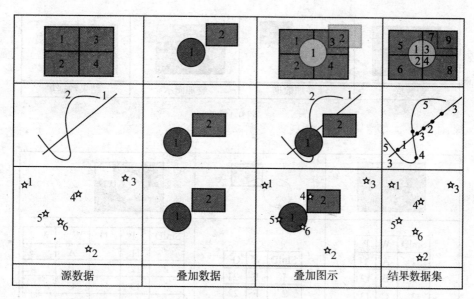

源数据	叠加数据	叠加图示	结果数据集

图 9-13

源数据 (A)	叠加数据 (B)	输出

源数据 (A):

SmID	W	P
1	A	11
2	B	12
3	C	13
4	D	14

叠加数据 (B):

SmID	W	Q
1	E	21
2	F	22

输出:

SmID	P	Q	W_1	W_2
1	11	21	A	E
2	12	21	B	E
3	13	21	C	E
4	14	21	D	E
5	11		A	
6	12		B	
7	13		C	
8	14		D	
9	13	22	C	F

图 9-14

6. 对称差

对称差运算是两个数据集的异或运算。操作的结果是，对于每一个面对象，去掉其与另一个数据集中的几何对象相交的部分，而保留剩下的部分。如图 9-15 所示。

对称差运算的输出结果的属性表包含两个输入数据集的非系统属性字段，如图 9-16 所示。

7. 更新

更新运算是用更新数据集替换与被更新数据集重合的部分，是一个先擦除后粘贴的过

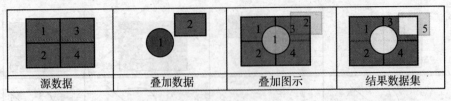

| 源数据 | 叠加数据 | 叠加图示 | 结果数据集 |

图 9-15

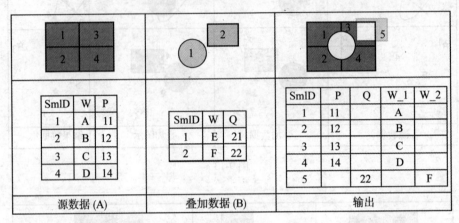

| 源数据 (A) | 叠加数据 (B) | 输出 |

源数据 (A):

SmID	W	P
1	A	11
2	B	12
3	C	13
4	D	14

叠加数据 (B):

SmID	W	Q
1	E	21
2	F	22

输出:

SmID	P	Q	W_1	W_2
1	11		A	
2	12		B	
3	13		C	
4	14		D	
5		22		F

图 9-16

程。结果数据集中保留了更新数据集的几何形状和属性信息。如图 9-17 所示。

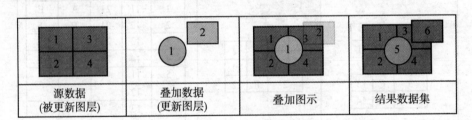

| 源数据
(被更新图层) | 叠加数据
(更新图层) | 叠加图示 | 结果数据集 |

图 9-17

更新运算输出结果的属性表如图 9-18 所示，A、B 数据集几何对象重合部分的属性值更新为 B 的属性值。

9.2.3 叠加分析操作步骤

（1）在"分析"选项卡上的"矢量分析"组中，单击"叠加分析"按钮，弹出"叠加分析"对话框，如图 9-19 所示。

（2）若要进行裁剪、合并、擦除、求交、同一、对称差或更新的叠加分析，在左侧选择对应的选项即可。

（3）在对话框的右侧对源数据、叠加数据、结果设置进行相应设置，在结果设置中单击"字段设置"按钮，从源数据集及叠加数据集中选择字段作为结果数据集的字段信

150

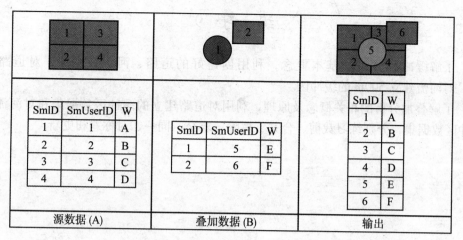

SmID	SmUserID	W
1	1	A
2	2	B
3	3	C
4	4	D

SmID	SmUserID	W
1	5	E
2	6	F

SmID	W
1	A
2	B
3	C
4	D
5	E
6	F

| 源数据 (A) | 叠加数据 (B) | 输出 |

图 9-18

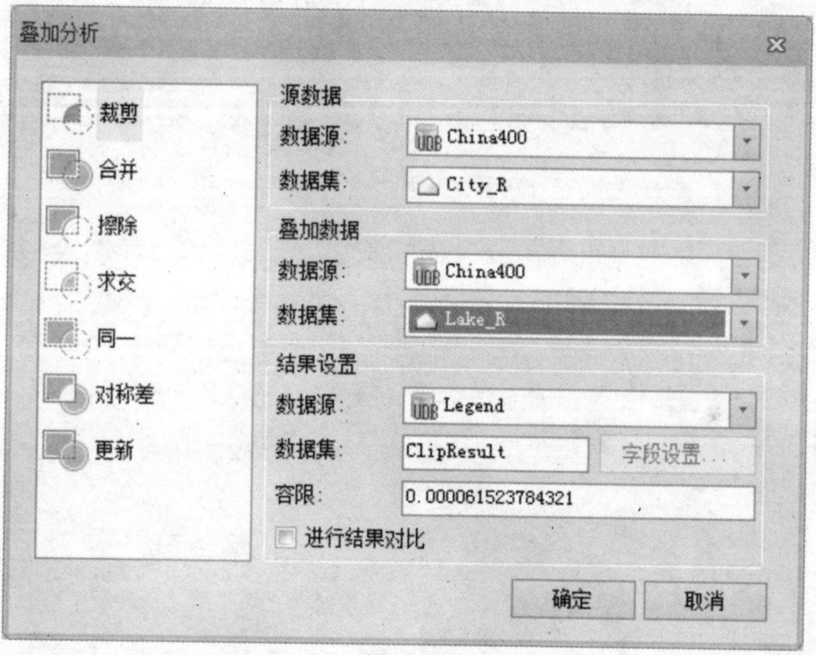

图 9-19

息。系统根据参与分析的数据集，会自动给出默认的容限值。

（4）勾选"进行结果对比"复选框，可以将源数据集、叠加数据集及结果数据集同时显示在一个新的地图窗口中，便于进行结果的比较。

（5）最后，单击"确定"按钮，完成叠加分析。

练 习 9

1. 了解缓冲区分析的基本概念，利用创建好的道路、河流数据集，对道路建立200m，对河流建立 500m 的缓冲区。

2. 了解叠加分析的相关概念及原理，利用对道路建立的缓冲区数据集和对河流建立的缓冲区数据集，分别练习裁剪、合并、擦除、求交、同一、对称差和更新。

第10章 栅格数据的空间分析

栅格数据结构简单、直观，点、线、面等地理实体采用同样的方式存储，便于快速执行叠加分析和各类空间统计分析。基于栅格数据的空间分析在 SuperMap 中占有重要地位，空间分析是 GIS 的核心和区别于其他信息系统的本质所在。本章讲述栅格数据的基础知识、栅格分析环境的设置、距离栅格分析、栅格插值、表面分析和栅格统计的基本概念和操作方法。

10.1 栅格数据的基础知识

栅格是一种简单的数据结构，使用一个大小相同紧密相邻的网格阵列来表示地物模型，数学上可以用一个矩阵来表示。遥感影像是一种典型的栅格数据。栅格的像素值表示不同类型的地物，如表示土地利用类型。栅格也可以表示地理空间连续变化的要素，如土壤元素浓度、磁场强度等。如果使用栅格来模拟地表高程，这就是我们比较熟悉的一种数字高程模型（DEM）。栅格数据模型概念简单，存储方便，利于分析处理，是 GIS 中重要的数据模型和分析计算的基础。

10.1.1 栅格数据的来源

将一个平面空间进行行和列的规则划分，形成有规律的网格，每个网格单元称为一个像元（也称为像素），栅格数据结构实际上就是像元的阵列，像元是栅格数据的最基本信息存储单元，每个像元都有给定的属性值来表示地理实体或现实世界的某种现象。SuperMap 中使用的栅格数据来源可以是数字航空相片，卫星影像，数字图片以及扫描的图片；也可以是使用 SuperMap 栅格分析的某些功能得到的分析结果，如距离图，山体阴影图等；另外，栅格数据还可以通过样点数据进行内插得到。

10.1.2 栅格数据的组成

1. 单元

单元是栅格数据的最小计量单位。每个单元是代表某个区域特定部分的方块，一个单元可以代表 $1km^2$、$1m^2$ 或者 $1cm^2$，也可以是用户想要的任何值，但必须保证其足够小以便能完成最细致的分析。栅格中的所有单元都必须是同样大小的。如图 10-1 所示。

2. 行列

栅格在 X 轴方向上的一组像素构成了一行；同样的，Y 轴方向上的一组像素构成了一列。栅格中每个像素都有唯一的行列坐标，如图 10-2 所示。

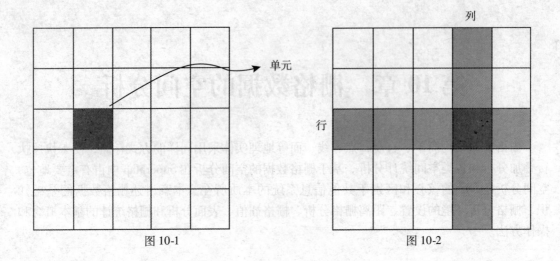

图 10-1   图 10-2

3. 值

（1）像元值

栅格中的每个像元是栅格数据的最基本的信息存储单元，其坐标位置用行号和列号确定，其实体位置关系是隐含在行列号之中的。每个像元都有一个属性值，属性值反映了整个栅格数据集中像元位置处的现象，比如卫星影像和航空相片中的光谱值反映了光在某个波段的反射率；DEM 栅格的高程值表示了平均海平面之上的地表高程，由 DEM 栅格生成的坡度图，坡向图和流域图的像元值分别代表了其坡度，坡向和流域属性；土地利用分类图中的类别值如耕地、林地、草地等；还可以是表示降水量、污染物浓度、距离等数量值。另外，像元值可以是正整数或负整数，也可以是浮点数。如上所述，离散数据一般用整数值来表示，而连续数据多用浮点数来表示。当像元值缺失时，一般用"无值"来作为像元的值。

（2）无值（NoValue）

栅格数据中的每个像元都用一个数值来表达所代表的要素或现象的特征。对于某些像元的信息缺乏或者为无意义的数据时，可以使用无值（NoValue）来表示。在栅格的分析功能中，对"无值"的处理一般有别于其他的像元值，用户也可以设置对"无值"的处理。无值一般用一个不太常用的比较特殊的数值来标识，通常将无值定义为 –9999。注意：无值数据并不等于"0"，0 是一个有效值。

无值的处理一般有三种方式：忽略无值数据，不参与运算；无值区域计算结果仍为无值；对无值数据的值进行估计。而通常对于不同的栅格操作，对无值数据的处理都有不同。例如在做栅格邻域统计时，要计算的栅格单元周围有无值数据，这时可以选择两种处理方式，可以忽略该无值数据，使用其他有效值来计算，也可以不忽略，输出结果为无值。当采取前一种方式时，计算结果不一定正确，因为被忽略的无值数据很可能就是该邻域内的最小值，或最大值。

（3）像元值的显示

像元值和像元在屏幕上的显示值是不同的。像元值代表了实际现象的属性值；而为了在计算机上显示栅格，必项赋予每个像元的灰度值或颜色值，此为像元的显示值。由于计算机以二进制记录数据，所以其量化的等级以二进制来划分，即 $2n$。若用 n 个比特（bit）来显示每个像元，则其灰度值范围可在 $0 \sim 2n-1$ 之间，如 8 比特的数据取 $2^8 = 256$ 灰度级（其值 $0 \sim 255$）；若规定用 1 比特来显示每个像元，其灰度值仅为 0 和 1，即所谓的二值图像，0 代表背景，1 代表前景。若用彩色系统来显示图像，根据色度学原理，任何一种彩色均可由红（R）、绿（G）、蓝（B）三原色按适当比例合成，若用 8 比特的 RGB 彩色坐标系来显示像元，可以显示 $2^{24} = 1677216$ 种不同的 RGB 组合。其中若 RGB 的亮度值分别为 0，0，0 产生黑色像元，若 RGB 为 255，255，255 产生白色像元，若 RGB 的亮度值相等，产生灰度值。

SuperMap 的颜色表是按照 8 比特的 RGB 彩色坐标系来显示像元的，用户可以在其中设置栅格地图的像元值显示灰度值或颜色值。根据像元的属性值来设置其显示颜色值和级别，从而形象直观地表示栅格数据反映的现象。如图 10-3 的 DEM 中，其像元的高程值在显示时被分为 16 个级别，并经每个级别设定对应的高程值，显示时会根据设置的颜色表和像元的高程值显示对应的颜色。对于在颜色表中未指定对应颜色值的高程值，系统会根据其值的大小在所设置的颜色级中的位置自动赋予其颜色值，显示出渐变的效果。如图 10-3 所示。

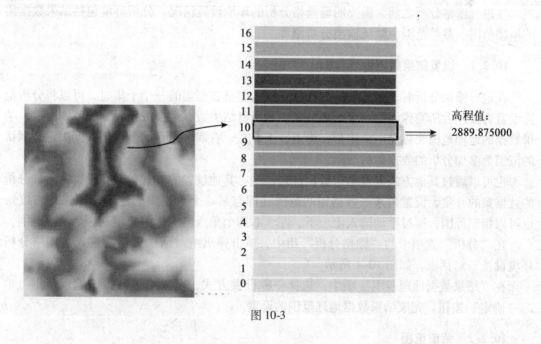

图 10-3

10.1.3 栅格数据的地理范围

GIS 中，栅格总是表示一定地理范围内的事物。栅格所代表的地理范围（Geo-Reference）可以是普通平面的坐标系，也可以是经纬度的地理坐标系。栅格的范围一般只要记录下左上角的地理坐标就足够了。栅格的范围可以通过行列数和像素尺寸来推算。栅格数据的地理范围是区别于普通图像的一个重要特点。

155

10.1.4 栅格数据的类型

对于多种来源的栅格数据，我们可以根据其对现实世界现象的描述的特点以及在 SuperMap 中的不同应用将其分成三类：

离散数据，也称为专题数据，如土地利用分类图、土壤类型图等都是典型的专题图，以及栅格形式的点、线、面要素等。

连续数据，最典型的和最常用的连续数据如高程数据，即数字高程模型（DEM）数据，其他还有如降水量数据，污染物浓度数据。

影像和数字图片，主要是指扫描的地图，绘图以及地面物体的照片等，这一类的栅格数据通常不作为栅格分析的数据源，可以作为配准或数字化的底图或要素的属性等用途。

离散数据和连续数据是 SuperMap 栅格分析的主要的数据源，也是栅格分析的结果数据的主要类型，并可以与矢量数据进行叠合显示和进行相应的分析，因而是两种重要的栅格数据类型。

10.2 栅格分析环境的设置

在进行栅格分析之前，需要明确栅格分析的环境设置情况。分析环境包括结果数据集的地理范围、裁剪范围、默认输出分辨率等。

10.2.1 设置结果数据地理范围

在进行栅格分析时，参与分析的范围是输入栅格数据集的一个子集时，可以将分析范围设置为仅包含所需像元的一个地理范围。则所有结果数据集会按照设定的范围生成。结果数据的地理范围实际是一个矩形，由上、下、左、右四个角点的坐标值共同决定。默认的范围为参加分析的数据集的交集。

也可以通过其他方式设置结果数据地理范围。其他设置的方式包括，设置为参加分析的数据集的并集，设置为某一数据集的范围（即与某一个数据集的地理范围保持一致），也可以指定范围，通过手动输入上、下、左、右四个角点的坐标值自定义一个地理范围。

在"分析"选项卡的"栅格分析"组中，单击弹出组对话框按钮，进入"栅格分析环境设置"对话框，如图 10-4 所示。

在"结果数据地理范围"项中，选择一种设置方式，设置结果数据的地理范围。单击"确定"按钮，完成结果数据地理范围的设置。

10.2.2 裁剪范围

裁剪范围定义了分析范围之内的用于栅格分析的范围。裁剪数据集必须是一个矢量数据集（必须是面数据集）。分析结果会按照裁剪数据集定义的裁剪范围提取相应的栅格范围。位于裁剪范围之外的像元在分析结果中将不会被保留，或者像元值被设置为无值。

在"分析"选项卡的"栅格分析"组中，单击栅格分析组的弹出组对话框按钮，进入"栅格分析环境设置"对话框。如图 10-5 所示。

在"裁剪范围"项中，选择裁剪数据所在的数据源以及数据集。单击"确定"按钮，

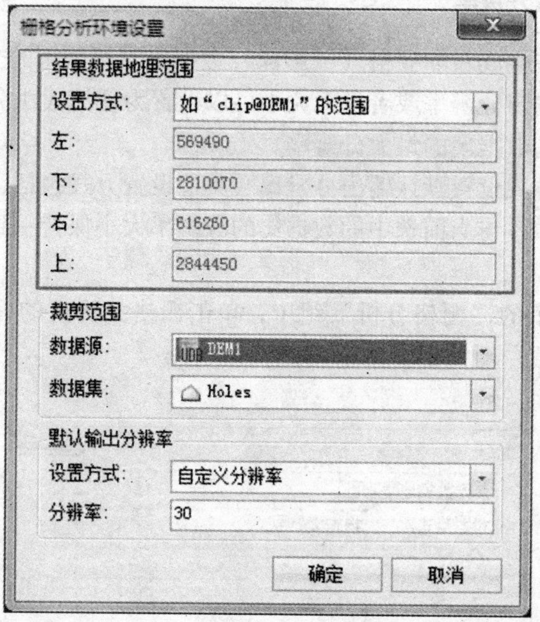

图 10-4

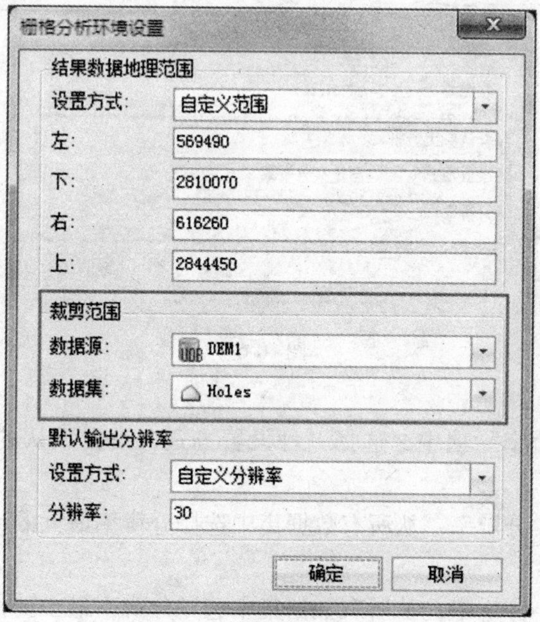

图 10-5

完成结果数据地理范围的设置。

10.2.3 默认输出分辨率

输出分辨率是指在生成新的栅格（或影像）数据集时所采用的分辨率。

栅格分析结果的输出分辨率或者像元大小可以设置为任何大小分辨率。默认的输出分辨率大小为栅格分析的数据集的最大分辨率。

也可以通过其他方式设置默认输出分辨率。其他设置方式包括，与参加分析的数据集的最大分辨率保持一致，与当前选中的数据集的分辨率大小保持一致，或者通过输入数值指定分辨率大小。

在"分析"选项卡的"栅格分析"组中，单击栅格分析组的弹出组对话框按钮，进入"栅格分析环境设置"对话框。如图10-6所示。

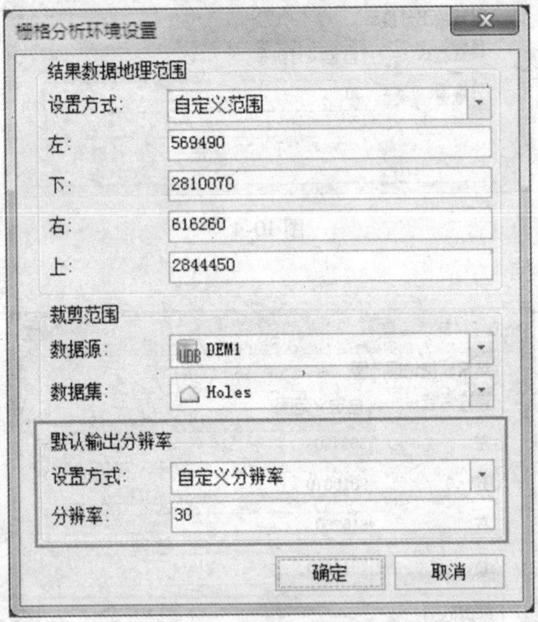

图 10-6

在"默认输出分辨率"项中，选择一种设置方式，设置默认的结果数据集分辨率大小。

所有数据集的最大分辨率：从所有数据集中选择分辨率最大的作为输出时使用的分辨率。

所有数据集的最小分辨率：从所有数据集中选择分辨率最小的作为输出时使用的分辨率。

指定一个参考的数据集的分辨率作为默认输出分辨率。

自定义分辨率：选择自定义分辨率后激活"分辨率"文本框，输入用户指定的分辨率作为默认输出分辨率。

单击"确定"按钮，完成结果数据集分辨率的设置。

10.3 距离栅格分析

距离栅格分析是指根据每一栅格相距其最邻近要素（"源"）的距离分析结果，得到每一栅格与其邻近源的相互关系。通过距离分析，便于人们对资源进行合理的配置和利用，如飞机紧急救援时从指定地区到最近医院的距离，寻找距着火建筑物 500m 以内的所有消防栓等。此外，也可以根据某些成本因素找到从某地到另一个地方的最短路径或最低成本路径。距离分析的两个重要概念是源和耗费。SuperMap 提供的距离栅格分析功能包含了生成距离栅格、计算最短路径和计算两点之间最短路径三大功能。

10.3.1 源和耗费的概念

1. 源

源是距离分析中的目标或目的地，如学校、商场、水井、道路等。源是一些离散的点、线、面要素，要素可以相邻，但属性必须不同。

2. 耗费

耗费是指到达目标、目的地的花费，如金钱、时间等。影响耗费的因素可以是一个，也可以是多个。耗费栅格数据记录了通过每一个栅格的通行成本，一般基于重分类完成。耗费数据是一个单独的数据，但有时会遇到需要考虑多个耗费因素的情况。此时，需要制定统一的耗费分类体系，对单个耗费按其大小进行分类，并对每一类别赋予耗费量值，通常耗费高的量值小，耗费低的量值大。最后根据耗费影响程度确定单个耗费权重，依权重百分比加权求和，得到多个单耗费因素综合影响的耗费栅格数据。

10.3.2 生成距离栅格

1. 基本介绍

生成距离栅格功能用来计算栅格数据的每个像元与源数据的距离。获得的结果可以用来解决三个问题：

（1）栅格数据中每个像元到最近源数据的距离，例如到最近学校的距离。

（2）栅格数据中每个像元到最近源数据的方向，例如到最近学校的方向。

（3）根据资源的空间分布，要分配给源数据的像元，例如最近的几个学校位置。

生成距离栅格会得到三种数据集，即距离栅格、方向栅格和分配栅格。如图 10-7 所示，分别展示了这三种栅格。

（1）距离栅格

距离栅格包括直线距离栅格和耗费距离栅格。

1）直线距离栅格

直线距离栅格的值代表该单元格到最近的源的欧几里得空间距离（即直线距离）。直线距离实际上可以看做以长短作为耗费，是最简单的一种耗费。直线距离栅格不考虑耗费，即认为经过的路线没有障碍或等同耗费。生成直线距离栅格的源数据可以是矢量数据（点、线、面），也可以是栅格数据。分析的结果包含直线距离栅格数据集、直线方向栅格数据集和直线分配栅格数据集。

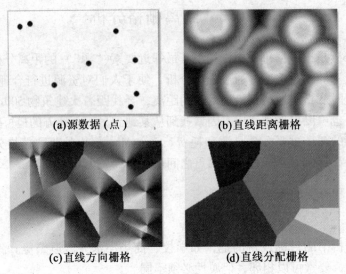

|(a)源数据 (点)|(b)直线距离栅格|
|(c)直线方向栅格|(d)直线分配栅格|

图 10-7

直线距离栅格是计算每个单元格距离最近源的欧几里得空间距离的结果。假设 A 点的坐标为 (x_1, y_1)，B 点的坐标为 (x_2, y_2)，则 A、B 两点之间的欧几里得空间距离为

$$d = \sqrt{(x_1 - x_2)^2 + (y_1 - y_2)^2}。$$

2）耗费距离栅格

耗费距离栅格的值表示该单元格到最近的源的耗费值（可以是各种类型的耗费因子，也可以是各感兴趣的耗费因子的加权）。例如，翻越一座山的路程耗费较小，但如果考虑时间的耗费，则可能比绕行这座山的时间耗费要多。另一方面，实际的地表覆盖类型多样，通过直线距离来到达源往往是不可能的，必须要绕道以避开如河流，高山等障碍物，因而可以说，耗费距离是对直线距离的扩展和延伸。由于距离栅格记录了每个单元格到最近源（资源点）的距离，因此通过距离栅格，可以将"用户期望离最近资源点的距离小于多少"作为选址条件，从而服务于选址分析。

（2）方向栅格

方向栅格表示每个栅格像元与最近源之间的方位角方向。同样也可以分为直线方向栅格和耗费方向栅格。直线方向栅格的值表示该单元格到最近的源的方位角，单位为度。以正北方向为 0 度，顺时针方向旋转，范围为 0 ~ 360 度。例如，如果最近源在该单元格的正东方向，则该单元格的值为 90 度。

耗费方向栅格的值表达的是从该单元格到达最近的源的最小耗费路径的行进方向。如图 10-8 ~ 图 10-10 所示，在图 10-8 所示的栅格数据中，使用箭头标识出了每个单元格到达源（图 10-8 中使用小红旗标识）的最小耗费路线，由于对方向的值的规定如图 10-9 所示，因而图 10-8 中每个单元格的方向值如图 10-10 所示，图 10-10 即为图 10-8 栅格数据的耗费方向栅格。对于源所在的单元格在耗费方向栅格数据集中的值为 0。当然，方向数据集中栅格值为 0 的单元格也不都是源，例如，输入栅格数据集中为无值的单元格在输出的耗费方向数据集中的值也为 0。

160

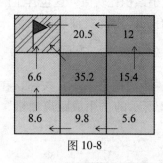

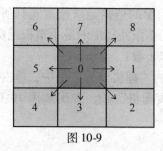

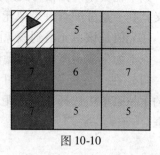

图 10-8   图 10-9   图 10-10

（3）分配栅格

分配栅格是将空间资源（栅格像元）分配给不同的源对象，例如可以表示多个邮局的服务区域，方便客户选择最近的邮局办理服务。

分配栅格包括了直线分配栅格和耗费分配栅格。分配栅格又称为服务区栅格，其栅格值为最近的源的值，因此从分配栅格中可以得知每个单元格的最近的源是哪个。当计算直线距离时，最近源是由单元格与源之间的直线距离决定的；当计算耗费距离时，最近源是由单元格与源之间的耗费距离决定的。

如图 10-11 所示，源数据为点数据集，以 DEM 数据为耗费数据，进行生成耗费距离栅格得到的栅格数据结果。

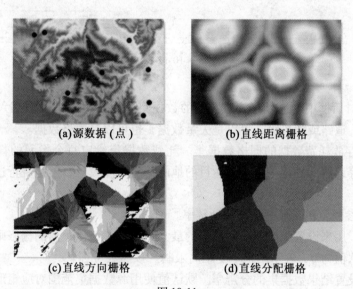

(a)源数据（点）   (b)直线距离栅格

(c)直线方向栅格   (d)直线分配栅格

图 10-11

2. 操作步骤

生成距离栅格时，如果不设置耗费数据，会得到直线距离栅格结果；如果指定耗费数据，得到耗费距离栅格。耗费距离栅格分析的源数据可以是矢量数据（点、线、面），也可以是栅格数据。与直线距离栅格分析结果类似，耗费距离栅格分析的结果包含：耗费距离栅格数据集、耗费方向栅格数据集、耗费分配栅格数据集三个数据集。

其中耗费距离栅格得到的是每个单元格到最近的源的最小累积耗费值，这包含了两层意义：其一是分配给每个像元的源的依据是从该像元到所有的源中耗费最小的一个；其二，像元值是该单元格到该源的多条路径中的最小累积耗费。

以下为生成距离栅格的操作步骤：

（1）在"分析"选项卡上的"栅格分析"组中，单击"距离栅格"下拉按钮，在弹出的下拉菜单中选择"生成距离栅格"项，弹出如图 10-12 所示的"生成距离栅格"对话框。

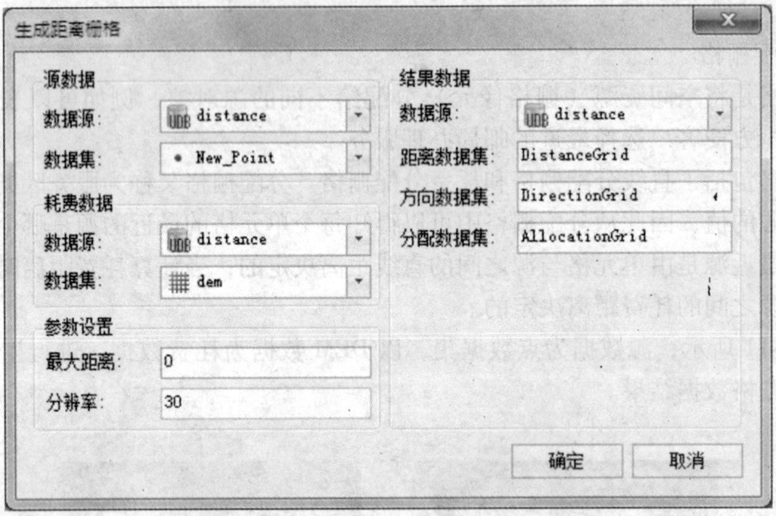

图 10-12

（2）在该对话框中，选择存放源数据的数据集。源数据中是我们感兴趣的地物或者对象，如水井、道路或学校等，可以是矢量数据，也可以是栅格数据。

（3）选择存放耗费数据的栅格数据集。耗费数据集给定每个像元的耗费成本，可以是高度、坡度等，例如翻越一座山到达目的地的路程可能较短，但是绕行这座山的时间则可能要短一些。

（4）设置参数，包括最大距离和分辨率。

最大距离：用来设置生成的距离栅格的最大距离，大于该距离的栅格则在结果数据集中取无值。默认值为 0，表示结果不受距离限制。该参数可选。

分辨率：设置结果数据集的分辨率。默认值使用源数据集范围对应矩形对角线长度的500 分之一。该参数可选。

（5）设置结果数据。选择结果数据要保存的数据源，距离栅格数据、方向栅格数据和分配栅格数据结果名称。默认生成的距离数据集名称为 DistanceGird，方向数据集为DirectionGrid，分配数据集为 AllocationGrid。注意：当方向数据集和分配数据集的名称为空时，不会生成这两个栅格数据集。距离数据集的名称必须设置。

（6）单击"确定"按钮，执行生成距离栅格的操作。单击"取消"按钮，退出当前对话框。

162

10.3.3 计算最短路径

1. 基本介绍

计算最短路径就是根据目标点数据以及通过"生成距离栅格"功能生成的距离栅格和方向栅格，计算目标到达最近的源的最短路径，如从郊区的点到最近的购物商场（目标数据）的最短路径。

我们在源数据区域所选择的数据集为存放目标点的数据集，例如要计算从一些位于郊区的点到最近的购物商场的最短路径，那么位于郊区的点就是我们的目标点，而源（即最近的购物商场）数据为我们在"生成距离栅格"对话框的源数据区域中所选择的数据集中的数据。

计算最短路径的路径类型有三种：

（1）像元路径：每一个栅格像元都生成一条路径，即每个目标像元到最近源的距离。

以点数据集为源数据集（蓝色点）、DEM 数据集作为耗费栅格，点数据集为目标数据集（黑色点），如图 10-13（a）所示，以像元路径计算方式，进行最短路径分析，结果如图 10-13（b）所示。

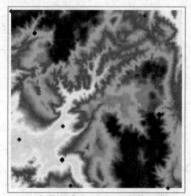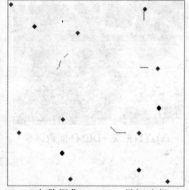

(a)点数据集 +DEM+ 点数据集　　(b)点数据集 +DEM+ 最短路径

图 10-13

（2）区域路径：每个栅格区域都生成一条路径，此处栅格区域是指栅格值相等的连续栅格，区域路径即每个目标区域到最近源的最短路径。

以点数据集为源数据集、DEM 数据集作为耗费栅格，面数据集为目标区域数据集，如图 10-14（a）所示，进行耗费栅格分析后，采用区域路径进行最短路径分析，得到如图 10-14（b）所示的结果。

（3）单一路径：所有像元只生成一条路径，即对于整个目标区域数据集来说所有路径中最短的一条。

以点数据集为源数据集、DEM 数据集为耗费栅格，面数据为目标区域数据集，如图 10-15（a）所示，采用单一路径的计算方式，进行最短路径分析，得到如图 10-15（b）所示的最短路径。

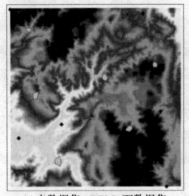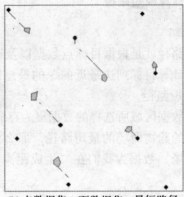

(a)点数据集 +DEM+面数据集　　　(b)点数据集 + 面数据集 + 最短路径

图 10-14

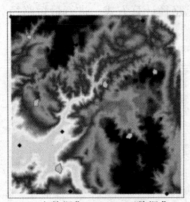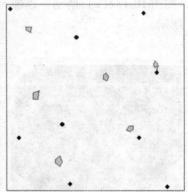

(a)点数据集 +DEM+面数据集　　　(b)点数据集 + 面数据集 + 最短路径

图 10-15

2. 操作步骤

（1）在"分析"选项卡上的"栅格分析"组中，单击"距离栅格"下拉按钮，在弹出的下拉菜单中选择"计算最短路径"项，弹出如图 10-16 所示的"计算最短路径"对话框。

（2）选择目标数据。指定的目标所在的数据集。可以为点、线、面或栅格数据集。

（3）选择距离数据。选择距离数据所在的数据源和数据集。此数据为"生成距离栅格"命令生成的距离数据集。

（4）选择方向数据。选择方向数据所在的数据源和数据集。此数据为"生成距离栅格"命令生成的方向数据集。

（5）选择要计算的路径类型，分为三种：像元路径、单一路径和区域路径。每种类型的具体介绍可以参见 SuperMapiDesktop 7C 使用说明中的介绍。

（6）设置结果数据。选择结果数据要保存的数据源以及结果数据集名称。

（7）单击"确定"按钮，执行操作。单击"取消"按钮，退出当前对话框。

164

图 10-16

10.3.4 计算两点间最短路径

两点间最短路径根据参数设置的不同，可以分为两种不同的情况。

（1）只指定 DEM 栅格而未指定耗费栅格，即源数据为 DEM 栅格数据，则计算得到的结果为表面距离最短路径，可以通过计算两点最短地表路径功能实现。

（2）只指定耗费栅格而未指定 DEM 栅格，即源数据为耗费数据，则计算得到的结果为最小耗费路径，可以通过计算两点最小耗费路径功能实现。

如图 10-17 所示为源点和目标点相同的情况下，计算两点最短地表路径和两点最小耗费路径的对比结果。

如图 10-17 所示，蓝色点为计算路径的起始点和终止点，Path1 为只指定 DEM 栅格计算得到的表面距离最短路径；Path2 为只指定耗费栅格得到的最小耗费路径。

1. 计算两点最短地表路径

计算指定的源和目标点之间（两个点）的最短地表路径，即源点和目标点之间，沿栅格表面起伏的地表距离。

SuperMap 在分析过程中需要对线、面数据集进行光滑处理，运用到的光滑处理方法主要有 B 样条法和磨角法两种方法。

（1）使用 B 样条法进行光滑处理

光滑系数是控制光滑度的参数，在 B 样条法中也可以理解成线段上两个节点之间插入点后分隔的段数。

对非闭合线段进行光滑处理时要尽量保持原来曲线的形状，为了实现此目标通常采用的方法是：首、末两端点位置保持不变，增加首、末两端线段插入点后分段的数目（通常是光滑系数的 2 倍）。

设置光滑系数，取大于等于 2 的值有效，该值越大，线对象或面对象边界的节点数越

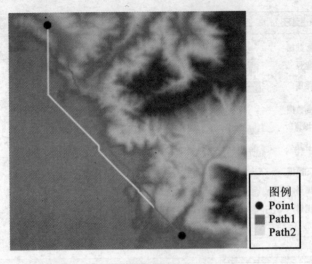

图 10-17

多，也就越光滑。建议取值范围为 [2，10]。

B 样条法插点数目计算方式分为闭合线和非闭合线两种：

如果线段闭合，最终节点数目 =（控制点数目−1）×光滑系数+1；

如果线段非闭合，最终节点数目 =（控制点数目+1）×光滑系数+1。

控制点可以理解为光滑前线对象上实际的节点数目。

1）如图 10-18 所示的是闭合线进行光滑时的插入点情况。（注意，闭合曲线的实际点数比显示的少一个，因为在第一个点与最后一个点的位置是重合的）

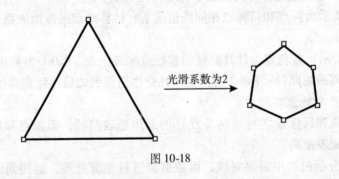

图 10-18

对闭合线进行光滑处理时光滑系数设置为 2，即每段之间插入 1 个点使其分隔成 2 段从而实现光滑。

光滑前 4 个点，光滑后 7 个点。

对闭合线进行光滑处理时光滑系数设置为 10，光滑效果如图 10-19 所示。

2）如图 10-20 所示的是非闭合线进行光滑时的插入点情况。

对非闭合线进行光滑处理时光滑系数设置为 2，即中间每段之间插入 1 个点使其分隔成 2 段从而实现光滑，首末两端段数分隔成 4 段（插入 3 个点）。

166

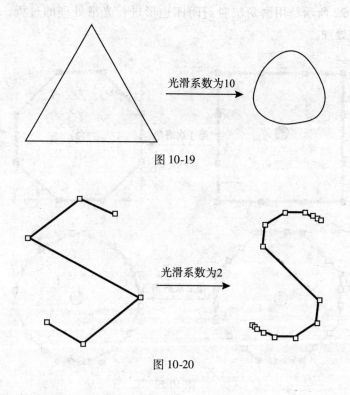

图 10-19

图 10-20

光滑前 6 个点，光滑后 15 个点。

对非闭合线进行光滑处理时光滑系数设置为 10，光滑效果如图 10-21 所示。

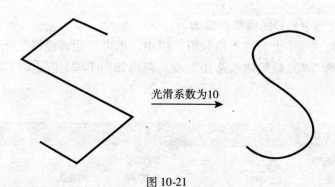

图 10-21

（2）磨角法进行光滑处理

磨角法是一种运算相对简单，处理速度比较快的光滑方法，但是效果比较局限。该方法的运算过程主要是先对两节点之间的线段插入两个点，即三等分原有线段，然后将原有节点两边相邻的插入点进行连线，从而抹去原有几何对象中节点所在的角，完成一次以上过程为一次磨角过程。

其中光滑系数是指磨角的次数，光滑系数值越高，获得结果对象中插入点也越多，结果也就越接近光滑。

1) 如图 10-22 所示是用磨角法对封闭四边形进行光滑处理的过程，光滑系数是 2，即进行两次磨角处理。

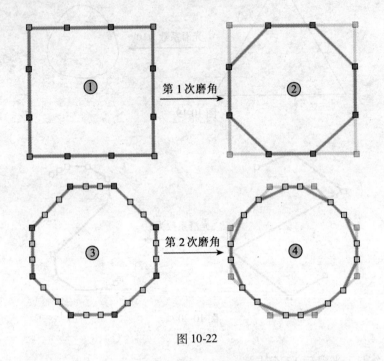

图 10-22

2) 非闭合线进行磨角光滑处理时中间线段和节点处理过程同上，首、末两个端点保持位置不变。

计算两点最短地表路径的操作步骤如下：

①在"分析"选项卡上的"栅格分析"组中，单击"距离栅格"下拉按钮，在弹出的下拉菜单中选择"两点最短地表路径"项，弹出如图 10-23 所示的"两点最短地表路径"对话框。

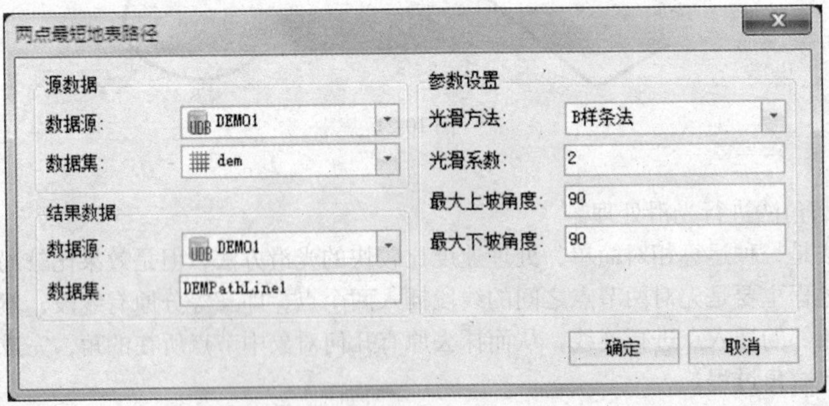

图 10-23

②选择地形数据。此地形数据提供了计算距离的高程信息。

③参数设置。可以设置光滑处理参数，以及最大上坡和最大下坡角度。设置最大上坡角度和最大下坡角度可以使分析得到的路线不经过比较陡峭的地形。

光滑方法：SuperMap 提供两种光滑处理的方法，"B 样条法"和"磨角法"。

光滑系数：光滑系数的取值与光滑方法有关，当光滑方法为 B 样条法时，光滑系数的值小于 2 时将不会进行光滑；当采用磨角法时，光滑系数的值设置为大于等于 1 时有效。一般来说，光滑系数的值越大，则光滑度越高。

最大上坡角度：上坡角度即上坡方向与水平面的夹角。当实际上坡角度大于最大上坡角度时，则不会考虑此行进方向，计算的最短路径不会经过该像元所在的位置。默认最大上坡角度为 90°，即不受上坡角度的限制。

最大下坡角度：下坡角度即下坡角度与水平面的夹角。同样，当实际下坡角度大于最大下坡角度时，则也不会考虑此行进方向，即计算的最短路径不会经过该像元所在的位置。默认最大下坡角度为 90°，即当前分析不受下坡角度的限制。

注意：如果设置了最大上（下）坡角度，有可能得不到分析结果，可能在输入的地形数据中不存在满足条件的路径。

如图 10-24 所示为使用相同的源点和目标点，不同的上坡角度和下坡角度的分析结果。

图 10-24

④设置结果数据。选择结果数据要保存的数据源，并指定结果数据集名称。

⑤单击"确定"按钮，执行操作。单击"取消"按钮，退出当前对话框。

2. 计算两点最小耗费路径

计算指定的源和目标点之间（两个点）的最小耗费路径，即沿耗费栅格表面的最短路径。

计算两点最小耗费路径的操作步骤如下：

（1）在"分析"选项卡上的"栅格分析"组中，单击"距离栅格"下拉按钮，在弹出的下拉菜单中选择"两点最小耗费路径"项，弹出如图 10-25 所示的"两点最小耗费路径"对话框。

169

图 10-25

（2）选择耗费数据。计算距离时使用的耗费栅格。耗费栅格用于确定经过每个单元格所需的成本。

（3）参数设置。可以设置光滑处理参数，为生成的结果路径进行光滑处理。

光滑方法： SuperMap 提供两种光滑处理的方法，"B 样条法"和"磨角法"。

光滑系数： 光滑系数的取值与光滑方法有关，当光滑方法为 B 样条法时，光滑系数的值小于 2 时将不会进行光滑；当采用磨角法时，光滑系数的值设置为大于等于 1 时有效。一般地，光滑系数的值越大，则光滑度越高。

（4）设置结果数据。选择结果数据要保存的数据源，并指定结果数据集名称。

（5）单击"确定"按钮，执行操作。单击"取消"按钮，退出当前对话框。

如图 10-26 所示为计算两点间最小耗费路径的实例。该例以 DEM 栅格的坡度的重分级结果作为耗费栅格，分析给定的源点和目标点之间的最小耗费路径。

(a)最小耗费路径

(b)耗费栅格

图 10-26

170

10.4 栅 格 插 值

10.4.1 插值的概念

在区域研究过程中，要获得区域内每个点的数据（如高程、降雨量、化学物浓度等）是非常困难的。一般情况下只采集研究区域内的部分数据，这些数据以离散点的形式存在，只有在采样点上才有准确的数值，未采样点上都没有数值。然而，在实际应用中却经常需要用到某些未采样点的值，此时就需要将已知样本点的值按照一定方法扩散开来，给其他的点赋予一个合理的预测值，这就是插值。

插值是根据有限的样本点数据来预测栅格数据中其他单元的值，常用来预测其他地理点的未知数据值，如高程、降雨量、化学物浓度等。

插值的假定条件是空间上分布的现象具有空间相关性。换句话说，距离较近的现象间趋向于拥有相似的特征。比如，街道的一边在下雨，人们可以在很高的置信度上预测街道的另一边也在下雨，但若某城镇的这边在下雨，而城镇的那边是否也在下雨就不确定，至于对相邻县的天气状况的预测的置信度就更小。依此类推，很容易看出距离样本点较近的点的值比距离样本点较远的点的值更接近样本点的值，这就是空间插值算法的基础。

10.4.2 插值方法

1. 距离反比权重插值

距离反比权重插值（Inverse Distance Weighted，IDW）基于样本点相近相似的原理。假设两个样本点距离越近，则它们的性质越相似，反之，距离越远则相似性越小。距离反比权重插值通过计算与到附近区域样本点的加权平均值来估算出单元格的值，距离样本点中心越近则权重值越大。这是一种简单有效的数据内插方法，运算速度相对较快。

除了权重距离，幂次以及查找半径也是 IDW 插值的重要影响因子。

幂次：幂次与权重距离的计算有关，幂指数对 IDW 的插值结果有很大影响。幂次值越低，插值结果越平滑；幂次值越高，插值结果细节越详细。默认幂次为 2。

查找半径：距离反比权重插值的查找半径类型有两种，分别是变长查找和定长查找。

（1）变长查找：距离栅格单元最近的指定数目的采样点参与内插计算。对于每个栅格单元，参与内插运算的采样点数目是固定的，而用于查找的半径是变化的，查找半径取决于栅格单元周围采样点的密度。如果采样点超出最大查找范围，该部分采样点将不参与插值运算。

（2）定长查找：指定半径范围内所有的采样点都参与栅格单元的插值运算。如果在指定半径范围内参与内插运算的采样点个数小于指定的最小数目，将扩大查找半径，以包含更多的采样点，保证参与计算的采样点数目达到指定的最小数目。

如图 10-27 所示为采用距离反比权重插值法，插值字段为高程，分辨率为 100，查找半径类型为变长查找，点数为所有点，幂次分别为 1、2、3 的表面插值效果。

进行距离反比权重插值的操作如下：

（1）在"分析"选项卡上的"栅格分析"组中，单击"插值分析"按钮，进入栅格

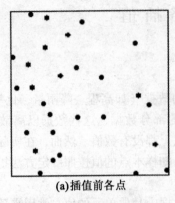

(a)插值前各点

(b)幂次为1的插值效果

(c)幂次为2的插值效果

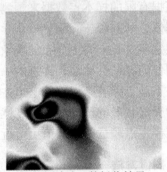

(d)幂次为3的插值效果

图 10-27

插值分析向导。

（2）在"栅格插值分析"对话框中，选择距离反比权重插值方法，进入距离反比权重插值的第一步，如图 10-28 所示，需要设置相关参数。

（3）设置插值分析的公共参数，包括源数据、插值范围和结果数据。

（4）单击"下一步"，进入插值分析的第二步，如图 10-29 所示。在这一步中，需要设置样本点查找方式和其他参数（幂次）。

（5）设置样本点查找方式。支持变长查找和定长查找两种方式。

变长查找：

在"查找方式"右侧的单选框中，选择"变长查找"项，表示使用最大半径范围内的固定数目的样本点值进行插值。

在"最大半径"右侧的文本框中，输入用于变长查找的半径大小。默认值为 0，表示使用最大半径查找。

在"查找点数"右侧的文本框中，输入用于变长查找的点数目。默认点数为 12。

定长查找：

在"查找方式"右侧的单选框中，选择"定长查找"项，查找半径范围内所有的点都要参与插值运算。

在"查找半径"右侧的文本框中，输入设定查找半径大小。默认查找半径为参与插

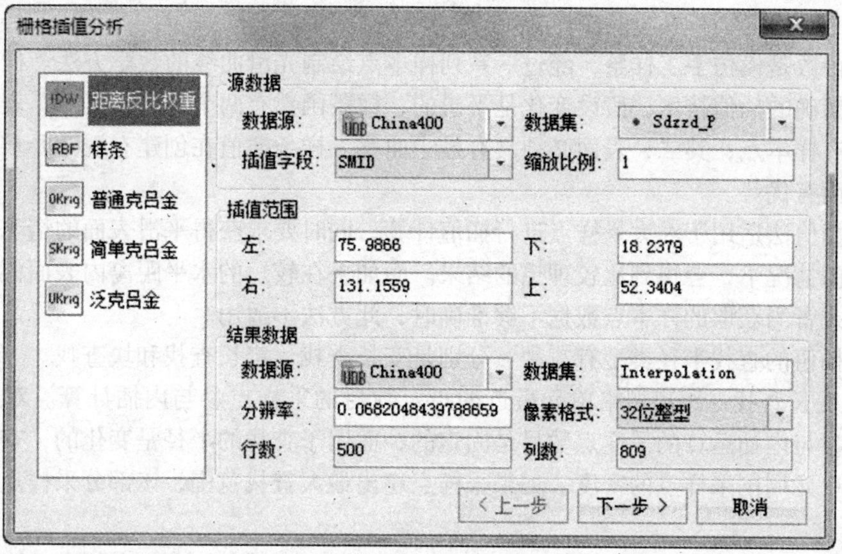

图 10-28

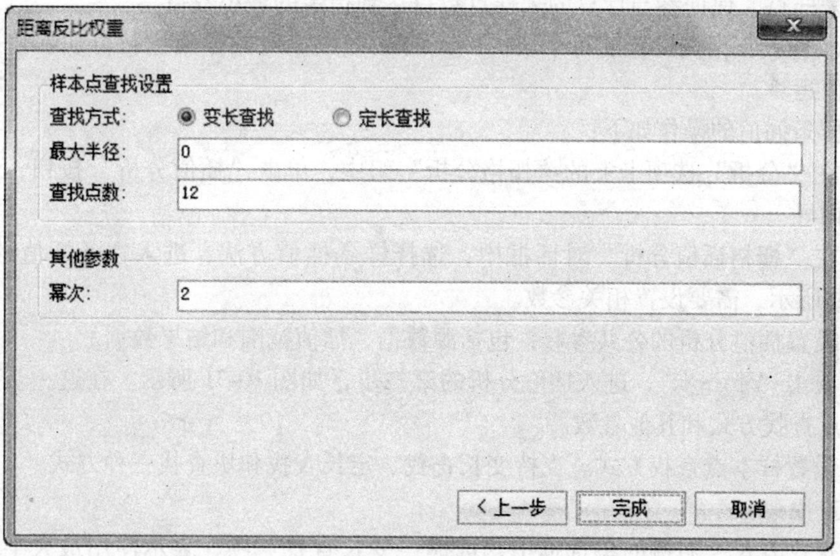

图 10-29

值分析的数据集的范围的长或者宽的较大值的1/5。所有该半径范围内的采样点都要参加插值运算。

在"最小点数"右侧的文本框中，输入用于变长查找的最少数目点。默认点数为5。当邻域中的点数小于所指定的最小值时，查找半径将不断增大，直到可以包含输入的最小点数为止。最大值为12。

（6）设置幂次。幂次是权重距离的指数，控制插值时周围点的权重。可以是大于0的正整数值。默认值为2。

（7）单击"完成"按钮，执行距离反比权重插值功能。

2. 样条插值

样条函数是模仿手工样条，经过一系列样本点绘制光滑曲线的数学方法。样条插值是一种比较精确的插值技术，假设变化是平滑的，样条函数有两个特点：其一，表面必须精确通过所有样本点；其二，表面必须具有最小曲率。样条插值在创建有视觉要求的曲线和等高线方面有优势。

样条插值法适用于对大量样点进行插值计算，同时要求获得平滑表面的情况。在表面变化平缓的情况下，会得到比较理想的结果。而如果在较短的水平距离内表面值发生急剧变化时，或者当获取的样本点数据不够准确时，此方法不适用。

样条插值的查找半径类型有三种，分别是变长查找、定长查找和块查找。

（1）变长查找：距离栅格单元最近的指定数目的采样点参与内插计算。对于每个栅格单元，参与内插运算的采样点数目是固定的，而用于查找的半径是变化的，查找半径取决于栅格单元周围采样点的密度。如果采样点超出最大查找范围，该部分采样点将不参与插值运算。

（2）定长查找：指定半径范围内所有的采样点都参与栅格单元的插值运算。如果在指定半径范围内参与内插运算的采样点个数小于指定的最小数目，将扩大查找半径，以包含更多的采样点，保证参与计算的采样点数目达到指定的最小数目。

（3）块查找：根据设置的每个块内的点的最多数量对数据集进行分块，使用块内的点进行插值运算。

进行样条插值的操作如下：

（1）在"分析"选项卡上的"栅格分析"组中，单击"插值分析"按钮，进入栅格插值分析向导。

（2）在"栅格插值分析"对话框中，选择样条插值方法，进入样条插值的第一步，如图 10-30 所示，需要设置相关参数。

（3）设置插值分析的公共参数，包括源数据、插值范围和结果数据。

（4）单击"下一步"，进入插值分析的第二步，如图 10-31 所示。在这一步中，需要设置样本点查找方式和其他参数。

（5）设置样本点查找方式。支持变长查找、定长查找和块查找三种方式。

变长查找：

在"查找方式"右侧的单选框中，选择"变长查找"项，表示使用最大半径范围内的固定数目的样点值进行插值。

在"最大半径"右侧的文本框中，输入用于变长查找的半径大小。默认值 0，表示使用最大查找半径。

在"查找点数"右侧的文本框中，输入用于变长查找的点数目。默认点数为 12。

定长查找：

在"查找方式"右侧的单选框中，选择"定长查找"项，查找半径范围内所有的点都要参与插值运算。

在"查找半径"右侧的文本框中，输入设定查找半径大小，所有该半径范围内的采样点都要参与插值运算。默认查找半径为点数据集的区域范围对应的矩形对角线的长度。

174

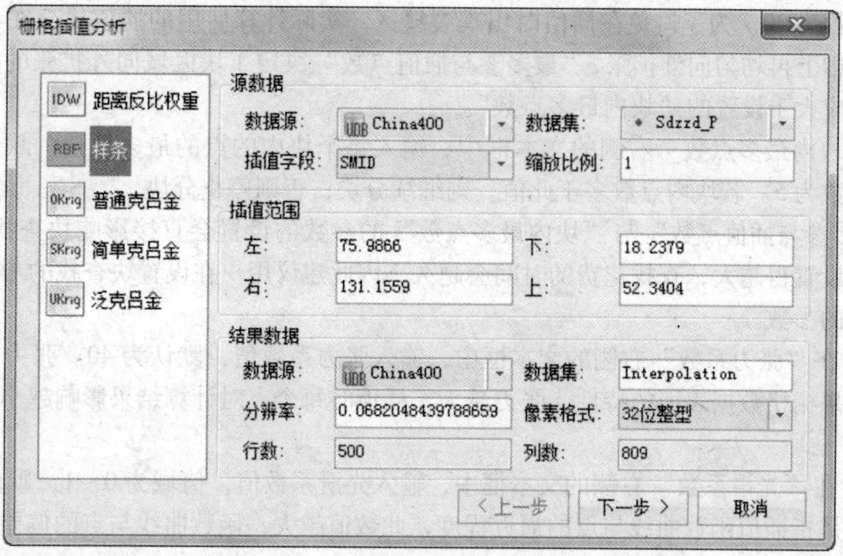

图 10-30

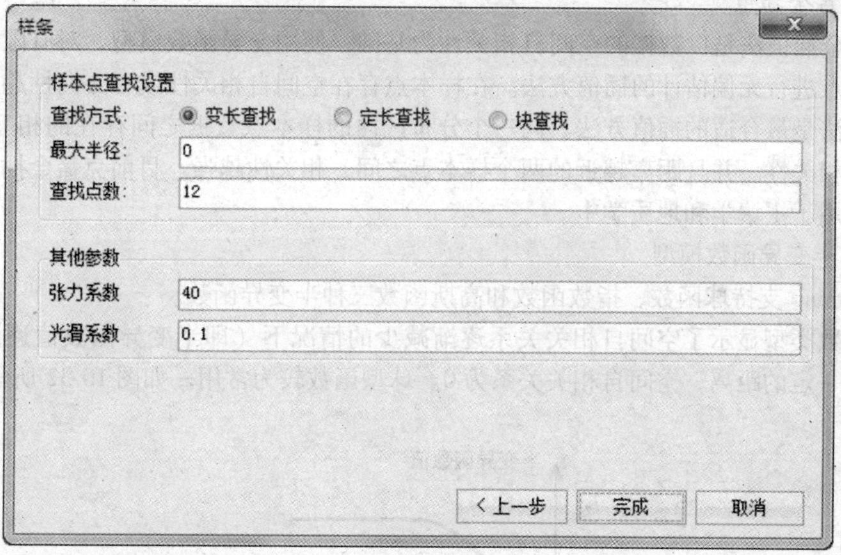

图 10-31

在"最小点数"右侧的文本框中，输入用于变长查找的最少数目点。默认查找半径为参与插值分析的数据集的范围的长或者宽的较大值的 1/5。当邻域中的点数小于所指定的最小值时，查找半径将不断增大，直到可以包含输入的最小点数为止。最小点数的取值范围为 [0, 12]，默认值为 5。

块查找：

在"查找方式"右侧的单选框中，选择"块查找"项，根据设置的"块内最多点数"对数据集进行分块，然后使用块内的点进行插值运算。

175

在"最多参与插值点数"右侧的文本框中，输入最多参与插值点数。默认最多参与插值的点数为20。为了避免在插值时出现裂缝区，实际计算使用的插值块会在每个分块区域的基础上再均匀向外扩张，"最多参与插值点数"决定了块区域向外扩张的大小。一般此数值应大于设置的"块内最多点数"。

在"块内最多点数"右侧的文本框中，输入每个块内的点的最多数量。默认单个块内最多点数为5。若块内点数多于此值，则继续分块；否则停止分块。

"最多参与插值点数"与"块内最多点数"的参数的设置会直接影响块查找的性能。这两个值设置得越大，查找花费的时间会越久，因此建议用户在设置块查找的参数时设置比较合理的参数。

（6）在"张力系数"右侧的文本框中，输入张力系数值，默认为40。张力系数是用来调整结果栅格数据表面的特性，张力越大，插值时每个点对计算结果影响越小，反之越大。

（7）在"光滑系数"右侧的文本框中，输入光滑系数值，值域为 0 ~ 1，默认为 0.1。光滑系数是指插值函数曲线与点的逼近程度，此数值越大，函数曲线与点的偏差越大，反之越小。

（8）单击"完成"按钮，执行样条插值功能。

3. 克吕金插值

克吕金插值法是以数据的空间自相关性为基础，使用变异函数模型，对有限区域内的未知样本点进行无偏估计的插值方法。在样本点存在空间自相关性或者方向性趋势时，克吕金插值法是最合适的插值方法。同一个分布区内的样本点数据之间存在的相互依赖性，即空间自相关性。并且距离越近的两个样本点之间，相关性越强。目前克吕金插值方法被广泛的应用于土壤学和地质学中。

（1）半变异函数模型

SuperMap 支持球函数、指数函数和高斯函数三种半变异函数。

球函数类型显示了空间自相关关系逐渐减少的情况下（即半变异函数值逐渐增加），直到超出一定的距离，空间自相关关系为0。球型函数较为常用。如图10-32所示。

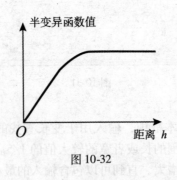

图 10-32

指数函数用于在空间自相关关系随距离增加呈指数递减的情况。指数函数模型使用较多。如图 10-33 所示。

高斯函数类型适用于半变异函数值渐近地逼近基台值的情况。如图 10-34 所示。

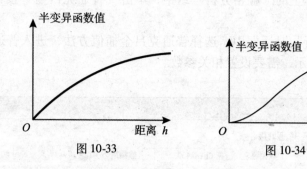

图 10-33   图 10-34

（2）参数描述

半变异函数模型表征了采样点的空间自相关情况。通过自相关阈值、基台值和块金效应对半变异函数模型进行描述。

自相关阈值：半变异函数值在达到一定的距离（X 轴）以后会趋于一个定值。这段距离就是自相关阈值的范围。在自相关阈值范围之内，样本点数据具有相关性；而在自相关阈值之外，样本点数据之间互不相关，即在自相关阈值以外的样本点不对估计结果产生影响。

基台值：半变异函数所达到的顶点值（Y 轴）。基台值减去块金效应就是偏基台值。如图 10-35 所示。

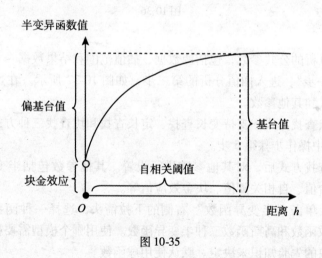

图 10-35

块金效应：在 $h=0$ 时，半变异函数与 Y 轴相交的值，在地质统计学中称为"块金效应"，表现为在很短的距离内有较大的空间变异性。块金效应可以由测量误差引起，也可以来自矿化现象的微观变异性。

（3）三种克吕金插值方法

SuperMap 提供三种克吕金插值方法，分别是普通克吕金、简单克吕金和泛克吕金。

普通克吕金：是区域化变量的线性估计，假设观测数据呈正态分布，并且认为区域化变量的期望值是未知的。其操作如下：

①在"分析"选项卡上的"栅格分析"组中，单击"普通克吕金"按钮，进入栅格插值分析向导。

②在"栅格插值分析"对话框中，选择普通克吕金插值方法，进入普通克吕金插值的第一步，如图 10-36 所示，需要设置相关参数。

图 10-36

③设置插值分析的公共参数，包括源数据、插值范围和结果数据。

④单击"下一步"，进入插值分析的第二步，如图 10-37 所示。在这一步中，需要设置样本点查找方式和其他参数。

⑤设置样本点查找方式。支持变长查找、定长查找和块查找三种方式，详细设置方式见本章 10.4.2 节中操作步骤第 5 步。

⑥在设置完查找方式后，对其他参数进行设置。其他参数包括半变异函数、旋转角度、平均值、基台值、自相关阈值、块金效应值等。

半变异函数：单击"半变异函数"右侧的下拉箭头，选择一种函数类型。SuperMap支持球函数、指数函数和高斯函数三种半变异函数。使用哪个模型需要根据数据的空间自相关性和数据现象的先验知识来决定。默认使用球函数。

旋转角度：每个查找邻域相对于水平方向逆时针旋转的角度。默认为 0 度。块查找不支持旋转角度设置。

基台值：半变异函数达到的顶点值，即在距离（X 轴）为 0 时，半变异函数与 Y 轴相交的值。默认为 0。

自相关阈值：半变异函数到达基台值处的距离，即 X 轴相应的值。默认值为 0。

块金效应值：在 $h=0$（X 轴）时，半变异函数与 Y 轴相交的值。默认为 0。

⑦单击"完成"按钮，执行普通克吕金插值功能。

简单克吕金：是区域化变量的线性估计，假设观测数据呈正态分布，并且认为区域化

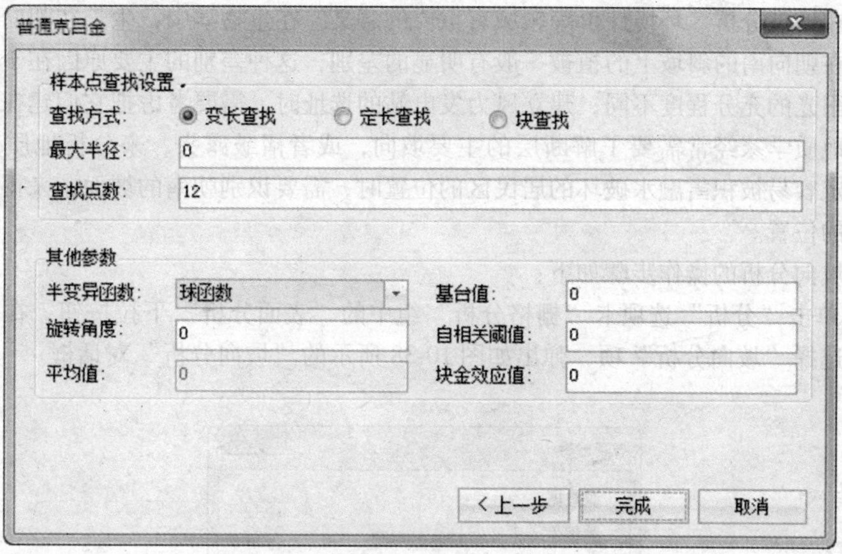

图 10-37

变量的期望值是固定的常数。其操作步骤与普通克吕金操作大致相同，只是简单克吕金插值设置样本点查找方式只支持变长查找、定长查找两种方式，还有对其他参数进行设置时，简单克吕金插值需要增加对平均值的设置，平均值默认为插值字段属性值平均值，即采样点插值字段值总和除以采样点数目，也可以自行输入。

泛克吕金：当观测数据中存在某种趋势，且该趋势可以用一个确定的函数或者多项式来拟合时，可以使用泛克吕金插值法。其操作步骤与普通克吕金操作步骤大致相同，只是泛克吕金插值设置样本点查找方式只支持变长查找、定长查找两种方式，还有对其他参数进行设置时，泛克吕金插值需要增加对阶数的设置，阶数是样点数据中趋势面方程的阶数，可以选择 1 阶和 2 阶。

10.5 表面分析

表面分析是为了获得原始数据中暗含的空间特征信息，如等值线、坡度、坡向、山体阴影等。SuperMap 表面分析的主要功能有：从表面获取坡度和坡向信息、提取等值线和等值面、分析表面的可视性、表面填挖方等。

10.5.1 坡向分析

地表面某一点的坡向表示经过该点的斜坡的朝向。在地形分析中，坡向表示经过地表某一点的切平面的法线在水平面的投影与经过该点正北方向的夹角。坡向表示该点高程值改变量的最大变化方向。

坡向用度数表示，坡向分析结果的范围是 0°~360°。以正北方 0°为开始，按顺时针移动，回到正北方以 360°结束。坡度图中每个像元的值代表了其像元面的斜坡面对的方

179

向，平坦的坡面没有方向，赋值为−1。

坡向在植被分析、环境评价等领域有重要的意义。在生物学中，生长在朝向北的斜坡上和生长在朝向南的斜坡上的植被一般有明显的差别，这种差别的主要原因在于绿色植被生长需要阳光的充分程度不同；建立风力发电站的选址时，需要考虑把它们建在面向风的斜坡上；地质学家经常需要了解断层的主要坡向，或者褶皱露头，来分析地质变化的过程；在确定容易被积雪融水破坏的居民区的位置时，需要识别朝南的坡面，来得到最初融化的积雪的位置。

进行坡向分析的操作步骤如下：

（1）单击"分析"选项卡"栅格分析"组中的"表面分析"下拉按钮，在弹出的下拉菜单中选择"坡向分析"项，弹出如图10-38所示的"坡向分析"对话框。

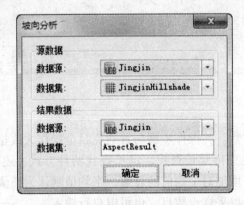

图 10-38

（2）对源数据和结果数据进行设置。

（3）单击"确定"按钮，执行坡向分析操作。

10.5.2　坡度分析

地表面某一点的坡度是表示地表在该点的倾斜程度的量，是既有大小又有方向的矢量。在地形分析中，坡度表示经过地表某一点的切平面和水平面所形成的夹角。坡度可以用度数或百分数表示，其中，度数坡度是垂直增量与水平增量之比的反正切值（arctan），百分数坡度是垂直增量与水平增量之比乘以100。在 SuperMap 中，坡度计算提供了度数、弧度和百分比三种表现形式。设坡度的垂直增量为 H、水平增量为 L，则角度：$\theta = \arctan(H/L)$，弧度：$R = \theta * \pi/180$，百分比：$P = (H/L) * 100$，如图10-39所示。

度数坡度的分析结果的范围是0°到90°，0°表示该处地表为水平面，90°表示该处地表为垂直于水平面的陡峭表面。百分数坡度的分析结果的范围是0到无穷大，当结果小于1时，表示该处坡度的高程增量小于水平增量，坡度较缓；当结果等于1时，表示该处坡度的高程增量等于水平增量，且坡度值为45°；当结果大于1时，表示该处坡度的高程增量大于水平增量，坡度变陡。

进行坡度分析的操作步骤如下：

（1）单击"分析"选项卡"栅格分析"组中的"表面分析"下拉按钮，在弹出的下

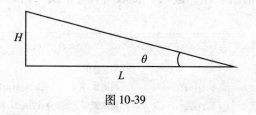

图 10-39

拉菜单中选择"坡度分析"项,弹出如图 10-40 所示的"坡度分析"对话框。

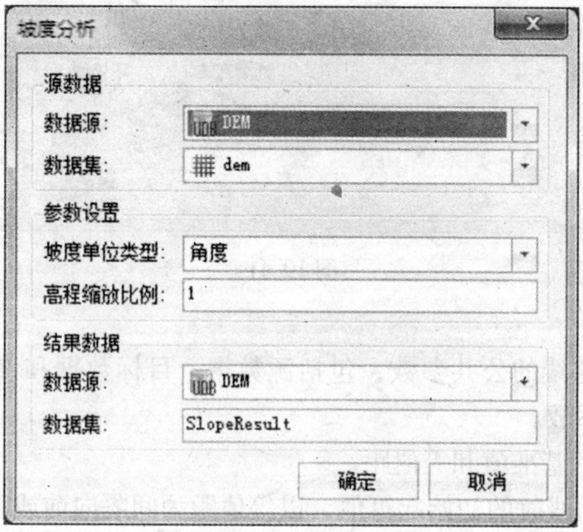

图 10-40

（2）对源数据和结果数据进行设置。

（3）单击"确定"按钮,执行坡向分析操作。

10.5.3 提取等值线

等值线是指将表面上相邻的等值点（如高程、温度、降水、大气压力等）连接起来的线。常用的等值线有:等高线、等深线、等温线、等压线、等降水量线,等等。等值线的分布反映了栅格表面上值的变化,等值线分布越密集的地方,表示栅格表面值的变化比较剧烈,例如,如果为等高线,则越密集,坡度越陡峭;等值线分布较稀疏,表示栅格表面值的变化较小,若为等高线,则表示坡度很平缓。通过提取等值线,可以找到高程、温度、降水等的值相同的位置,同时等值线的分布状况也可以显示出变化的陡峭和平缓区。

SuperMap 表面分析提供了三种等值线的提取方法:提取所有等值线,提取指定等值线和点选提取等值线。

1. 提取所有等值线

可以通过指定参数提取表面模型中所有符合条件的等值线。一般用基准值和等值距两个参数来控制提取的等值线。其操作步骤如下:

（1）单击"分析"选项卡中"栅格分析"组的"表面分析"按钮,在弹出的下拉菜单中选择"提取所有等值线"项，进入"提取所有等值线"对话框，如图 10-41 所示。

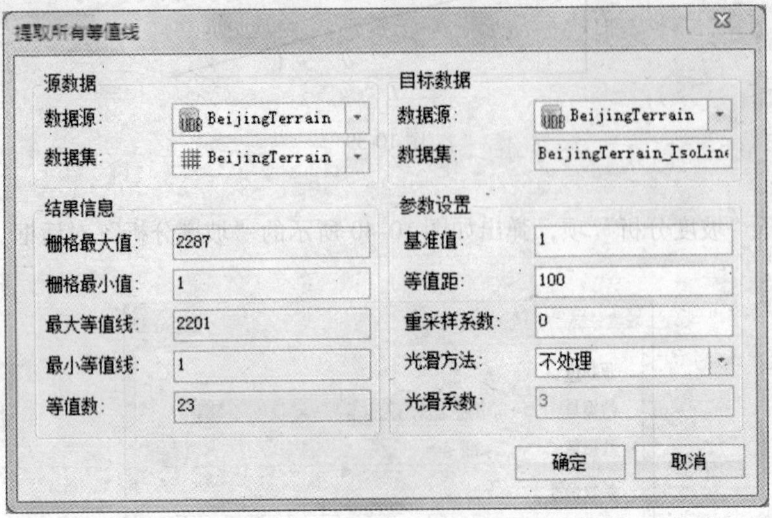

图 10-41

（2）设置提取等值线的公共参数，包括源数据、目标数据和参数设置中的重采样系数、光滑方法、光滑系数。

（3）设置参数中的基准值和等值距。

基准值：生成等值线时的初始起算值，以等值距为间隔向前或前后两个方向计算，因此不一定是最小等值线的值。可以输入任意数字作为基准值。默认值为 0。例如，高程范围为 220～1550 的 DEM 数据，如果设置基准值为 500，等值距为 50，则提取等值线的结果是：最小等值线值为 250，最大等值线值为 1550。

等值距：两条等值线之间的间隔值，等值距与基准值共同决定提取哪些等值线。

参数设置完成后，系统会自动计算出结果信息并显示出来。结果信息的说明如下：

栅格最大值：所选源数据集中最大的栅格值，为系统信息，不可更改。

栅格最小值：所选源数据集中最小的栅格值，为系统信息，不可更改。

最大等值线：目标数据集中等值线的最大值。

最小等值线：目标数据集中等值线的最小值。

等值数：目标数据集中等值线的总数目。

（4）单击"确定"按钮，完成等值线提取操作。

2. 提取指定等值线

可以按照用户的需要指定一定数量的特定值的等值线。可以直接输入等值线的值，也可以根据设置的范围和间隔自动生成系列高程值。其操作步骤如下：

（1）单击"分析"选项卡中"栅格分析"组的"表面分析"按钮，在弹出的下拉菜单中选择"提取指定等值线"项，进入"提取指定等值线"对话框，如图 10-42 所示。

（2）设置提取等值线的公共参数，包括源数据、目标数据和参数设置中的重采样系数、光滑方法、光滑系数。

182

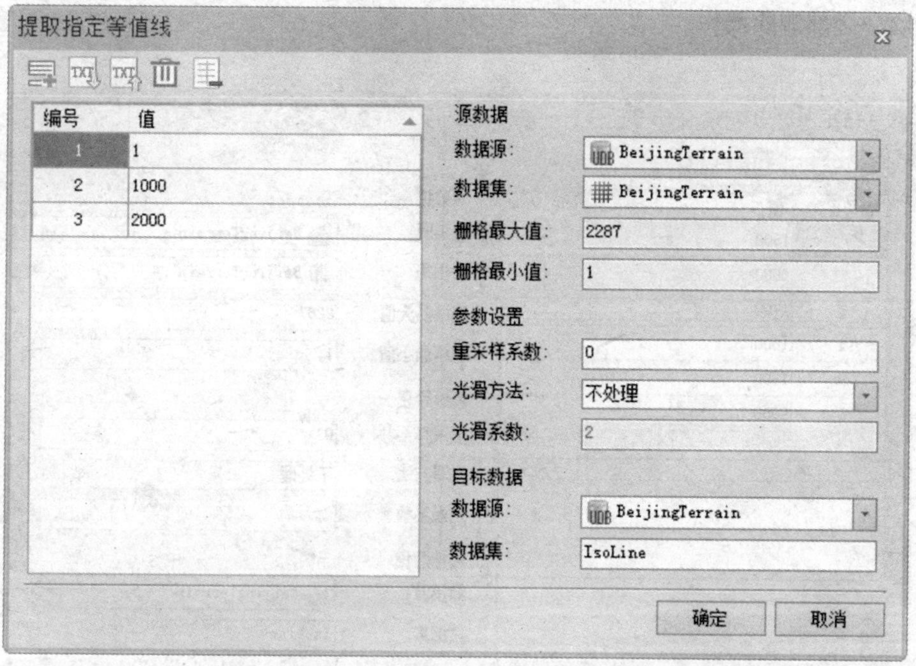

图 10-42

（3）在图 10-42 中直接输入特定值，也可以单击图 10-42 中的 ▦ 按钮，弹出"批量添加栅格值"对话框，设置等值线的起始值、终止值、等值距、等值数等参数，单击"确定"按钮，返回"提取指定等值线"对话框。如图 10-43 所示。

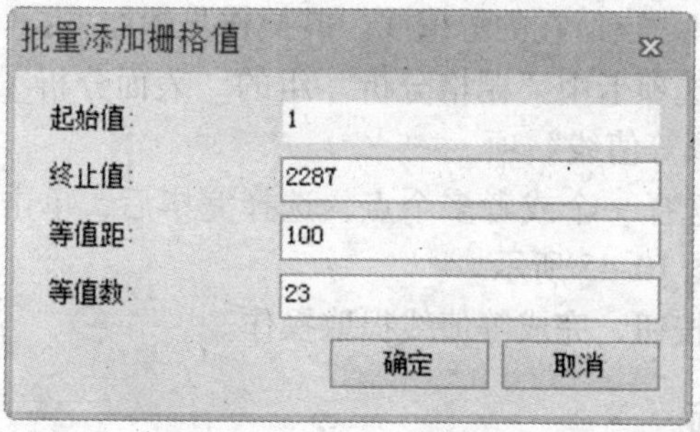

图 10-43

起始值：生成等值线的初始起算值。
终止值：生成等值线的最大值。
等值距：相邻两条等值线之间的间隔值。
等值数：目标数据集中等值线的总数量。等值距确定后，系统会自动计算出等值数。
（4）单击"确定"按钮，完成等值线提取操作。
在提取指定等值线时，可以导入、导出 txt 格式的等值线信息，也可以删除一个或者全部的当前等值线信息。如图 10-44 所示，矩形框内的按钮自左至右依次对应导入、导出、删除、全部删除操作。

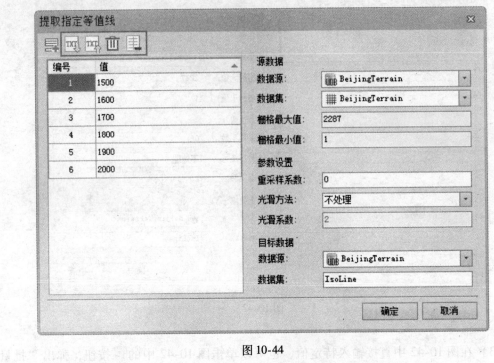

图 10-44

3. 点选提取等值线

通过用户在栅格表面模型上点击来交互地选择等值线，结果将输出值等于选择的点的高程的等值线，注意不只是点所在的等值线。其操作步骤如下：

（1）单击"分析"选项卡中"栅格分析"组的"表面分析"下拉按钮，在弹出的下拉菜单中选择"点选提取等值线"项。

（2）在地图上单击选择一个或者多个点，选择完毕后，单击鼠标右键弹出"点选提取等值线"对话框，如图 10-45 所示。

（3）单击"确定"按钮，完成等值线提取操作。

10.5.4 提取等值面

等值面是由相邻的等值线封闭组成的面。等值面的变化可以很直观地表示出相邻等值线之间的变化，诸如高程、温度、降水、污染或大气压力等用等值面来表示是非常直观、有效的。等值面分布的效果与等值线的分布相同，也是反映了栅格表面上的变化，等值面分布越密集的地方，表示栅格表面值有较大的变化，反之则表示栅格表面值变化较小；等值面越窄的地方，表示栅格表面值有较大的变化，反之则表示栅格表面值变化较小。

SuperMap 表面分析中提供了两种等值面的提取方法：提取所有等值面和提取指定等值面。

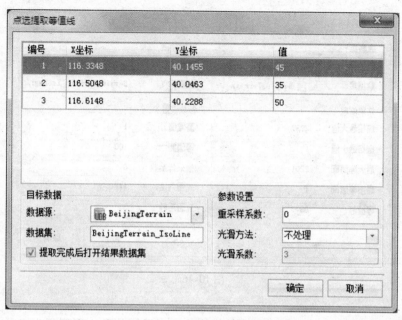

图 10-45

1. 提取所有等值面

可以通过指定参数提取表面模型中所有符合条件的等值面。一般用基准值和等值距两个参数来控制提取的等值面。基准值是作为一个生成等值面的初始起算值；等值距是两条等值线之间的间隔值，由这两个参数可以确定提取的等值面的个数。例如，基准值设为0，等值距设为50，则对于高程值范围在 120～999 的 DEM 栅格数据，提取的所有等值面中的最小等值面值为 150，最大值为 950，一共可以提取 16 个等值面。等值面的生成是通过对原栅格数据进行插值，然后连接等值点得到等值线，再由相邻等值线封闭组成的，所以得到的结果是棱角分明的多边形面，需要进行一定的光滑处理以模拟真实的等值面。等值面的光滑方法和等值线的光滑方法相同。SuperMap 也支持两种光滑的方法：B 样条法和磨角法。其操作步骤如下：

（1）单击"分析"选项卡中"栅格分析"组的"表面分析"下拉按钮，在弹出的下拉菜单中选择"提取所有等值面"项，进入"提取所有等值面"对话框，如图 10-46 所示。

（2）设置提取等值面的公共参数，包括源数据、目标数据和参数设置中的重采样系数、光滑方法、光滑系数。

（3）设置参数中的基准值和等值距。

基准值：基准值作为一个生成等值面的初始起算值，以等值距为间隔向其前后两个方向计算，因此并不一定是最小等值面的值。

等值距：从基准值起，相邻两个等值面之间的高程间距，默认单位与源数据集单位相同。等值距与基准值共同决定提取哪些等值面。

参数设置完成后，系统会自动计算出结果信息并显示出来。结果信息的说明如下：

栅格最大值：所选源数据集中最大的栅格值，为系统信息，不可更改。

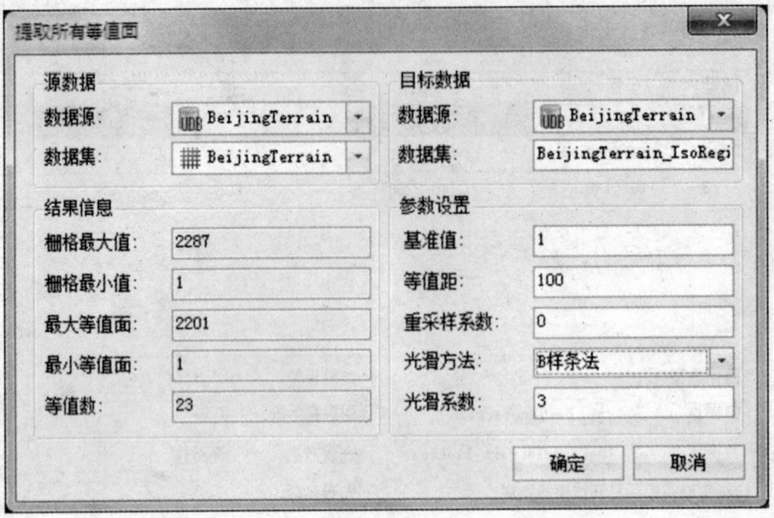

图 10-46

栅格最小值：所选源数据集中最小的栅格值，为系统信息，不可更改。

最大等值面：目标数据集中等值面的最大值。

最小等值面：目标数据集中等值面的最小值。

等值数：目标数据集中等值面的总数量。

（4）点击"确定"按钮，完成等值面提取操作。

2. 提取指定等值面

可以按照用户的需要指定一定数量的特定值。可以直接输入特定值，也可以根据设置的范围和间隔自动生成系列高程值。其操作步骤如下：

（1）单击"分析"选项卡中"栅格分析"组的"表面分析"下拉按钮，在弹出的下拉菜单中选择"提取指定等值面"项，进入"提取指定等值面"对话框，如图 10-47 所示。

（2）设置提取等值面的公共参数，包括源数据、目标数据和参数设置中的重采样系数、光滑方法、光滑系数。

（3）在图 10-47 中直接输入特定值，也可以单击图 10-47 中的 ▤ 按钮，弹出"批量添加栅格值"对话框，设置等值面的起始值、终止值、等值距、等值数等参数，单击"确定"按钮，返回"提取指定等值面"对话框。

（4）单击"确定"按钮，完成等值面提取操作。

在提取指定等值面时，还可以导入、导出 .txt 格式的等值面信息，也可以删除一个或者全部的当前等值面信息。如图 10-48 所示，橘黄色矩形框内的按钮自左至右依次对应导入、导出、删除、全部删除操作。

10.5.5 可见性分析

可视域是从一个或者多个观察点可以看见的地表范围。可视域分析是在栅格数据集上，对于给定的一个观察点，基于一定的相对高度，查找给定的范围内观察点所能通视覆

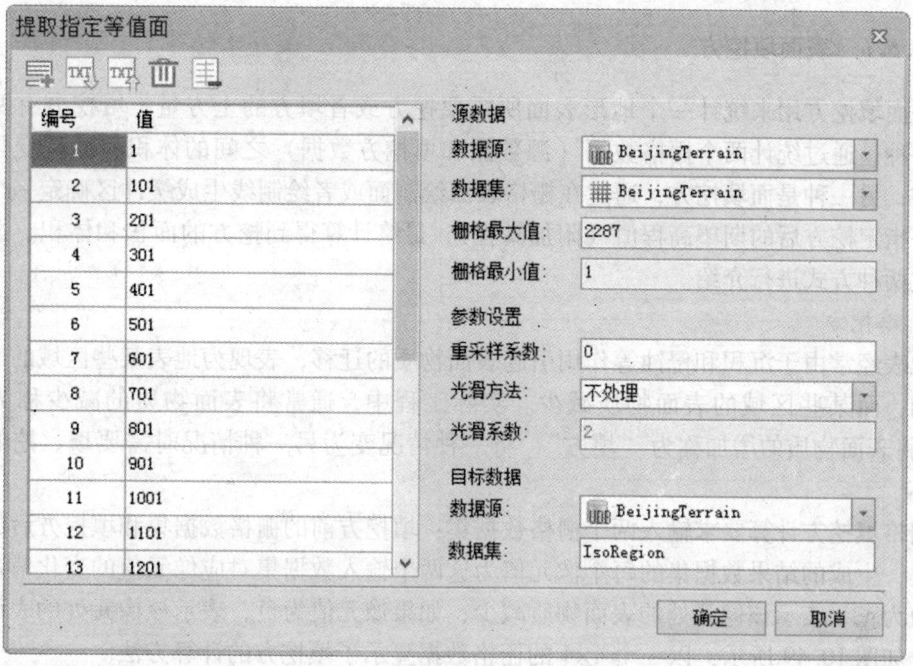

图 10-47

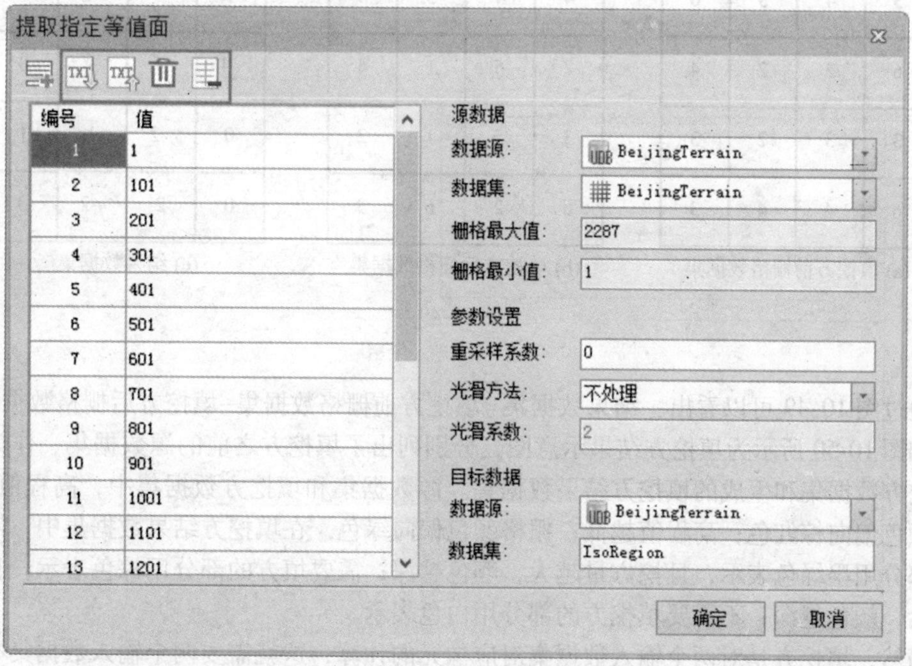

图 10-48

盖的区域，也就是给定点的通视区域范围，分析结果是得到一个栅格数据集。在确定发射塔的位置、雷达扫描的区域以及建立森林防火瞭望塔时，都会用到可视域分析。可视域分析在航海、航空以及军事方面有较为广泛的应用。

10.5.6 表面填挖方

表面填挖方用来统计一个地形表面所需要挖方或者填方的土方量。填挖方有两种方式。一种是通过统计两个栅格数据（源数据和填挖方数据）之间的体积和面积变化实现填挖方；另一种是面填挖方，通过在栅格表面绘制面或者绘制线生成缓冲区确定一个参考面，并指定挖方后的期望高程值（附加高程），最终计算得到挖方的面积和体积。下面分别对这两种方式进行介绍。

1. 填挖方

地表经常由于沉积和侵蚀等作用引起表面物质的迁移，表现为地表某些区域的表面物质增加，而某些区域的表面物质减少。实际工程中，通常将表面物质的减少称为"挖方"，将表面物质的增加称为"填方"，将一种情况变为另一种情况时需要填、挖的面积和大小。

栅格填挖方计算要求输入两个栅格数据集：填挖方前的栅格数据集和填挖方后的栅格数据集，生成的结果数据集的每个像元值为这两个输入数据集对应像元值的变化值。如果像元值为正，表示该像元处的表面物质减少；如果像元值为负，表示该像元处的表面物质增加。如图 10-49 所示，以一个 4×4 的栅格数据显示了填挖方的计算方法。

5	4	3	6
6	2	2	4
3	3	2	3
6	4	4	3

(a) 填挖方前栅格数据集

4	4	5	5
7	5	1	4
3	5	1	2
6	2	6	3

(b) 填挖方后栅格数据集

1	0	–2	1
–1	3	1	0
0	–2	1	1
0	2	–2	0

(c) 结果数据集

图 10-49

通过图 10-49 可以看出：结果数据集 = 填挖方前栅格数据集 – 填挖方后栅格数据集。

如图 10-50 所示为填挖方结果示意图，分别列出了填挖方之前的源数据集、作为参考的填挖方数据集和生成的填挖方结果数据集。源数据集和填挖方数据集中，高程值越高，栅格颜色偏向棕红色；高程值越低，栅格颜色偏向绿色。在填挖方结果数据集中，需要挖方的部分用墨绿色表示，且挖方量越大，颜色越深；需要填方的部分用棕色表示，且填方量越大，颜色越深；不需要填挖方的部分用白色表示。

当然，填挖方是对两个输入数据集对应像元的计算，这就需要两个输入数据集有相同的坐标和投影系统，以保证同一个地点有相同的坐标，如果两个输入数据集的坐标系统不一致，则很有可能产生错误的结果。理论上，要求两个输入数据集的空间范围也是一致的，然而，对于空间范围不一致的两个输入数据集，只计算其重叠区域的表面填挖方的结果；另外，在其中一个数据集的像元为空值处，计算结果该像元值也为空值。

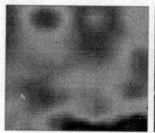 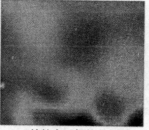 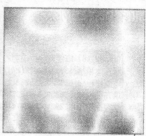

(a) 填挖方前栅格数据集　　　(b) 填挖方后栅格数据集　　　(c) 结果数据集

图 10-50

进行填挖方的操作步骤如下：

（1）单击"分析"选项卡"栅格分析"组中"表面分析"下拉按钮，在弹出的下拉菜单中选择"填挖方"项，弹出如图 10-51 所示的"填挖方"对话框。

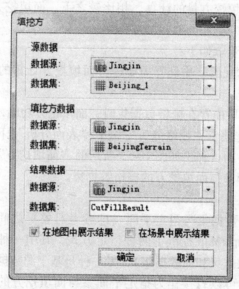

图 10-51

（2）设置源数据，即填挖方前的栅格数据集。

（3）设置填挖方数据，即填挖方后的栅格数据集。

（4）设置结果数据。

（5）在地图中展示结果：运行结束后，将结果数据集在当前地图窗口中打开。其中，挖方部分用红色表示，填方部分用绿色表示，白色表示未变化的区域，既没有挖方也没有填方的区域。

（6）在场景中展示结果：运行结束后，将结果数据集在当前场景窗口中打开。

（7）单击"确定"按钮，执行填挖方操作。

执行完毕后会在输出窗口显示填挖方计算结果，包括填充体积、挖掘体积、填充面积、挖掘面积、未填挖面积 5 项内容，其中体积单位为立方米（m³）、面积单位为平方米（m²）。如图 10-52 所示。

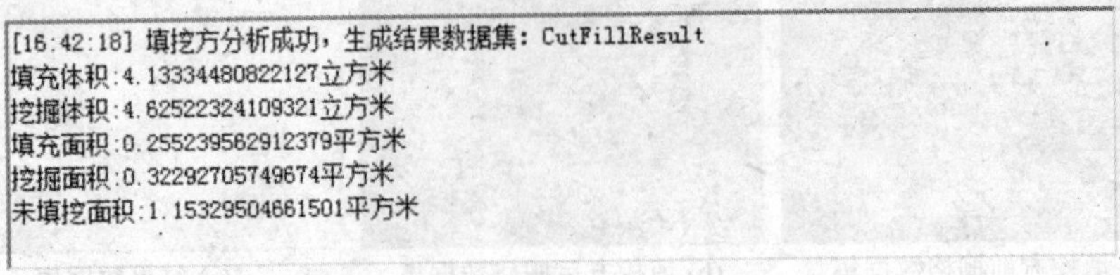

```
[16:42:18]填挖方分析成功，生成结果数据集：CutFillResult
填充体积:4.13334480822127立方米
挖掘体积:4.62522324109321立方米
填充面积:0.255239562912379平方米
挖掘面积:0.32292705749674平方米
未填挖面积:1.15329504661501平方米
```

图 10-52

2. 面填挖方

当需要将一个高低起伏的区域夷为平地时，需要进行面填挖方计算。

与普通填挖方不同的是，面填挖方是栅格数据集与指定平面之间填挖方量的计算，且指定平面既可以是现有的矢量数据集，也可以是基于栅格数据集鼠标绘制的区域；而填挖方是两个栅格数据集之间填挖方量的计算。相比较之下，面填挖方的适用范围更加广泛，操作更加灵活。

进行面填挖方的操作步骤如下：

（1）在"工作空间管理器"中选择需要进行面填挖方计算的栅格数据集，在地图窗口中打开。

注意：只有在地图窗口中存在栅格数据集时，面填挖方功能才是可用的。

（2）单击"分析"选项卡"栅格分析"组中"表面分析"下拉按钮，在弹出的下拉菜单中选择"面填挖方"项，弹出如图 10-53 所示的"面填挖方"对话框。

（3）设置源数据，即参与面填挖方的栅格数据集。

（4）获取参考对象。

由于面填挖方是栅格数据集与指定平面（即参考对象）之间填挖方量的计算，需要获取指定平面的区域。SuperMap 提供了两种指定方式，其中一种是选择当前地图中已有的矢量数据集（包括线数据集和面数据集），另一种是基于源数据集绘制面或者线。

对于获取的面对象，可以直接作为指定平面参与面填挖方的运算；对于获取的线对象，系统会先对其进行缓冲区分析，将缓冲结果作为指定平面参与面填挖方的计算。

选择：当地图窗口有已打开的矢量数据集时（必须是线、面数据集），"选择"项可用。单击"选择"按钮即可获取当前地图窗口中的矢量对象，并将其作为面填挖方操作的参考对象。

绘制面：勾选"绘制面"项，可以在当前源数据集上通过鼠标绘制面对象，并将其作为面填挖方的参考对象。

绘制线：勾选"绘制线"项，可以在当前源数据集上通过鼠标绘制线对象，经过缓冲区分析后，即可作为面填挖方的参考对象。

（5）附加高程：填挖结果所得平坦面的高程值。默认为 0，即参考对象的高程值为 0。

（6）缓冲设置，当获取的参考对象为线对象时方可使用。

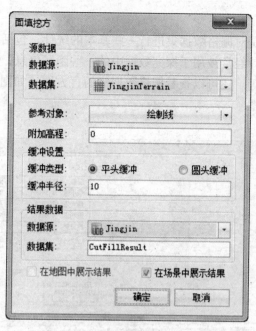

图 10-53

缓冲类型：用户可以根据需要选择不同的缓冲类型，包括平头缓冲和圆头缓冲两种。平头缓冲表示缓冲区在线的两端和节点处均为折角，圆头缓冲表示缓冲区在线的两端和节点处均为平缓的圆角。

缓冲半径：由缓冲半径确定缓冲区的范围，对绘制的线对象创建缓冲区，形成待填挖得到的面。

（7）设置结果数据。

（8）在地图中展示结果：运行结束后，将结果数据集在新的地图窗口中打开。该项仅在地图窗口中操作时可用。其中，挖方部分用红色表示，填方部分用绿色表示，白色表示未变化的区域，既没有挖方也没有填方的区域。

（9）在场景中展示结果：运行结束后，将结果数据集在新的场景窗口中打开。该项仅在场景窗口中操作时可用。

（10）单击"确定"按钮，执行填挖方操作。执行完毕后会在输出窗口显示填挖方计算结果，包括填充体积、挖掘体积、填充面积、挖掘面积、未填挖面积 5 项内容，其中体积单位为立方米（m^3）、面积单位为平方米（m^2）。

10.6 栅 格 统 计

SuperMap 栅格统计功能提供了 5 种形式的统计方式：基本统计、区域统计、常用统计、高程统计、邻域统计。

191

10.6.1 基本统计

基本栅格统计功能是对栅格数据集进行一些基本的统计，包括最大值、最小值、平均值、标准差等，基本统计经常被用于探究数据中的一些隐藏信息，例如一个地域高程的最大值、最小值、平均值等。还可以查看栅格数据集的直方图。如图 10-54 所示，显示的是一个栅格数据集的直方图。

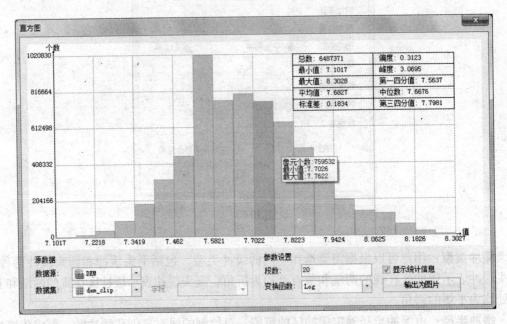

图 10-54

进行基本统计的操作步骤如下：

（1）在"分析"选项卡的"栅格分析"组中，单击"栅格统计"下拉按钮，在弹出的下拉菜单中选择"基本统计"项，弹出"基本统计"对话框。如图 10-55 所示。

（2）选择要进行统计的栅格数据，包括数据所在的数据源和数据集。

（3）单击"统计"按钮，对栅格数据进行统计。

（4）统计结果区域，显示基本统计的内容。包括最大值、最小值、平均值和标准差等。

最大值：查找栅格像元值中的最大值。

最小值：查找栅格像元值中的最小值。

平均值：统计栅格数据中所有像元值的平均值。

标准差：统计栅格数据中所有像元值的标准差。标准差是各个统计数据偏离平均数的距离的平均数，能够反映数据的离散程度。标准差是方差的算术平方根。如下面的公式所示，$x_1, x_2, x_3, \cdots, x_n$ 为一组样本数据，μ 为其平均值，则标准差公式计算方法为

$$S = \sqrt{\frac{(x_1 - \mu)^2 + (x_2 - \mu)^2 + \cdots + (x_n - \mu)^2}{n}}$$

192

图 10-55

方差：统计栅格数据中所有像元值的方差。方差是各个统计数据源与其平均数的差的平方和。

（5）单击"直方图"按钮，查看当前栅格数据的直方图。

（6）单击"关闭"按钮，退出当前统计窗口。

10.6.2　区域统计

区域统计是根据一个数据集所包含的不同类别的区域范围（区域数据，矢量面数据或者栅格数据）对另一个数据集（值数据，必须为栅格数据）进行统计。不考虑栅格像元的相邻关系，按照区域对栅格数据进行划分，对同一个区域中的栅格数据进行统计，同一个区域内的栅格像元赋值为同一个值输出，最终得到一个新的栅格数据集。例如，可以利用区域统计计算每个污染区内的平均人口密度，计算同一高程处植被类型，每个同一坡度区域内土地利用类型，等等。以下为某一地区坡度分类栅格数据为区域数据，高程数据为值数据，计算同一坡度区域内高程的平均值。

进行区域统计的操作步骤如下：

（1）在"分析"选项卡上的"栅格分析"组中，单击"栅格统计"下拉按钮，在弹出的下拉菜单中选择"区域统计"项，弹出"区域统计"对话框。如图 10-56 所示。

（2）选择要进行统计的值数据（栅格数据），包括栅格数据所在的数据源和数据集。

（3）选择待统计的区域数据。区域数据可以为矢量面数据集或者栅格数据集。目前系统仅支持像素格式为 1 位（UBit1）、4 位（UBit4）、单字节（UBit8）和双字节（Bit16）的栅格数据集进行区域统计。

（4）设置区域字段。矢量区域数据集中用于标识区域的字段。字段类型只支持 32 位整型。默认使用矢量数据集的 SMID 进行统计。不能对栅格数据集设置统计字段。

（5）设置统计参数。包括统计模式和是否忽略无值数据。

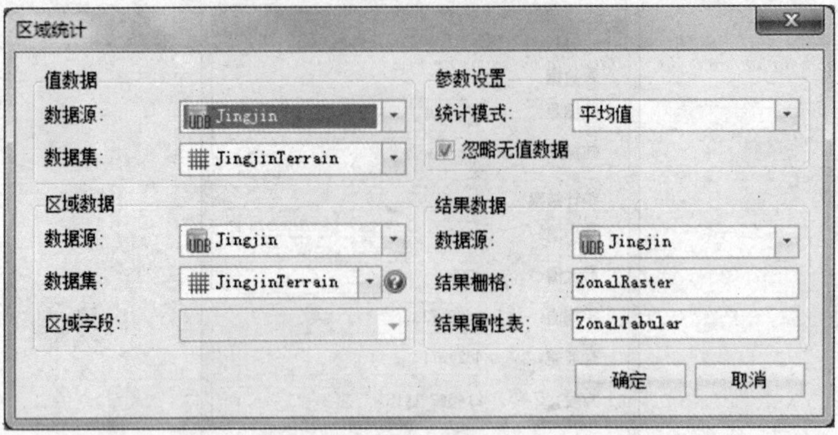

图 10-56

选择使用的统计模式,一共有 10 种类型可选。包括最小值、最大值、平均值、标准差、和、种类、值域、众数、最少数和中位数。

设置是否忽略无值数据。选中忽略无值数据时,统计时仅对值栅格数据中有值的像元进行统计;否则会对无值像元进行统计。

(6)设置结果数据。区域统计的结果会以一个栅格数据集输出。需要设置结果数据要保存的数据源以及栅格数据的名称和属性表名称。需要注意:栅格结果数据和属性表的名称不能一样。

(7)单击"确定"按钮,执行区域统计操作。单击"取消"按钮,退出当前对话框。

10.6.3 常用统计

常用统计功能用来将输入栅格与某一个固定值或者与其他栅格数据集(一个或者多个)比较的结果进行统计。按照比较方式的不同,可以分为以下两种:

常用统计功能用来将输入的栅格数据集与一个或多个栅格数据集的对应像元值进行比较,比较结果为"真"的次数。

或者将一个栅格数据集逐行逐列按照某种比较方式与一个固定值进行比较,比较结果为"真"的像元值为 1,比较结果为"假"的像元值为 0。

常用栅格统计功能提供的分析比较类型共有 5 种:等于运算、大于运算、小于运算、大于等于运算和小于等于运算。这 5 种比较操作的第一个操作数,即被操作数据为第一个输入栅格数据集;第二个操作数即操作数据为第二个输入栅格数据集或一个纯数字。

进行常用统计的操作步骤如下:

(1)在"分析"选项卡上的"栅格分析"组中,单击"栅格统计"下拉按钮,在弹出的下拉菜单中选择"常用统计"项,弹出"常用统计"对话框。如图 10-57 所示。

(2)选择要统计的栅格数据,包括栅格数据所在的数据源和数据集。

(3)设置统计结果参数,包括统计结果数据集所在的数据源和结果数据集名称。

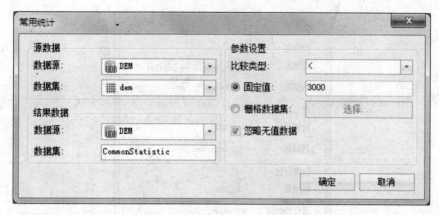

图 10-57

（4）设置统计参数。根据不同的统计类型，需要设置不同的参数。

统计栅格与固定值进行比较时：先选择比较运算函数，包括等于运算、大于运算、小于运算、大于等于运算和小于等于运算。选中"固定值"单选按钮，激活固定值后面的文本框，输入要比较的固定值大小。

统计栅格与其他栅格数据进行比较时：先选择比较运算函数，包括等于运算、大于运算、小于运算、大于等于运算和小于等于运算。选中"栅格数据集"单选按钮，激活栅格数据集后面的选择按钮，单击"选择"按钮，选择要进行统计的其他栅格数据集，可以是单个或者多个栅格数据集。

（5）设置是否忽略无值数据。默认忽略无值数据。选中该参数，在进行统计时，无值数据将不参与统计，否则统计过程中需要考虑无值数据。

（6）单击"确定"按钮，执行统计操作。单击"取消"按钮，退出当前对话框。

10.6.4 高程统计

高程统计是根据栅格数据的高程信息，获取点数据（二维）对应的高程信息，并将结果输出为三维点数据集。

进行高程统计的操作步骤如下：

（1）在"分析"选项卡上的"栅格分析"组中，单击"栅格统计"下拉按钮，在弹出的下拉菜单中选择"高程统计"项，弹出"高程统计"对话框。如图 10-58 所示。

（2）选择需要统计高程信息的点数据集（二维），包括点数据所在的数据源和数据集。

（3）选择高程信息来源的栅格数据，包括栅格数据所在的数据源和数据集。

（4）设置结果参数，包括结果数据集要保存的数据源和生成的高程点数据集的名称。

（5）单击"确定"按钮，进行高程统计操作。单击"取消"按钮，退出当前对话框。

图 10-58

10.6.5 邻域统计

邻域统计是对数据集中的每个像元值的邻域范围内的像元进行统计，即以待计算栅格为中心，向其周围扩展一定范围，基于这些邻域范围内的栅格数据进行统计计算，将运算结果作为像元的值。目前提供的统计方法包括：最大值、最小值、众数、最少数等。常用的邻域范围类型包括：矩形、圆形、圆环和扇形等。

矩形：矩形的大小由指定的宽度和高度来确定，矩形范围内的像元参与邻域统计的计算。矩形邻域宽和高的默认值均为 0（单位为地理单位或栅格单位）。

圆形：圆形邻域的大小根据指定的半径来确定，圆形范围内的所有像元都参与邻域处理（注意：只要像元有部分包含在圆形范围内都将参与邻域统计）。圆形邻域的默认半径为 3（单位为地理单位或栅格单位）。

圆环：圆环形邻域的大小根据指定的外圆半径和内圆半径来确定，圆环形区域内的像元都参与邻域处理。圆环形邻域的默认外圆半径和内圆半径分别为 3 和 6（单位为地理单位或栅格单位）。

扇形：扇形邻域的大小根据指定的圆半径、起始角度和终止角度来确定。在扇形区内的所有像元都参与邻域处理。扇形邻域的默认半径为 3（单位为地理单位或栅格单位），起始角度和终止角度的默认值分别为 0°和 360°。

四种形状如图 10-59 所示，默认邻域大小为 3×3。图上单元格仅为示意。

如图 10-60 所示为邻域统计的示意图，图 10-60 中位于第二行第三列的单元格，该单元格的值由其周围扩散得到的 3×3（矩形邻域）的邻域内所有像元值来确定。

进行邻域统计的操作步骤如下：

（1）在"分析"选项卡上的"栅格分析"组中，单击"栅格统计"下拉按钮，在弹出的下拉菜单中选择"邻域统计"项，弹出"邻域统计"对话框。如图 10-61 所示。

196

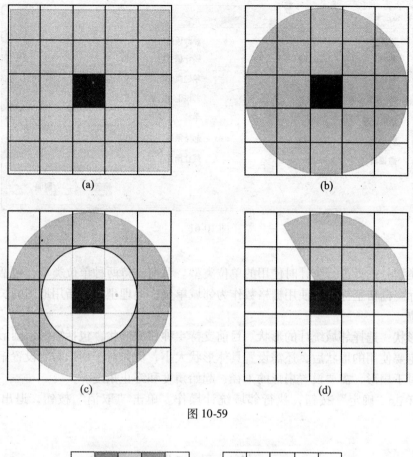

图 10-59

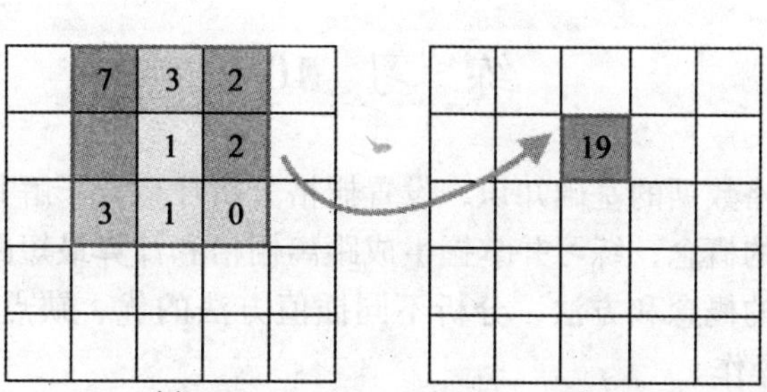

图 10-60

（2）选择要进行统计的源数据（栅格数据），包括栅格数据所在的数据源和数据集。

（3）设置是否忽略无值数据。若选中忽略无值数据，统计时仅对值栅格数据中有值的像元进行统计；否则会对无值像元进行统计。

（4）设置结果数据。需要设置邻域统计结果数据要保存的数据源以及栅格数据的名称。

（5）设置邻域统计的相关参数，包括统计模式、单位类型和邻域形状。

统计模式：选择使用的统计模式，一共有 10 种类型可供选择。包括最小值、最大值、平均值、标准差、和、种类、值域、众数、最少数和中位数。

图 10-61

单位类型：选择进行统计时使用的单位类型。目前支持两种单位类型，包括栅格坐标和地理坐标。栅格坐标是指使用栅格数作为邻域单位；地理坐标是指用地图的长度单位作为邻域单位。

邻域形状：选择邻域统计的形状。目前支持 4 种邻域形状，包括矩形、圆形、圆环和扇形。选定要使用的形状后，还需设置具体形状大小，例如对于矩形需要设置矩形的宽度和高度；对于扇形，需要设置扇形的半径、起始角度和终止角度。

（6）单击"确定"按钮，执行邻域统计操作。单击"取消"按钮，退出当前对话框。

练 习 10

1. 学习并掌握栅格数据的基础知识，设置栅格分析环境，了解其参数含义。

2. 了解源和耗费的概念，练习并掌握生成距离栅格和计算最短路径的操作。

3. 了解栅格插值的概念和方法，分析不同插值方法的优、缺点，练习根据不同插值方法进行插值分析的操作。

4. 学习表面分析的基础知识，掌握表面分析的相关概念，练习并掌握进行坡度和坡向分析，提取等值线和等值面，分析表面的可视性，表面填挖方的操作。

5. 练习超图软件提供的基本统计、区域统计、常用统计、高程统计、邻域统计五种栅格统计操作，了解统计过程中各参数的含义。

第11章 网络分析

网络分析是 SuperMap 提供的重要的空间分析功能，利用网络分析可以模拟现实世界的网络问题。如从网络数据中寻找多个地点之间的最优路径，确定网络中资源的流动方向、资源配置和网络服务范围等。本章对网络模型的基本概念、如何设置网络分析环境进行了介绍，并以网络分析中的两种典型分析：最佳路径分析和最近设施查找为例，详细介绍了其操作步骤。

11.1 网络模型简介

SuperMap 中的网络模型共分为两种：交通网络模型和公共设施网络模型。

11.1.1 交通网络模型

交通网络是没有方向的网络，常用的有道路交通网。交通网络分析多用于路径搜索和定位。虽然这种网络是非定向的网络，流向不完全由系统控制，但是网络中流动的资源可以决定其流向。例如，行人在高速公路上开车行驶，可以选择转弯的方向、停车时间以及行驶的方向等。但是也有一定的限制，如单行线、不允许掉头等，这取决于网络属性。

交通网络模型中涉及的基本概念：

节点：节点是网络中弧段相连接的地方。节点可以表示现实中的道路交叉口、河流交汇点等点要素。节点和弧段各自对应一个属性表，它们的邻接关系通过属性表的字段来关联。

弧段：弧段就是网络中的一条边，弧段通过节点和其他的弧段相连接。弧段可以用于表示现实世界运输网络中的高速路、铁路、电网中的传输线和水文网络中的河流等。弧段之间的相互联系是具有拓扑结构的。

网络阻力：现实生活中，从起点出发，经过一系列的道路和路口抵达目的地，必然会产生一定的花费。这个花费可以用距离、时间、货币等度量。在网络模型中，把通过节点或弧段的花费抽象成网络阻力，并将该信息存储在属性字段中，称为阻力字段。

中心点：中心点是网络中具有接受或提供资源能力，且位于节点处的离散设备。设施是指地理信息系统所需的物质、资源、信息、管理和文化环境等。例如学校里有教育资源，学生必须到校学习；零售仓储点，储存了零售点所需要的货物，每天需要向各个零售点配送发货。中心点实质上也是网络上的节点。

障碍边和障碍点：城市中的交通堵塞问题随处可见，交通拥堵是没有规律可循、随机且动态变化的过程。为了实时地反映交通网络的现状，需要让交通堵塞的弧段具有暂时禁止通行的特性，同时在交通恢复正常后，弧段属性也能实时恢复正常。障碍边、障碍点概念的提出可以很好地解决上述问题。障碍边、障碍点引入的好处是障碍设置与否与现有的网络环境参数无关，具有相对独立的特性。

转向表：转向是从一个弧段经过中间节点抵达邻接弧段的过程。转弯耗费是完成转弯所需要的花费。转向表用来存储转弯耗费值。转向表必须列出每个十字路口所有可能的转弯，一般有起始弧段字段（FromEdgeID）、终止弧段字段（ToEdgeID）、节点标识字段（NodeID）和转弯耗费字段（TurnCost）四个字段，这些字段与弧段、节点中的字段相关联，表中的每条记录表示一种通过路口的方式所需要的弧段耗费。转弯耗费通常是有方向性的，转弯的负耗费值一般为禁止转弯。

例如，在对道路进行网络分析时，我们经常会遇到十字路口、三岔口等情况，如图11-1所示，图（a）为一个十字路口的示意图，图（b）中的表格即为该十字路口所对应的转向表，转向表中记录了该十字路口处车辆的转向和转弯所需的耗费等信息。

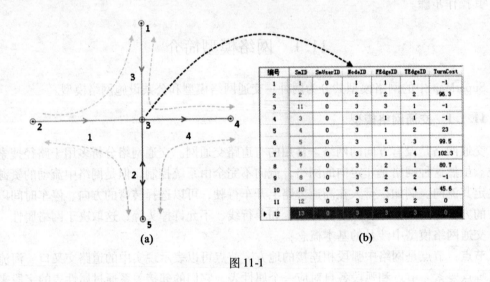

编号	SmID	SmUserID	NodeID	FEdgeID	TEdgeID	TurnCost
1	1	0	1	1	1	-1
2	2	0	2	2	2	96.3
3	11	0	3	3	1	-1
4	3	0	3	1	1	-1
5	4	0	3	1	2	23
6	5	0	3	1	3	99.5
7	6	0	3	1	4	102.3
8	7	0	3	2	1	80.7
9	8	0	3	2	2	-1
10	10	0	3	2	4	45.6
11	12	0	3	3	2	0
12	13	0	3	3	3	0

(a)　　　　　　　　　　　　　　(b)

图 11-1

11.1.2 设施网络模型

公共设施网络是具有方向的网络，常用的网络如天然气管道、河道等。这种网络是一种定向网络，其流向由网络中的源和汇决定，网络中流动介质（水流、电流等）自身不能决定流向。例如确定一点到另一个点的上游路径，以确定河流中污染源，或者水网中某处管道破裂后，需要及时关闭哪些线路的阀门。

一个设施网络的本质是一组边（Edges）和交汇点（Junctions）的组合，并通过一定的连通性规则来对真实世界的网络设施进行表达和建模，即用户通过指定构成设施网络的基本元素（点线对象）的含义和规则来指定所要建模的资源怎样在设施网络中进行流动。

交通网络模型中涉及的基本概念：

边（Edges）：构建的设施网络一般会包含线对象，在设施网络模型中用来表示资源流通管道。如水管、电线、天然气管线等都可以视为设施网络的边。

简单边（Simple Edges）：简单边即只能在首尾两头连接两个交汇点的边，简单边不具有内部的连通性，如果需要在其中加入一个新的交汇点则必须在物理上将其打断为两个简单边。

复杂边（Complex Edges）：复杂边除了具有简单边首尾两端的交汇点外还可以在其中添加交汇点。可以在中间添加任意多个交汇点而不被真正物理打断。

注意：共相式 GIS 内核现有体系中暂时没有复杂边的概念，即所有复杂边出现时都被物理打断，作为简单边进行处理。

交汇点（Junctions）：构建的设施网络一般会包含点对象，在设施网络模型中用来表示两条以及多条资源流通管道的交汇位置，如水网的泵站和阀门、电网的电闸、天然气网的供气点等。

源（Source）：是指资源流出的交汇点，如真实网络中的电站和水站等。

汇（Sink）：是指资源流入的交汇点，如真实网络中的电网和水网用户接入点等。

网络权重（Network Weight）：每一个网络都可以与一组权重相关联，比如在水网中可以存在一个水压权重，其和每段边的长度关联，表达的含义是水流通过管道每运行一段则水压由于管道摩擦的存在会不断减少。一种网络权重可以与某一类对象的某一字段相关联，也可以和多种对象进行关联，且权重可以为 0，如孤立交汇点没有和任何字段关联的权重都为 0。

要素有效和失效：设施网络中的边和交汇点都可以因为某种原因而失效（例如阀门关闭，导致某一段水管没法流通），失效的边或交汇点则变成了网络的障碍，有效和失效可以由一个字段来进行表示。

11.2 网络分析环境的设置

进行网络分析，首先需要准备好网络数据集，其创建过程见本书 6.4 节。添加网络数据集后，对网络分析环境进行设置。勾选"网络分析"组的"环境设置"复选框，显示环境设置窗口，如图 11-2 所示。

环境设置窗口分为五部分：工具条、网络图层下拉框、网络分析基本参数、结果设置和追踪分析。

11.2.1 工具条介绍

工具条中依次有风格设置、交通规则设置、转向表设置、权值设置、追踪分析网络建模和检查环路六项，下面对这六项分别进行介绍。

风格设置：对交通网络分析和设施网络分析过程中的各种站点、障碍点等点风格，结果路由等线风格，服务区等面风格和文字提示的风格分别进行设置。

在"分析"选项卡的"网络分析"组中，勾选"环境设置"复选框，则弹出"环境设置"浮动窗口，单击"环境设置"窗口工具条上的 ✿ 按钮，弹出"风格设置"对话框，如图 11-3 所示。

分别进行点、线、面、文本风格的设置，单击"确定"按钮，保存所做的风格设置。

交通规则设置：为网络分析设置交通规则，即设置网络弧段是否单行（包括正向单行和反向单行）或者禁止通行等属性。通常我们将交通规则信息，作为字段属性值存储

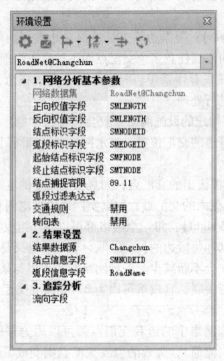

图 11-2

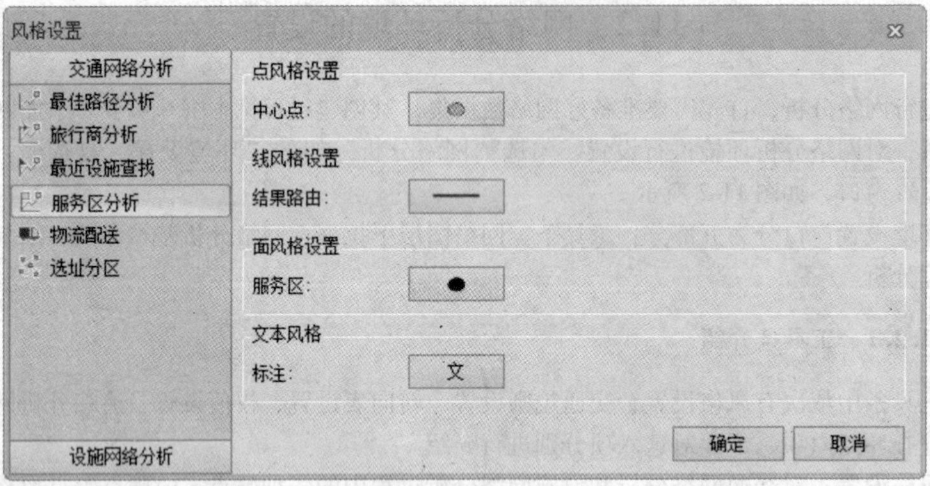

图 11-3

在某一个字段（文本型）中，不同的字段属性值代表了不同的交通规则，如正向单行、反向单行或者禁止通行。使用时，在交通规则设置对话框中指定每种规则对应的属性值。

在环境设置窗口中，单击"设置交通规则"按钮，弹出"设置交通规则"对话框，如图 11-4 所示。

对话框中，勾选"启用交通规则"对话框，表示在当前网络数据集中使用交通规则。

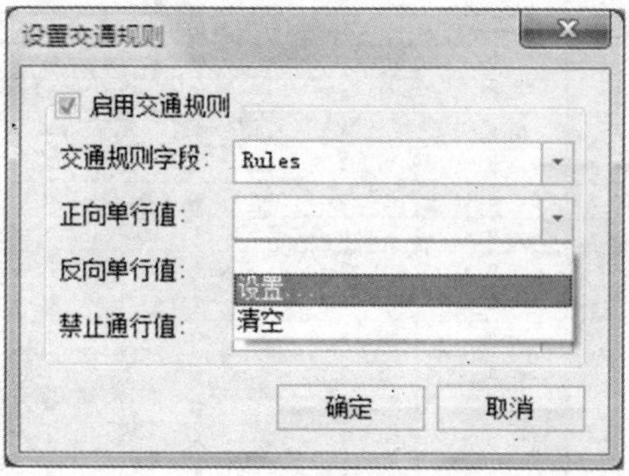

图 11-4

单击"交通规则字段"标签右侧的下拉箭头，在弹出的下拉列表中选择一个字段作为交通规则字段。

设置正向单行值。单击"正向单行值"右侧的下拉箭头，在下拉列表中选择"设置"，弹出"设置"对话框。在该对话框中添加正向单行值对应的属性值。可以添加多个字段。若用户想更改设置，选择"清除"，重新设置即可。用同样的方法设置反向单行值和禁止通行值。

单击"确定"按钮，完成设置，并退出当前对话框。

转向表设置：对网络分析中的转向表进行设置，包括创建转向表和设置转向表。

单击"环境设置"窗口工具条上的 └┘ 按钮，在弹出的下拉菜单中选择"创建转向表"项，弹出"创建转向表"对话框，如图 11-5 所示。

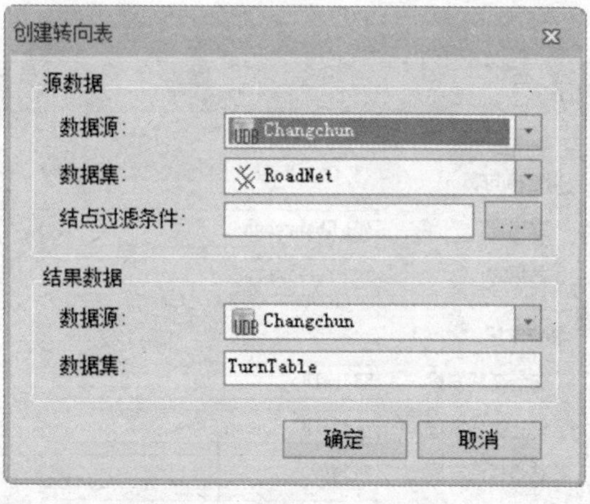

图 11-5

对源数据和结果数据进行设置，单击"确定"按钮，进行创建转向表操作。成功创建转向表后，在指定数据源下生成结果转向表数据集，如图 11-6 所示。

编号	SmID	SmUserID	NodeID	FEdgeID	TEdgeID	TurnCost
1	1	0	1	46	46	0
2	2	0	2	3	3	0
3	3	0	3	3	3	0
4	4	0	3	3	7	0
5	5	0	3	3	41	0
6	6	0	3	7	3	0
7	7	0	3	7	7	0
8	8	0	3	7	41	0
9	9	0	3	41	3	0
10	10	0	3	41	7	0
11	11	0	3	41	41	0
12	12	0	4	4	4	0
13	13	0	5	4	4	0
14	14	0	5	4	5	0

图 11-6

1. 结果转向表数据集说明

SmID、SmUserID 为系统字段，系统自动赋值，其中 SmID 字段不可编辑，SmUserID 字段可编辑。

NodeID 为节点标识字段，记录每个满足"节点过滤条件"的节点标识号（即"网络分析基本参数设置"对话框中设置的节点标识字段值）。

FEdgeID、TEdgeID 字段记录经过该节点的每个转向的起始弧段和终止弧段。

TurnCost 节点耗费字段，记录每个转向的消耗，默认值为 0，表示无耗费，用户可以根据实际操作需求，为该字段赋值。

单击"环境设置"窗口工具条上的 按钮，在弹出的下拉菜单中选择"设置转向表"项，弹出"设置转向表"对话框，如图 11-7 所示。

图 11-7

204

在指定字段框中各参数意义如下：

起始弧段字段：在节点处的转弯总会涉及两个弧段，即一个起始弧段和一个终止弧段。在选择的转向表中，选取一个字段作为起始弧段字段，以表示转弯是从哪个弧段开始的。

终止弧段字段：在选择的转向表中，选取一个字段作为终止弧段字段，以表示转弯是到达哪个弧段的。

节点标识字段：用来唯一标识转向点的一个字段。

节点花费字段：用来记录特定转弯处，在对应节点上的花费。

单击"确定"按钮，完成设置转向表操作。

权值设置：用来在内存中更新弧段权值和节点权值。更新弧段权值用来对弧段的正向/方向权值进行更改以及该弧段是否为障碍边进行设置等。更新节点权值用来对节点处的转向权值以及节点是否为障碍点进行设置。

在"环境设置"窗口的工具条上，单击"更新权值"下拉按钮，在弹出的下拉菜单中，选择"更新弧段权值"项，弹出"更新弧段权值"对话框，如图11-8所示。

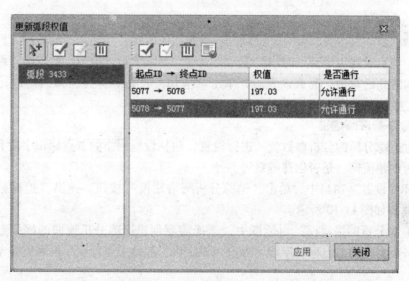

图 11-8

在网络图层上单击选中需要更新权值的弧段，单击鼠标右键即可结束选择。选中的弧段信息会自动添加到左侧弧段列表中。右侧的列表中列出了正向权值、反向权值。可以对弧段的权值以及是否为障碍边进行修改。更新的弧段，障碍边用红色高亮显示，非障碍边用其他颜色高亮显示。继续更新其他弧段的权值。完成设置后，单击"应用"按钮，将所做的修改进行保存；单击"关闭"按钮，放弃修改，退出当前对话框。

在"环境设置"窗口的工具条中，单击"更新权值"下拉按钮，在弹出的下拉菜单中选择"更新节点权值"项，弹出"更新节点权值"对话框，如图11-9所示。

在网络图层中单击选中需要更新权值的节点，单击鼠标右键即可结束选择。选中节点的信息会自动添加到对话框的列表中，可以选中该节点所在的行，单击节点单元格，对节

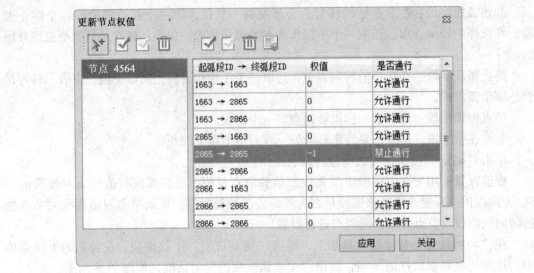

图 11-9

点的转向、权值、是否为障碍点进行修改。更新后的节点，当前选择的转向方向的弧段会高亮显示。该点设置为障碍点时用红色高亮显示。继续更新其他节点的权值。继续设置反向单行值和禁止通行值。完成设置后，单击"应用"按钮，保存所做的修改；单击"关闭"按钮，放弃修改，退出当前对话框。

2. 追踪分析网络建模

用来对追踪分析的分析参数统一进行设置，包括设施网络的节点标识字段和弧段标识字段、是否创建流向、是否创建等级等。

在"环境设置"窗口中，单击"追踪分析网络建模"按钮，弹出"追踪分析网络建模"对话框，如图 11-10 所示。

在"追踪分析网络建模"对话框中，选择需要创建追踪分析流向的网络数据集，并设置该网络数据集的节点标识字段、弧段标识字段、起始节点标识字段和终止节点标识字段。

选择"创建流向"复选框，设置节点类型字段的名称以及流向字段。默认生成的节点类型字段名称为 NodeType，用来存储导入的节点类型。其中数值 0 表示该点为普通节点；1 表示该点为源点；2 表示该点为汇点。

若需要创建河流等级，可以选中"创建等级"复选框，并为河流等级字段命名。

设置环路是否有效。此参数仅针对创建等级的网络有效。选中"环路有效"复选框，表示在进行追踪分析时，考虑环路，分析得到的路径中可能包含环路；否则分析时，不考虑存在环路的路线。

在右侧的"源汇设置"区域中单击"导入"按钮 ，弹出"导入节点"对话框。在该对话框中设置导入源点与汇点相关的参数。

导入成功后，可以直接单击"节点类型"列，对各个点的节点类型进行修改。支持普通节点、源点和汇点三种类型，默认节点类型为源点。

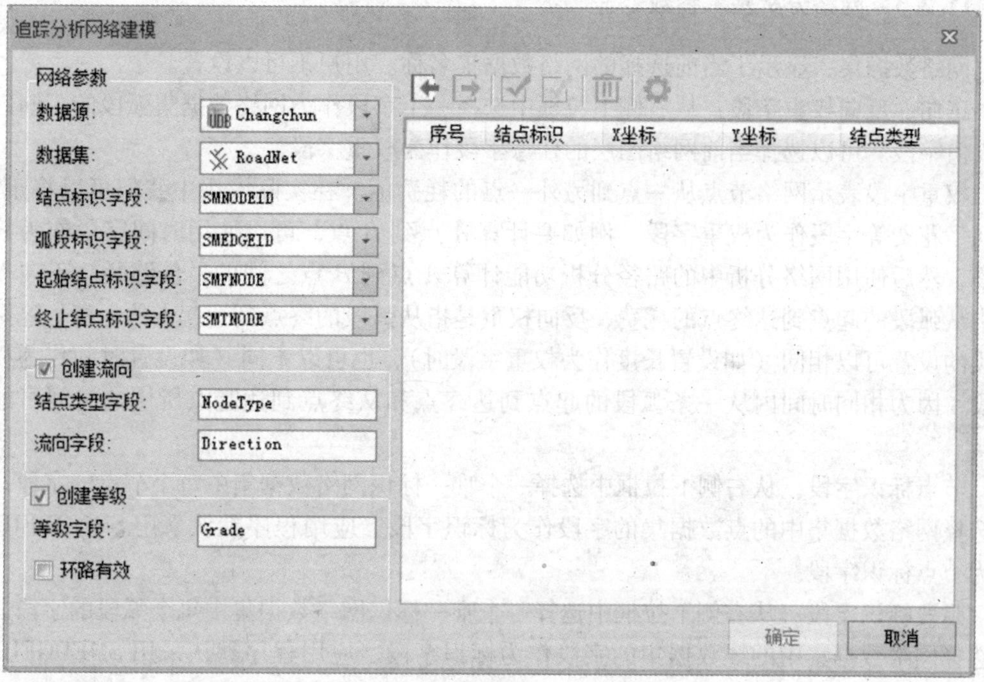

图 11-10

参数设置完成后,单击"确定"按钮完成追踪分析网络建模操作。

3. 检查环路

检查网络数据集中是否存在环路。在"环境设置"窗口中,单击"检查环路"按钮

🔄 ,弹出"检查环路"对话框,如图 11-11 所示。

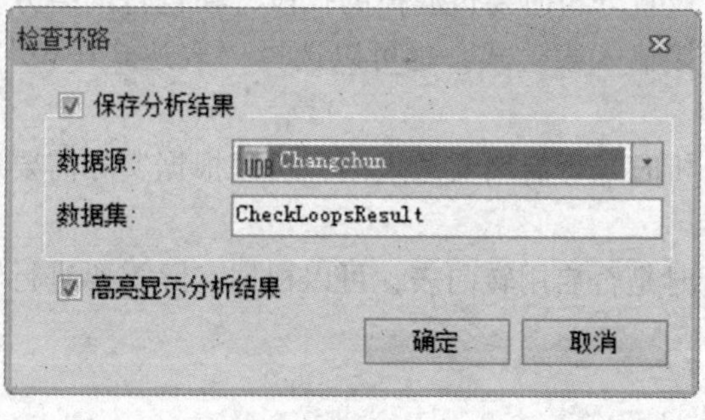

图 11-11

单击"确定"按钮,完成检查环路操作。

11.2.2　网络图层下拉框

若当前地图窗口中存在多个网络数据集,可以通过网络图层下拉框,选择需要进行环境设置的网络数据集。

11.2.3　网络分析基本参数

网络数据集：显示了当前选择的网络数据集名称。用户不可以设置。

正向、反向权重字段：从右侧下拉框中选择一个字段作为网络数据集弧段的正向、反向权值字段。可以选择当前网络图层的任意字段作为权重字段。

权重字段表示网络节点从一点到另外一点的耗费值。在实际应用中我们可以将距离、时间、花费等字段作为权重字段。例如要计算 A 点到 B 点，可以使用时间字段作为权重字段，然后使用网络分析中的路径分析功能计算 A 点到 B 点之间的最佳路径。正向权重是指从弧段的起点到达终点的耗费，反向权重是指从弧段的终点到达起点的耗费。这两个字段的设置可以相同（如设置长度作为权重字段时），也可以不同（如设置时间作为权重字段，因为相同时间内从一条弧段的起点到达终点和从终点到达起点所用的时间可能不同）。

节点标识字段：从右侧下拉框中选择一个唯一标识网络数据集中每个节点的字段，可以选择网络数据集中的点数据集的字段作为标识字段。应用程序默认采用 SMNODEID 字段为节点标识字段。

弧段标识字段：从右侧下拉框中选择一个唯一标识网络数据集中每个弧段的字段，可以选择网络数据集中的线数据集的字段作为标识字段。应用程序默认采用 SMEDGEID 作为弧段标识字段。

起始、终止节点标识字段：从右侧下拉框中选择一个标识网络数据集中起始、终止节点的字段，可以选择网络数据集中的线数据集的字段作为标识字段。应用程序默认采用 SMTNODE 作为起始/终止节点标识字段。

节点捕捉容限：是指在网络数据集中，选择或绘制点对象时，鼠标点击位置与网络节点实际位置之间的距离。如果两者之间的距离小于设置的容限值，则表示该节点被选中或者可以在鼠标点击位置绘制点。节点容限的单位与数据集的单位保持一致。

弧段过滤表达式：设置分析时要过滤掉的弧段，在进行网络分析时只考虑满足此表达式的弧段对象。可以直接输入表达式，也可以选择"表达式……"，使用"SQL 表达式"对话框来定义表达式。

交通规则：设置分析时是否启用交通规则，可以根据实际需要进行交通规则设置。应用程序默认禁用。

转向表：设置分析时是否启用转向表，可以根据实际需要进行转向表设置。应用程序默认禁用。

11.2.4　结果设置

结果数据源：网络分析结果默认保存的数据源。后续的网络分析结果都将默认保存该数据源下。默认为当前网络数据集所在的数据源。

弧段信息字段：提供弧段信息的字段，如道路的名称字段等。可以用于生成行驶导引。

节点信息字段：提供节点信息的字段，如公交站名称字段等。可以用于生成行驶导引。

208

11.2.5 追踪分析

流向字段：追踪分析的前提条件，需要指定一个流向字段，用于指定弧段的流向。

11.3 最佳路径分析

所谓最佳路径，是求解网络中两点之间阻抗最小的路径，必项按照节点的选择顺序访问网络中的节点。即按照指定的顺序经过一系列的站点的最佳路径。例如，要按顺序访问1、2、3、4四个节点，则需要分别找到1、2节点间的最佳路径 R1_2，2、3 间的最佳路径 R2_3 和 3、4 节点间的最佳路径 R3_4，顺序访问 1、2、3、4 四个节点的最佳路径 R = R1_2+R2_3+R3_4。

"阻抗最小"有多种理解，如基于单因素考虑的时间最短、费用最低、风景最好、路况最佳、过桥最少、收费站最少、经过乡村最多等，以及基于多因素综合考虑的风景最好且经过乡村较多或者时间较短、路况较佳且收费站最少等。

进行最佳路径分析的操作如下：

（1）在进行网络分析之前，先需要对网络分析环境进行设置，参阅本章 11.2 节。

（2）在"分析"选项卡的"网络分析"组中，单击"网络分析"下拉按钮，在弹出的下拉菜单中选择"最佳路径分析"项，创建一个最佳路径分析的实例。

（3）在当前网络数据图层中单击鼠标选择要添加的站点位置。添加站点有两种方式，一种是在网络数据图层中单击鼠标完成站点的添加；另一种是通过导入的方式，将点数据集的点对象导入作为站点。

鼠标添加站点： 在实例管理窗口的工具条中，单击"鼠标添加"按钮，地图窗口中鼠标状态变为，可以在地图窗口中合适的位置单击鼠标左键添加站点。每添加一次站点，该点会自动添加到实例管理窗口的站点信息中。添加完成后，单击鼠标右键结束操作。

注意：需要设置合适的节点捕捉容限。如果鼠标点击位置超出节点捕捉容限，则可能导致站点添加失败。

导入站点： 将当前工作空间中的点数据集导入作为站点。在"实例管理"窗口中的树目录中，右击"站点"目录节点，在弹出的右键菜单中选择"导入"命令。

注意：应用程序在进行最佳路径分析时，会按照网络分析实例管理窗口中每个站点的顺序依次进行。

（4）同样的添加方式，可以为路径分析设置障碍点。

（5）在网络分析实例管理窗口中单击"参数设置"按钮，弹出"最佳路径分析设置"对话框，如图 11-12 所示，对分析结果的参数进行设置。

①保存节点信息：选择是否将分析结果经过的所有节点信息都保存下来。如果选中复选框，将节点信息保存为点数据集，并为其命名。该数据集将保存到网络数据集所在的数据源中。节点信息记录了节点的 ID（NodeID）和节点所在结果路由的 ID（RouteID）。

②保存弧段信息：选择是否将路径分析经过的所有弧段的信息保存下来。如果选择复选框，将弧段信息保存为线数据集，并为其命名。该数据集将保存在网络数据集所在的数

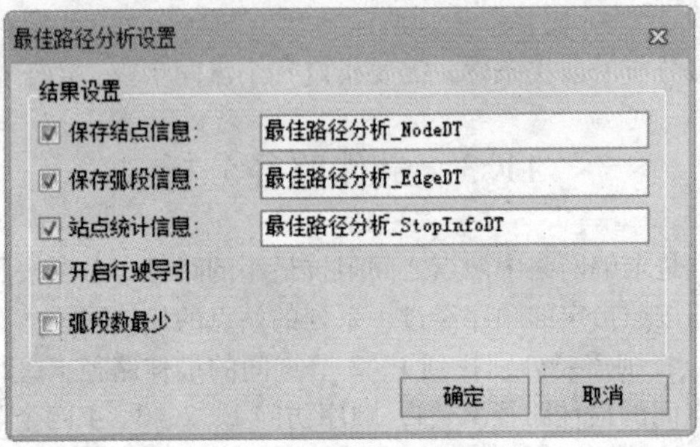

图 11-12

据源中。弧段信息记录了结果路由经过的弧段的 ID（EdgeID）。

③站点统计信息：选择是否保存站点统计信息。如果选中复选框，将站点统计信息保存为属性表数据集，并为其命名。该数据集将保存分析站点的一些统计信息，包括起始站点、终止站点、耗费、路由名称等。

如图 11-13 所示，为一个站点统计信息属性表。表中记录了分析结果经过每个站点的顺序以及所用的耗费。字段 FromNode、ToNdoe 表示起始站点和终止站点，Cost 字段表示相邻站点之间的耗费，Route 字段表示分析生成的路由名称。

编号	SMID	SMUSERID	FromNode	ToNode	Cost	Route
1	1	0	站点1	站点2	6245.1876	结果路由
2	2	0	站点2	站点3	9969.3589	结果路由
3	3	0	站点3	站点4	9574.026	结果路由
4	4	0	站点4	站点5	3016.4965	结果路由
5	5	0	站点5	站点6	1398.8532	结果路由
6	6	0	站点6	站点7	2136.9118	结果路由
7	7	0	站点7	站点8	4611.4148	结果路由
8	8	0	站点8	站点9	3619.8102	结果路由
9	9	0	站点9	站点10	1347.4871	结果路由
10	10	0	站点10	站点11	4509.1634	结果路由
11	11	0	站点11	站点12	2501.6398	结果路由
12	12	0	站点12	站点13	8656.2024	结果路由

记录数：1/14　字段类型：32位整型　SMID

图 11-13

④开启行驶导引：选择分析时是否生成行驶导引。行驶导引记录了交通网络分析结果中的路径信息，一个行驶导引对象对应着一条从起点到终点的行驶路线。勾选“开启行

驶导引"复选框，则表示在行驶导引窗口中输出分析结果的路径信息。

⑤是否弧段数最少：分析时是否按照弧段数最少查询路径。由于弧段数少不代表弧段长度短，所以在进行路径分析时可能查询的结果不是最短路径。如图 11-14 所示，连接站点 1 和站点 2 的路径有两条，其中红色路径（4 段）弧段数少于蓝色路径（8 段）。当选中"弧段数最少"复选框，红色路径是查询得到的结果；否则得到的是蓝色路径。

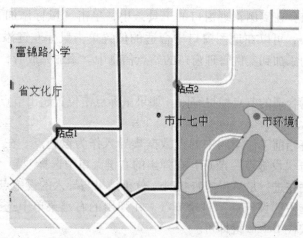

图 11-14

（6）所有参数设置完毕后，单击"分析"选项卡中"网络分析"组的"执行"按钮或者单击"实例管理"窗口的执行按钮，按照设定的参数，执行最佳路径分析操作。

执行完成后，分析结果会自动添加到当前地图展示，同时输出窗口中会提示："最佳路径分析成功。"

11.4 最近设施查找

最近设施分析是指在网络中给定一组事件点和一组设施点，为每个事件点查找耗费最小的一个或者多个设施点，结果显示从事件点到设施点（或从设施点到事件点）的最佳路径、耗费以及行驶方向。同时还可以设置查找阈值，即搜索范围，一旦超出该范围则不再进行查找。

设施点：最近设施分析的基本要素，如学校、超市、加油站等服务设施。

事件点：最近设施分析的基本要素，需要设施点需要提供服务的事件位置。

网络分析中的查找最近设施点主要应用在汽车油量不足，需要找到最近的加油站；突发疾病，需要查找最近的急救中心的救护等类似事件。例如事件点是一起发生交通事故的现场位置，要求查找 10 分钟内能到达的最近的医院，超过 10 分钟才能到达的都不予考虑。此例中，事故发生点就是一个事件点，周边的医院都是设施点。查找设施点实际上也是一种路径分析，因此，同样可以设置障碍边和障碍点，在行驶路线上存在障碍时将不能通行，这些情况需要在分析过程中予以考虑。

进行最近设施查找的操作步骤如下：

（1）在进行网络分析之前，先需要对网络分析环境进行设置，参阅本章11.2节。

（2）在"分析"选项卡的"网络分析"组中，单击"网络分析"下拉按钮，在弹出的下拉菜单中选择"最近设施查找"项，创建一个最近设施查找的实例。

（3）在当前网络数据图层中添加设施点。有两种方式添加设施点，一种是在网络数据图层中单击鼠标完成站点的添加；另一种是导入点数据的方式，将点数据集中的点对象导入作为设施点。

鼠标添加设施点： 在实例管理窗口的工具条中，单击"鼠标添加"按钮 ，地图窗口中鼠标状态变为 ，可以在地图窗口中合适的位置单击鼠标左键添加站点。每添加一次站点，该点会自动添加到实例管理窗口的站点信息中。添加完成后，单击鼠标右键结束操作。

注意：需要设置合适的节点捕捉容限。如果鼠标点击位置超出节点捕捉容限，则可能导致站点添加失败。

导入设施点： 将当前工作空间中的点数据集导入作为设施点。在"实例管理"窗口中的树目录中，右击"设施点"节点，在弹出的右键菜单中选择"导入"命令。

注意：应用程序在进行最近设施查找时，分析结果与导入的设施点的顺序无关。若需要删除设施点，可选中"设施点"目录节点，在弹出的右键菜单中选择"移除"或者选中要删除的设施点按住 Delete 键即可。

（4）同样的方式在网络图层中添加事件点和障碍点。

（5）在网络分析实例管理窗口中单击"参数设置"按钮 ，弹出"最近设施查找设置"对话框，如图 11-15 所示，对最近设施查找分析参数进行设置。

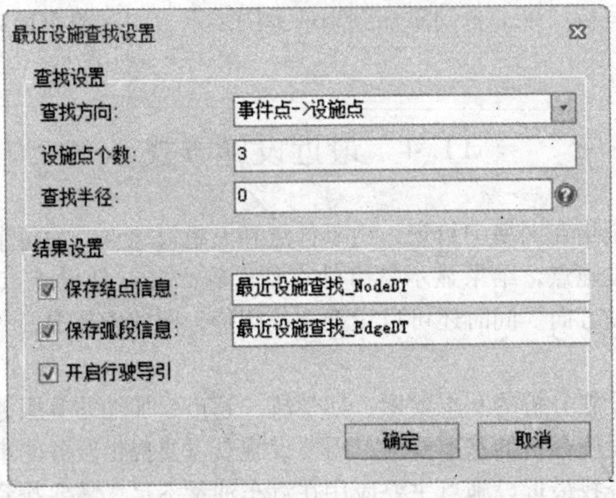

图 11-15

①查找设置：

查找方向：指定查找最近设施点的方向，是从事件点到设施点还是从设施点到事件点。不同的查找方向对分析结果会产生不同的影响。例如，从事件点到设施点需要行驶15分钟，而相反方向行驶则需要20分钟。

查找半径：最大查找半径。以事件点为中心，以输入的半径为搜索范围查找最近的设施点。一旦查找到满足条件的设施点或者超出查找半径都会停止查找。半径的单位与网络分析环境中权重字段的单位保持一致。如果要查找整个网络，可以将该值设为0。

设施点的个数：期望查找到的距离事件点最近的设施点个数。如在发生灾害事件时，需要把事件发生地的伤员送往一个或多个最近的医院进行救治。

②结果设置：

保存节点信息：选择是否将分析结果中事件点到设施点（或设施点到事件点）经过的所有节点信息都保存下来。如果选中"保存节点信息"将节点保存为点数据集并为其命名。该数据集将保存至网络数据集所在的数据源下。其中字段 NodeID 表示分析结果过经过的设施点的节点标识，字段 RouteID 表示分析结果中事件点到设施点（设施点）的路由线标识。

保存弧段信息：选择是否将分析结果中的事件点到设施点（或设施点到事件点）经过的所有弧段信息都保存下来。如果选中"保存弧段信息"复选框，将保存为线数据集并为其命名，该数据集将保存到网络数据集所在的数据源。其中字段 EdgeID 表示分析出的事件点到设施点（设施点到事件点）的路由线标识。

开启行驶导引：选择分析时是否生成行驶导引。行驶导引记录了交通网络分析结果中的路径信息，一个行驶导引对象对应着一条从起点到终点的行驶路线。勾选"开启行驶导引"复选框，则表示在行驶导引窗口中输出分析结果的路径信息。

（6）所有参数设置完毕后，单击"分析"选项卡中"网络分析"组的"执行"按钮或者实例管理窗口中的"执行"按钮 ，操作完毕。分析结果会即时显示在地图窗口中。分析结果可以保存为数据集，以便在其他地方使用。

练 习 11

1. 了解交通网络模型和设施网络模型，进行网络分析环境设置练习，明白其参数含义。

2. 利用创建好的道路网络数据集，进行最佳路径分析，熟练掌握其操作步骤。

3. 利用创建好的医院点数据集，导入医院作为设施点，通过鼠标单击添加事件点，进行最近设施查找。

第12章 水文分析

水文分析基于高程模型（DEM）建立水系模型，用于研究流域水文特征和模拟地表水文过程，并对未来的地表水文情况作出估计。水文分析能够帮助我们分析洪水的范围，定位地表径流污染源，预测地貌改变对径流的影响等，广泛应用于区域规划、农林、灾害预测、道路设计等行业和领域。SuperMap 的水文分析主要包括填充伪洼地、计算流向、计算流长、计算累积汇水量、河流分级、连接水系和水系矢量化等多个过程。本章主要介绍水文分析中的一些基本概念、分析流程以及具体的操作方法。

12.1 水文分析概述

12.1.1 基本概念

基于 DEM 栅格进行水文分析时，了解流域相关的概念，对于正确理解和应用水文分析具有十分重要的意义。结合图 12-1，帮助理解相关的概念。

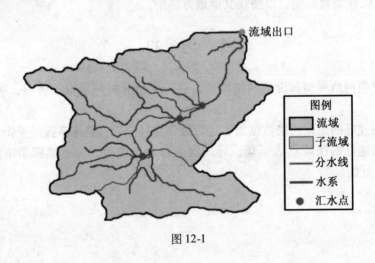

图 12-1

水系：是指流域内具有同一归宿的水体所构成的水网系统。水系以河流为主，还可以包括湖泊、沼泽、水库等。

流域：每个水系都从一部分陆地区域上获得水量的补给，这部分区域就是水系的流域，也称为集水区或流域盆地。

子流域：水系由若干个河段构成，每个河段都有自己的流域，称为子流域。较大的流域往往还可以继续划分为若干个子流域。

分水线：也称为分水岭。两个相邻流域之间的最高点连接成的不规则曲线，就是两条水系的分水线。分水线两边的水分别流入不同的流域。亦即，分水线包围的区域就是流域。现实世界中，分水线大多为山岭或者高地，也可能是地势微缓起伏的平原或者湖泊。

汇水点：流域内水流的出口。一般是流域边界上的最低点。

12.1.2 分析流程

水文分析是一个流程化的操作，包含多个关联性高的功能。如图 12-2 所示是进行水文分析的一般流程。

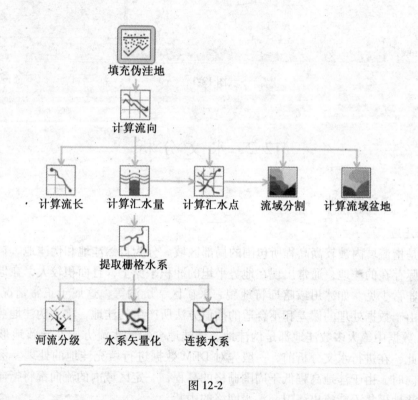

图 12-2

流程管理用于对流程化的多个功能模块进行统一管理，按照各个流程的组织顺序自动化执行多个流程，其目的在于帮助用户迅速执行用户定制的操作流程。SuperMap 水文分析模块就采用了流程管理的方式。如图 12-3 所示是水文分析流程管理窗口。

水文分析流程管理窗口由两部分组成，左侧是功能区，用来显示水文分析的所有步骤，以及各步骤之间的相互关系。单击任一步骤按钮，可以对该步骤进行操作。右侧是参数设置区，当在功能区内选中任意一个功能按钮时，右侧会自动切换到该功能对应的参数设置页面，并提供了准备和执行该功能的按钮。

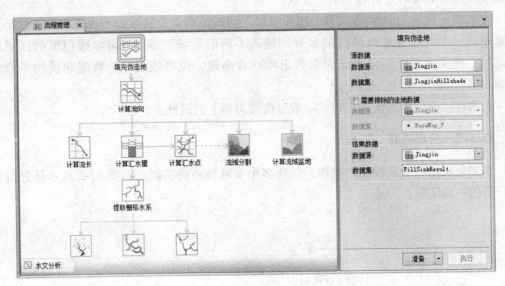

图 12-3

12.2 水 文 分 析

12.2.1 填充伪洼地

1. 伪洼地

洼地是指流域内被较高高程所包围的局部区域。分为自然洼地和伪洼地。自然洼地是自然界实际存在的洼地,通常出现在地势平坦的冲积平原上,且面积较大,在地势起伏较大的区域非常少见。如冰川或喀斯特地貌、采矿区、坑洞等,这属于正常情况。在 DEM 数据中,由于数据处理的误差和不合适的插值方法所产生的洼地,称为伪洼地。

DEM 数据中绝大多数洼地都是伪洼地。伪洼地会影响水流方向并导致地形分析结果错误,因此,在进行水文分析前,一般先对 DEM 数据进行填充洼地的处理。例如,在确定水流方向时,由于洼地高程低于周围栅格的高程,一定区域内的流向都将指向洼地,导致水流在洼地聚集不能流出,引起汇水网络的中断。

2. 操作步骤

(1) 在流程管理窗口左侧的功能列表区中,选择"填充伪洼地"按钮。

(2) 在右侧的参数设置区中,设置填充伪洼地相关的参数。

源数据:设置要进行填充洼地的 DEM 所在的数据源和数据集。

需要排除的洼地数据:选择该项时,会排除已知的洼地,不对这些区域进行填充;不选中该项时,表示会将 DEM 中所有洼地进行填充,包括伪洼地和真实洼地。默认不使用排除的洼地,直接对洼地进行填充。

在填充伪洼地时,可以指定一个点数据集或面数据集,表示真实洼地或需排除的洼地,这些洼地不会被填充。使用准确的该类数据,将获得更为真实的无伪洼地地形,使后

216

续分析更为可靠。如果选择的是点数据集，其中的一个点或多个点位于洼地内即可，最理想的情形是点指示该洼地区域的汇水点；如果是面数据集，每个面对象应覆盖一个洼地区域。

结果数据： 设置结果要保存的数据源和数据集名称。

（3）单击"准备"按钮，表示当前分析功能的相关参数设置已经完成，随时可以执行。

（4）单击"执行"按钮，执行当前选中的分析功能。执行完成后输出窗口中，会提示执行结果是成功还是失败。

12.2.2 计算流向

1. 流向

所谓流向，即水文表面水的流向。计算流向是水文分析的关键步骤之一。水文分析的许多功能需要基于流向栅格，如计算累积汇水量、计算流长和流域等。

在 SuperMap 中，对中心栅格的 8 个邻域栅格进行编码。编码实际是取 2 的幂值，从中心栅格的正右方栅格开始，按顺时针方向，其编码值分别为 2 的 0、1、2、3、4、5、6、7 次幂值，即 1、2、4、8、16、32、64、128，分别代表中心栅格单元的水流流向为东、东南、南、西南、西、西北、北、东北八个方向，如图 12-4 所示。每一个中心栅格的水流方向都由这八个值中的某一个值来确定。例如，若中心栅格的水流方向是西，则其水流方向被赋值16；若流向东，则水流方向被赋值1。

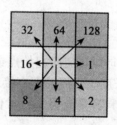

图 12-4

2. 计算流向的操作步骤

（1）在流程管理窗口左侧的功能区中，选择"计算流向"按钮。

（2）在右侧的参数设置区中，设置计算流向相关的参数。

源数据： 设置要计算流向的 DEM 数据所在的数据源和数据集。

强制边界栅格流向为向外： 选中此项，则栅格表面边缘所有格网的水的流向均向外。如图 12-5 所示为两种不同结果：

创建高程变化梯度： 在计算流向时，应用程序使用最大坡降法。这种方法通过计算单元格的最陡下降方向作为水流的方向。中心单元格与相邻单元格的高程差与距离的比值称为高程梯度。选中创建高程变化梯度，计算流向时，会同时计算每个栅格高程的梯度变化，输出一个梯度栅格。

结果数据： 设置结果要保存的数据源、流向栅格、梯度栅格的名称。注意：需要选中

217

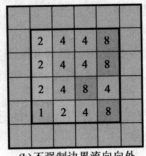

32	64	64	64	64	128
16	2	4	4	8	1
16	2	4	4	8	1
16	2	4	8	4	1
16	1	2	4	8	1
8	4	4	4	4	2

无值

(a)边界流向向外   (b)不强制边界流向向外

图 12-5

"创建高程变化梯度"时，才可以输入梯度栅格名称。

（3）单击"准备"按钮，表示当前分析功能的相关参数设置已经完成，随时可以执行。准备完毕的流程会置灰，不能修改。若需修改设置的参数，可以单击"取消准备"按钮进行修改。

注意：单击"准备"下拉按钮，会弹出下拉菜单。"全部取消"功能，用来取消所有已经准备好的步骤的准备状态。

（4）单击"执行"按钮，执行准备好的分析功能。执行完成后输出窗口中，会提示执行结果是成功还是失败。

12.2.3 计算流长

1. 流长

流长，是指每个单元格沿着流向到其流向起始点或终止点之间的距离（或者加权距离），包括上游方向和下游方向的长度。水流长度直接影响地面径流的速度，进而影响地表土壤的侵蚀力，在水土保持方面具有重要意义，常作为土壤侵蚀、水土流失的评价因素。

2. 计算流长的操作步骤

（1）在流程管理窗口左侧的功能列表区中，选择"计算流长"按钮。

（2）在右侧的参数设置区中，设置计算流长相关的参数。

流向数据：选择流向栅格所在的数据源以及数据集。

权重数据：权重数据定义了每个栅格单元间的水流阻力，应用权重所获得的流长为加权距离。例如，将流长分析应用于洪水的计算，洪水流往往会受到诸如坡度、土壤饱和度、植被覆盖等许多因素的阻碍，对这些因素建模，需要提供权重数据集。

"权重数据"复选框用于控制是否启用该参数设置。若勾选该复选框，启用"权重数据"参数设置，选择权重栅格所在的数据源和数据集。计算权重流长时，会使用权重栅格对每一个流向数据进行加权计算；若不勾选该复选框，则不启用"权重数据"参数设置，相关设置灰显不可用。

计算方式：设置流长分析的水流方向，顺流而下或溯流而上。顺流而下，计算每个单元格沿流向到下游流域汇水点之间的最长距离。溯流而上，计算每个单元格沿流向到上游

218

分水线顶点的最长距离。

结果数据： 设置结果要保存的数据源和数据集的名称。

（3）单击"准备"按钮，表示当前分析功能的相关参数设置已经完成，随时可以执行。准备完毕的流程会置灰，不能修改；若需修改设置的参数，可以单击"取消准备"按钮进行修改。

注意：单击"准备"下拉按钮，会弹出下拉菜单。"全部取消"功能，用来取消所有已经准备好的步骤的准备状态。

（4）单击"执行"按钮，执行准备好的分析功能。执行完成后输出窗口中，会提示执行结果是成功还是失败。

12.2.4 计算汇水量

1. 概念

计算汇水量用来根据流向栅格计算每个像元汇水量。假定栅格数据中的每个单元格处有一个单位的水量，依据水流方向图顺次计算每个单元格所能累积到的水量（不包括当前单元格的水量）。如图 12-6 所示显示了通过水流方向计算汇水量的过程。

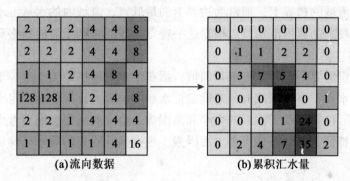

(a)流向数据   (b)累积汇水量

图 12-6

计算汇水量得到的结果表示了每个像元累积汇水总量，该值由流向当前像元的所有上游的像元的水流累积量总量，不会考虑当前处理像元的汇水量。

计算的汇水量的结果值可以帮助我们识别河谷和分水岭。像元的汇水量较高，说明该点地势较低，可以视为河谷；像元汇水量为 0，说明该点地势较高，可能为分水岭。因此，汇水量为提取流域的各种特征参数（如流域面积、周长、排水密度等）提供了参考。

2. 操作步骤

（1）在流程管理窗口左侧的功能区中，选择"计算汇水量"按钮。

（2）在右侧的参数设置区中，设置计算汇水量相关的参数。

流向数据： 选择流向栅格所在的数据源以及数据集。

权重数据： 在实际应用中，每个像元的水量不一定相同，需要指定权重数据来获取实际的汇水量。使用了权重数据后，汇水量的计算过程中，每个单元格的水量不再是一个单位，而是乘以权重（权重数据集的栅格值）后的值。例如，将某时期的平均降雨量作为权重数据，计算所得的汇水量就是该时期的流经每个单元格的雨量。

"权重数据"复选框用于控制是否启用该参数设置。若勾选该复选框，启用"权重数据"参数设置，选择权重栅格所在的数据源和数据集。计算汇水量时，会使用权重栅格对每一个流向数据进行权重计算；若不勾选该复选框，则不启用"权重数据"参数设置，相关设置灰显不可用。

结果数据：设置结果要保存的数据源和数据集的名称。

（3）单击"准备"按钮，表示当前分析功能的相关参数设置已经完成，随时可以执行。准备完毕的流程会置灰，不能修改；若需修改设置的参数，可以单击"取消准备"按钮进行修改。

注意：单击"准备"下拉按钮，会弹出下拉菜单。"全部取消"功能，用来取消所有已经准备好的步骤的准备状态。

（4）单击"执行"按钮，执行准备好的分析功能。执行完成后输出窗口中，会提示执行结果是成功还是失败。

12.2.5 计算汇水点

1. 概念

汇水点位于流域的边界上，通常为边界上的最低点，流域内的水从汇水点流出，所以汇水点必定具有较高的累积汇水量。根据这一特点，我们将基于流向栅格和累积汇水量来提取汇水点。

汇水点的确定需要一个累积汇水量阈值，累积汇水量栅格中大于或等于该阈值的位置将作为潜在的汇水点，再依据流向最终确定汇水点的位置。该阈值的确定十分关键，影响着汇水点的数量、位置以及子流域的大小和范围等。合理的阈值，需要考虑流域范围内的土壤特征、坡度特征、气候条件等多方面因素，根据实际研究的需求来确定，因此具有较大难度。

2. 操作步骤

（1）在流程管理窗口左侧的功能区中，选择"计算汇水点"按钮。

（2）在右侧的参数设置区中，设置计算汇水点相关的参数。

流向数据：选择流向栅格所在的数据源以及数据集。

汇水量数据：选择汇水量栅格所在的数据源以及数据集。

汇水量阈值：设置汇水点的门限值。对于汇水量大于该值的像元，我们才会提取，视为汇水点。

结果数据：设置结果要保存的数据源和数据集的名称。

（3）单击"准备"按钮，表示当前分析功能的相关参数设置已经完成，随时可以执行。准备完毕的流程会置灰，不能修改；若需修改设置的参数，可以单击"取消准备"按钮进行修改。

注意：单击"准备"下拉按钮，会弹出下拉菜单。"全部取消"功能，用来取消所有已经准备好的步骤的准备状态。

（4）单击"执行"按钮，执行准备好的分析功能。执行完成后输出窗口中，会提示执行结果是成功还是失败。

12.2.6　计算流域分割

流域分割是将一个流域划分为若干个子流域的过程。通过计算流域盆地，可以获取较大的流域，但实际分析中，可能需要将较大的流域划分出更小的流域（称为子流域）。进行流域分割的步骤如下：

（1）在左侧的功能区中，选择"流域分割"按钮。

（2）在右侧的参数设置区中，设置流域分割相关的参数。

流向数据：选择流向栅格所在的数据源以及数据集。

汇水点数据：选择汇水点数据所在的数据源以及数据集。汇水点数据既可以为计算得到的汇水点栅格数据，也可以是实地采集的二维点数据集。

过滤条件：仅对二维汇水点数据有效。可以设置过滤表达式，设定参与流域分割的汇水点。

结果数据：设置结果要保存的数据源和数据集的名称。

（3）单击"准备"按钮，表示当前分析功能的相关参数设置已经完成，随时可以执行。准备完毕的流程会置灰，不能修改；若需修改设置的参数，可以单击"取消准备"按钮进行修改。

注意：单击"准备"下拉按钮，会弹出下拉菜单。"全部取消"功能，用来取消所有已经准备好的步骤的准备状态。

（4）单击"执行"按钮，执行准备好的分析功能。执行完成后输出窗口中，会提示执行结果是成功还是失败。

12.2.7　计算流域盆地

流域盆地即为集水区域，用于描述流域的方式之一，展现了那些所有相互连接且处于同一流域盆地的栅格。计算流域盆地是依据流向数据为每个像元分配唯一盆地的过程，如图 12-7 所示。

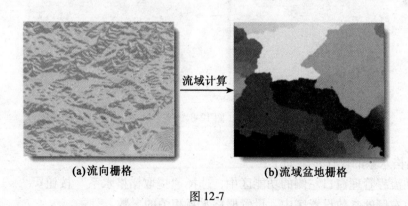

(a)流向栅格　　　　　　(b)流域盆地栅格

图 12-7

其操作步骤如下：

（1）在流程管理窗口左侧的功能区中，选择"计算流域盆地"按钮。

（2）在右侧的参数设置区中，设置计算流域盆地相关的参数。

流向数据：选择流向栅格所在的数据源以及数据集。

结果数据：设置结果要保存的数据源和数据集的名称。

（3）单击"准备"按钮，表示当前分析功能的相关参数设置已经完成，随时可以执行。准备完毕的流程会置灰，不能修改；若需修改设置的参数，可以单击"取消准备"按钮进行修改。

注意：单击"准备"下拉按钮，会弹出下拉菜单。"全部取消"功能，用来取消所有已经准备好的步骤的准备状态。

（4）单击"执行"按钮，执行准备好的分析功能。执行完成后输出窗口中，会提示执行结果是成功还是失败。

12.2.8 提取栅格水系

提取栅格水系是进行河流分级、连接水系和水系矢量化的基础。累积汇水量较高的像元可视为河谷，通过给汇水量设定一个阈值，提取累积汇水量大于该阈值的像元，从而得到栅格水系。实际操作过程中，对于不同级别的河谷、不同区域的相同级别的河谷，该阈值可能不同，因此在确定该阈值时需要根据研究区域的实际地形、地貌并通过不断的实验来确定。

栅格水系是通过对累积汇水量栅格进行代数运算来提取，假设经过调研确定某区域的累积汇水量超过 2000 的区域为汇水区域，则提取栅格水系的表达式为：

$$［数据源. 累积汇水量栅格］>2000$$

经过计算获得栅格水系，该栅格是一个二值栅格。其中累积汇水量大于 2000 的像元赋值为 1，其他像元赋值为 0。数值 0 表示无值。如图 12-8 所示为提取的栅格水系。

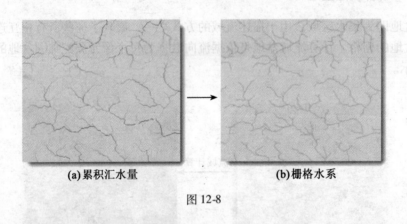

(a)累积汇水量   (b)栅格水系

图 12-8

提取栅格水系的操作步骤如下：

（1）在流程管理窗口左侧的功能区中，选择"提取栅格水系"按钮。

（2）在右侧的参数设置区中，设置栅格水系相关的参数。

汇水量数据：选择汇水量栅格所在的数据源以及数据集。

阈值：输入要提取的累积汇水量阈值。

结果数据：设置结果要保存的数据源和数据集的名称以及结果栅格数据的像素格式。

应用提供了1位、4位、单字节、双字节、整型、长整型、单精度浮点型和双精度浮点型等8种像素格式。

对数据集进行压缩存储：勾选该复选框以后，应用程序会对结果数据集进行压缩存储，否则将不进行压缩存储。默认不进行压缩。

忽略无值栅格单元：勾选该复选框以后，输入栅格数据集中的无值栅格单元将不参与代数运算，结果数据集中相应位置的像元值仍为空值（通常为−9999）；若不勾选该项，则应用程序会将无值栅格单元的像元值作为普通像元值参与运算，此时会导致结果栅格数据集的极小值（或极大值）发生改变。默认忽略无值。

（3）单击"准备"按钮，表示当前分析功能的相关参数设置已经完成，随时可以执行。准备完毕的流程会置灰，不能修改；若需修改设置的参数，可以单击"取消准备"按钮进行修改。

注意：单击"准备"下拉按钮，会弹出下拉菜单。"全部取消"功能，用来取消所有已经准备好的步骤的准备状态。

（4）单击"执行"按钮，执行准备好的分析功能。执行完成后输出窗口中，会提示执行结果是成功还是失败。

12.2.9　河流分级

1. 河流分级方法

河流分级功能用来对河流进行分级，根据河流等级为提取的栅格水系编号。SuperMap目前支持两种分级方法：Strahler 方法和 Shreve 方法。

（1）Strahler 河流分级法

Strahler 河流分级法由 Strahler 于 1957 年提出。其规则定义为：直接发源于河源的河流为 1 级河流；同级的两条河流交汇形成的河流的等级比原来增加 1 级；不同等级的两条河流交汇形成的河流的等级等于原来河流中等级较高者。如图 12-9 所示。

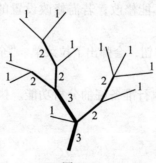

图 12-9

Strahler 方法是最常见的河网分级方法。但是由于该方法只在同级相交时才会提高级别，因此这种方法仅保留了最高级别连接线的级别，并没有考虑所有水系网络的连接线。

（2）Shreve 河流分级法

Shreve 河流分级法由 Shreve 于 1966 年提出。其规则定义为：直接发源于河源的河流等级为1级，两条河流交汇形成的河流的等级为两条河流等级的和。例如，两条1级河流交汇形成2级河流，一条2级河流和一条3级河流交汇形成一条5级河流。如图12-10所示。

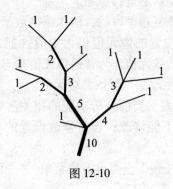

图 12-10

Shreve 方法考虑了水系网络中的所有连接线，连接线的量级实际上代表了上游连接线的数量。

2. 操作步骤

（1）在流程管理窗口左侧的功能区中，选择"河流分级"按钮。

（2）在右侧的参数设置区中，设置河流相关的参数。

水系数据： 选择栅格水系数据所在的数据源以及数据集。

河流分级法： 选择河流分级所使用的方法，可以选择 Strahler 方法和 Shreve 方法。

流向数据： 选择流向数据所在的数据源以及数据集。关于如何生成流向数据，可以参见计算流向。

结果数据： 设置结果要保存的数据源和数据集的名称。

（3）单击"准备"按钮，表示当前分析功能的相关参数设置已经完成，随时可以执行。准备完毕的流程会置灰，不能修改；若需修改设置的参数，可以单击"取消准备"按钮进行修改。

注意：单击"准备"下拉按钮，会弹出下拉菜单。"全部取消"功能，用来取消所有已经准备好的步骤的准备状态。

（4）单击"执行"按钮，执行准备好的分析功能。执行完成后输出窗口中，会提示执行结果是成功还是失败。

12.2.10 水系矢量化

水系矢量化功能用来将栅格水系转化为矢量水系，并将河流的等级存储到结果数据集的属性表中。得到矢量水系后，就可以进行各种基于矢量的计算、处理和空间分析，如构建水系网络。如图12-11所示为 DEM 数据以及对应的矢量水系，提取的矢量水系数据集，保留了河流的等级和流向信息。

水系矢量化的操作步骤如下：

（1）在流程管理窗口左侧的功能区中，选择"水系矢量化"按钮。

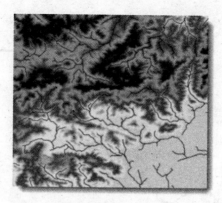

图 12-11

（2）在右侧的参数设置区中，设置水系矢量化相关的参数。

水系数据：选择栅格水系所在的数据源以及数据集。

河流分级法：选择提取后的水系的分级方法。关于河流分级法的介绍，可以参见河流分级方法。

流向数据：选择流向数据所在的数据源以及数据集。关于如何生成流向数据，可以参见计算流向。

结果数据：设置结果要保存的数据源和数据集的名称。

（3）单击"准备"按钮，表示当前分析功能的相关参数设置已经完成，随时可以执行。准备完毕的流程会置灰，不能修改；若需修改设置的参数，可以单击"取消准备"按钮进行修改。

注意：单击"准备"下拉按钮，会弹出下拉菜单。"全部取消"功能，用来取消所有已经准备好的步骤的准备状态。

（4）单击"执行"按钮，执行准备好的分析功能。执行完成后输出窗口中，会提示执行结果是成功还是失败。

12.2.11 连接水系

连接水系是基于栅格水系和流向栅格，为水系中的每条河流赋予唯一值的过程。连接后的水系网络记录了水系节点的连接信息，体现了水系的网路结构。连接成功后，每条河段都有唯一的栅格值。如图 12-12 所示，图 12-12 中红色的点为交汇点，即河段与河段相交的位置。河段是河流的一部分，河段连接了两个相邻交汇点，或者一个交汇点和汇水点，或连接一个交汇点和分水岭。

操作步骤如下：

（1）在流程管理窗口左侧的功能列表区中，选择"连接水系"按钮。

（2）在右侧的参数设置区中，设置连接相关的参数。

水系数据：选择栅格水系所在的数据源以及数据集。

流向数据：选择流向数据所在的数据源以及数据集。关于如何生成流向数据，可以参见计算流向。

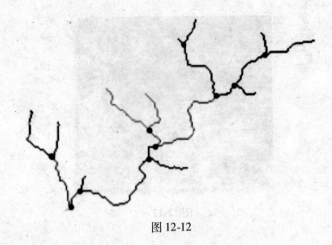

图 12-12

　　结果数据：设置结果要保存的数据源和数据集的名称。

　　（3）单击"准备"按钮，表示当前分析功能的相关参数设置已经完成，随时可以执行。准备完毕的流程会置灰，不能修改；若需修改设置的参数，可以单击"取消准备"按钮进行修改。

　　注意：单击"准备"下拉按钮，会弹出下拉菜单。"全部取消"功能，用来取消所有已经准备好的步骤的准备状态。

　　（4）单击"执行"按钮，执行准备好的分析功能。执行完成后输出窗口中，会提示执行结果是成功还是失败。

练 习 12

　　1. 了解水文分析的基本概念，熟悉水文分析的流程。

　　2. 根据水文分析的流程，一步一步地进行填充伪洼地、计算流向、计算流长、计算累积汇水量、提取栅格水系、河流分级等操作，熟练掌握其操作步骤。

第13章 海图模块

海图，是一种以海洋水域及海洋沿岸地物为主要绘制对象的地图，为航海的安全性提供必备的数据基础。海图主要分为普通海图和专用海图两类，本书中提到的海图是指电子航海图（ENC），是专用海图的一种。

所谓电子航海图，是指在内容、结构和格式上均已标准化，专为电子海图显示与信息系统（ECDIS）使用而由政府授权的海道测量局发行的数据库。ENC 包含安全航行需要的全部海图信息，也可以包含纸质海图上没有的而对安全航行认为是需要的补充信息（例如航路指南）。

SuperMap 海图模块提供了对海图数据打开、数据的导入、导出及海图显示的支持。本章详细介绍海图的基本操作、海图数据的导入和导出。

13.1 海图基本操作

13.1.1 打开海图

打开海图有两种方式，在新窗口打开海图、在当前窗口打开海图。

1. 在新窗口打开海图

在工作空间管理器中选中要浏览的海图数据集分组，可以配合 Shift 键或 Ctrl 键同时选中多个数据集分组。

单击"开始"选项卡的"浏览"组中的"地图"下拉按钮，选择"在新窗口打开海图"按钮，则新建一个地图窗口，同时，整幅海图显示在新的地图窗口中。

或执行以下操作：

右键单击工作空间管理器中的数据集分组节点，在弹出的右键菜单中选择"在新窗口打开海图"按钮。如图 13-1 所示。

双击工作空间管理器中的数据集分组节点，则海图在新窗口中打开。

2. 在当前窗口打开海图

在工作空间管理器中选中要浏览的海图数据集分组，可以配合 Shift 键或 Ctrl 键同时选中多个数据集分组。

单击"开始"选项卡的"浏览"组中的"地图"下拉按钮，选择"在当前窗口打开海图"按钮，整幅海图显示在当前窗口中。或执行以下操作：

右键单击工作空间管理器中的数据集分组节点，在弹出的右键菜单中选择"在当前窗口打开海图"按钮。如图 13-2 所示。

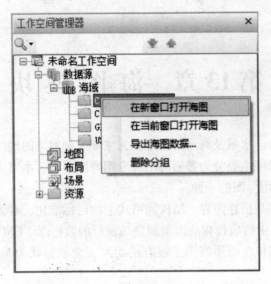

图 13-1

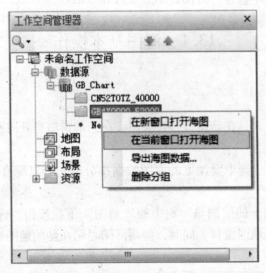

图 13-2

13.1.2 查看海图物标信息

海图物标信息包括基本信息和属性信息。其中基本信息包含物标简称、物标名称、物标长名、物标编码、物标类型、主物标长名、集合物标长名、几何对象类型、RCID 标识、机构简称、水深值。属性信息包含物标简称、属性编码、属性名称、属性字段值。

其操作步骤如下：

（1）在海图窗口中选择对象，使用 Shift 键或者使用拖框方式选择同时选中多个对象。

（2）在海图窗口中右键单击鼠标，在弹出的右键菜单中选择"物标信息"命令。

228

（3）弹出"属性"窗口，窗口中显示了选中物标的详细信息，包括物标的基本信息和属性信息，如图13-3所示。

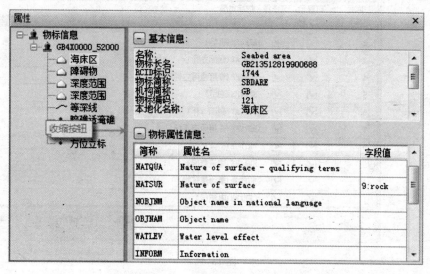

图 13-3

（4）单击"属性"窗口左侧目录树中的"物标信息"节点下的任意一个节点，窗口右侧区域将显示该物标的信息，包括基本信息和属性信息。如果只想单独查看基本信息或者属性信息，可以单击收缩按钮，查看关注内容。

此外，系统提供物标信息的自动定位功能，当鼠标单击"物标信息"节点下的任意一个节点时，地图窗口会自动定位到该物标要素的位置，并在地图窗口中最大化显示该物标要素。

13.1.3 编辑海图物标信息

编辑海图物标属性信息，可以修改或维护海图中物标要素的属性信息。其操作步骤如下：

（1）在当前海图窗口中选择一个或多个对象。

（2）右键单击鼠标，在弹出的右键菜单中选择"物标信息"命令。

（3）在弹出的"属性"窗口中，在左侧目录树的"物标信息"节点下，选择需要修改属性信息的物标要素，此时，右侧物标属性信息列表内会列出该物标要素对应的所有属性信息。

（4）找到需要修改的属性信息，单击右侧"字段值"一栏，即可编辑该物标要素的属性。

13.1.4 物标要素显示设置

（1）打开海图数据，在功能区"地图"选项卡"属性"组，单击"海图属性"按钮，即可弹出海图属性窗口，点击"物标要素控制"按钮，如图13-4所示。

（2）相关参数说明：

图 13-4

物标类型列表说明:

可显示：通过控制物标要素在当前地图窗口中是否可见。默认状态下，当前地图窗口中的所有物标要素均可显示。

用户可以根据需求的不同来自定义海图物标要素的可见性，将不相关的物标要素设为隐藏，使海图更加简洁、便于查看。例如，在制作海图数据时，会将地球表面的海洋和与其相邻的陆地部分的信息同时绘制出来，而在使用时，需要将海图和陆图结合使用，这时就需要将海图中描述陆地的区域隐藏起来，以达到期望的显示效果。因此，用户可以将陆地区物标类型设置为不可显示，即可在当前地图中隐藏所有该陆地区物标类型。

如图 13-5、图 13-6 所示，海图叠加在陆图上方，图 13-5 所示为未设置陆地区物标显示控制的地图，此时陆图完全被海图遮盖住，导致用户无法获得陆图的相关信息，图 13-6 所示为设置海图陆地区为不可显示后的显示效果（即去掉陆地区物标类型前"可显示"相应位置的勾选），此时可以同时看到海图和陆图的相关信息。

可选择：用于控制物标要素在当前地图窗口是否能够被选中，从而可以对选中的物标类型开展进一步操作。默认状态下，当前地图窗口中的所有物标要素均可被选中。

此外，可以通过鼠标单击空白区域或者使用 ESC 快捷键取消选择。

海图的物标要素均叠加在一张图上，当选择一个或多个物标要素时，可能会同时选中多个物标要素，增加了操作的复杂度。因此，可以将需要进一步查看和编辑的物标要素的"可选择"状态设置为勾选状态，以准确便捷地查看或编辑某个或某类物标要素的属性信息。

如图 13-7、图 13-8 所示，图 13-7 所示为当前海图在默认状态下（即所有物标要素均为可选择的状态）选择障碍物物标要素的结果示意图，图 13-8 所示为仅设置障碍物为可选中状态时，选择该物标要素的结果示意图。

物标类型：显示当前地图窗口内所包含的全部物标要素类型。

230

图 13-5

图 13-6

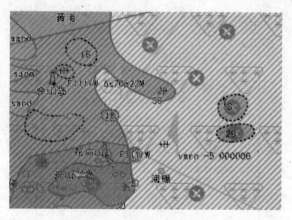

图 13-7

（3）在控制物标要素的显示方式时，用户可以选中某一物标类型，设置该物标类型的显示控制方式；也可以结合 Shift 键或 Ctrl 键选中多个物标类型，同时对其进行显示控制的设置。选中多个物标类型以后，在修改其中一个物标类型的显示方式时，其他被选中

231

图 13-8

的物标类型会同时发生相同的变化。

根据物标要素显示控制方式的逻辑顺序，物标的"可选择"依赖于"可显示"的变化而变化，亦即，物标要素在当前地图窗口中可见时，才可以继续设置该物标要素是否可以被选中。因此，在"物标要素控制"窗口中，只有勾选物标要素的"可显示"属性以后，才可以勾选"可选择"属性，否则"可选择"属性不可用。

（4）完成物标要素显示方式的修改以后，可以单击"物标要素控制"窗口右下方的应用按钮，在当前地图窗口查看修改效果。

13.1.5　删除数据集分组

右键单击工作空间管理器中的数据集分组节点，在弹出的右键菜单中选择"删除分组"按钮。如图 13-9 所示。

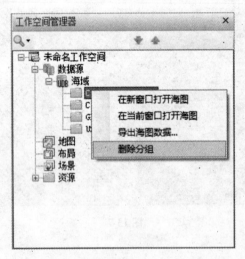

图 13-9

选择"删除分组"按钮后，弹出提示对话框，提示是否确认删除数据集分组。如图

232

13-10 所示。

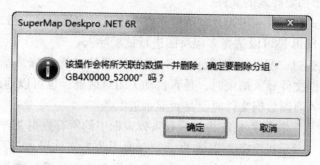

图 13-10

单击"确定"按钮则删除数据集分组，并且将其关联的数据一并删除，并在输出窗口中显示所删除的数据集。

13.2 海图数据导入

在数据导入功能上，海图模块支持基于 S-57 数字海道测量数据传输标准的海图数据（＊.000）的导入，一个 000 文件被导入到 SuperMap 桌面产品平台后，将同一幅海图数据集存储在一个数据集分组中，该数据集组中将包含不同类型的矢量数据集（点、线、面、属性数据集）。

操作步骤如下：

（1）右键单击数据源节点，选择"导入海图数据"项，弹出"导入海图数据"对话框。如图 13-11 所示。

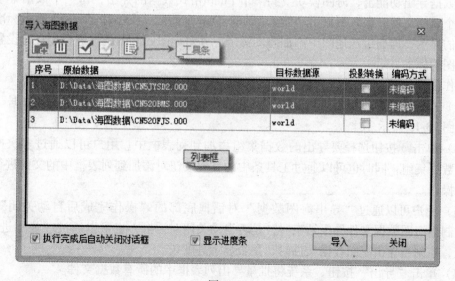

图 13-11

（2）单击工具条中的 按钮，在弹出的"打开"对话框中选中要导入的文件，单击"打开"按钮即可添加要导入的文件。

文件的数据格式默认为 *.000，在所选文件夹中只过滤显示这种格式的所有数据，便于用户选择。按住 Shift 键可以选择多幅海图进行批量导入。

（3）用户可以通过"导入海图数据"对话框底部的"操作完成后自动关闭"复选框，控制当海图数据文件导入结束时，是否自动关闭对话框；也可以通过"显示进度条"复选框，控制当导入海图数据文件时，是否显示进度条。

（4）单击"导入"按钮，系统将批量导入列表框中的所有数据文件。

若用户勾选了"显示进度条"复选框，则在海图数据文件导入过程中显示"导入进度"窗口，该窗口中显示了当前正在导入的单个数据文件的要素总数及已处理的要素数。如图 13-12 所示。

图 13-12

13.3 海图数据导出

在数据导出功能上，海图模块支持 SuperMap 格式数据的导出，每一个数据集组被导出为一个 000 文件。在海图显示功能上，SuperMap 桌面产品支持基于 S-52 显示标准的电子海图的显示，即通过在地图中添加海图图层，并对地图的海图属性进行个性化设置，来实现海图的标准显示。

操作步骤如下：

（1）右键单击数据源节点，选择"导出海图数据"项，弹出"导出海图数据"对话框。如图 13-13 所示。

（2）单击 按钮选择要导出的数据集组添加到列表框中。用户可以通过多次操作添加多个数据集组，同时也可以通过工具条中的其他按钮对添加到列表框中的文件进行选择及移除操作。

（3）用户可以通过"导出海图数据"对话框底部的"操作完成后自动关闭"复选框，控制当海图数据文件导出结束时，是否自动关闭对话框；也可以通过"显示进度条"复选框，控制当导出海图数据文件时，是否显示进度条。

（4）单击"导出"按钮，系统将批量导出列表框中的所有数据文件。

若用户勾选了"显示进度条"复选框，则在海图数据文件导出过程中显示"导出进度"窗口，该窗口中显示了当前正在导出的单个数据文件的要素总数及已处理的要素数。

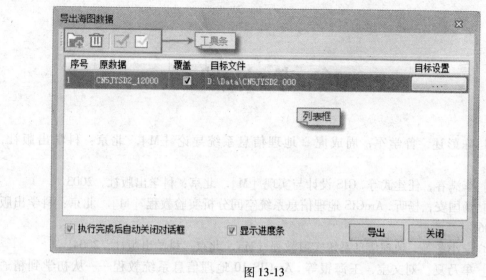

图 13-13

如图 13-14 所示。

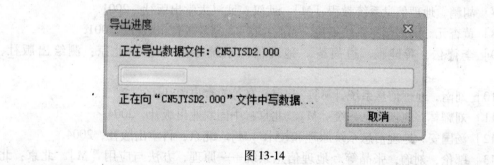

图 13-14

练 习 13

1. 进行海图基本操作的练习，包括海图的打开、海图物标信息的查看和编辑、物标要素的显示设置和数据集分组的删除。

2. 进行海图数据导入和导出的练习，掌握其操作。

参 考 文 献

[1] 陈彭述，鲁学军，周成虎．地理信息系统导论［M］．北京：科学出版社，1999.

[2] 李满春，任建武等．GIS 设计与实现［M］．北京：科学出版社，2003.

[3] 汤国安，杨昕．ArcGIS 地理信息系统空间分析实验教程［M］．北京：科学出版社，2006.

[4] 宋小冬等．地理信息系统实习教程［M］．北京：科学出版社，2004.

[5] 牟乃夏，刘文宝，王海银等．ArcGIS 10 地理信息系统教程——从初学到精通［M］．北京：测绘出版社，2012.

[6] 龚健雅．当代 GIS 若干理论与技术［M］．武汉：武汉测绘科技大学出版社，1999.

[7] 胡鹏．地理信息系统教程［M］．武汉：武汉大学出版社，2001.

[8] 黄杏元．地理信息系统概论［M］．北京：高等教育出版社，2001.

[9] 李德仁，龚健雅，边馥苓．地理信息系统导论［M］．北京：测绘出版社，1993.

[10] 刘南．地理信息系统［M］．北京：高等教育出版社，2002.

[11] 刘耀林．地理信息系统［M］．北京：中国农业出版社，2004.

[12] 汤国安．地理信息系统原理和技术［M］．北京：科学出版社，2004.

[13] 邬伦，刘瑜，张晶等．地理信息系统——原理、方法与应用［M］．北京：北京大学出版社，2001.

[14] 吴立新．地理信息系统原理与方法［M］．北京：科学出版社，2003.

[15] 吴信才．地理信息系统原理与方法［M］．北京：电子工业出版社，2002.

[16] 朱光，赵西安，靖常峰．地理信息系统原理与应用［M］．北京：科学出版社，2010.